"十四五"普通高等院校能源动力类系列教材

碳中和技术概论

张玉清　王发辉　傅欣欣　黄淑萍◎主编

中国铁道出版社有限公司
CHINA RAILWAY PUBLISHING HOUSE CO., LTD.

内 容 简 介

本书以碳达峰碳中和为背景，从能源助力碳中和角度入手，首先阐述了碳中和概念与愿景，再分别论述了光伏与光热、风电、氢能、生物质能、地热能、潮汐能等各类新能源的产业链，最后从储能技术与智能微电网应用技术出发，通过储能与智能微电网将各类新能源串联起来。全书融合了当今新能源产业的新政策、新技术、新动态，让读者对各类新能源的发展历史、原理、应用等知识及新能源行业有个全新的认识与了解。

本书适合作为普通高等院校能源动力类新能源科学与工程、能源与动力工程等专业教材，同时可作为高等职业院校光伏工程技术等相关专业的教学参考书及企业员工的岗位培训教材，也可作为相关专业的工程技术人员参考书。

图书在版编目(CIP)数据

碳中和技术概论/张玉清等主编. —北京：中国铁道出版社有限公司，2024.1

"十四五"普通高等院校能源动力类系列教材

ISBN 978-7-113-30736-3

Ⅰ.①碳… Ⅱ.①张… Ⅲ.①二氧化碳–节能减排–高等学校–教材 Ⅳ.①X511

中国国家版本馆 CIP 数据核字(2023)第 225987 号

书　　名：	碳中和技术概论
作　　者：	张玉清　王发辉　傅欣欣　黄淑萍
责任编辑：	许　璐　　编辑部电话：(010) 63560043
封面设计：	付　巍
封面制作：	刘　颖
责任校对：	刘　畅
责任印制：	樊启鹏

出版发行：中国铁道出版社有限公司（100054，北京市西城区右安门西街 8 号）
网　　址：http://www.tdpress.com/51eds/

印　　刷：北京盛通印刷股份有限公司
版　　次：2024 年 1 月第 1 版　2024 年 1 月第 1 次印刷
开　　本：787 mm×1 092 mm　1/16　印张：16.75　字数：473 千
书　　号：ISBN 978-7-113-30736-3
定　　价：49.80 元

版权所有　侵权必究

凡购买铁道版的图书，如有印制质量问题，请与本社教材图书营销部联系调换。电话（010）63550836
打击盗版举报电话：(010) 63549461

前言

党的二十大报告在推动绿色发展,促进人与自然和谐共生方面指出:"必须牢固树立和践行绿水青山就是金山银山的理念,站在人与自然和谐共生的高度谋划发展。""立足我国能源资源禀赋,坚持先立后破,有计划分步骤实施碳达峰行动。"

2021 年,国务院关于印发《2030 年前碳达峰行动方案》的通知指出:"将碳达峰贯穿于经济社会发展全过程和各方面,重点实施能源绿色低碳转型行动。""能源是经济社会发展的重要物质基础,也是碳排放的最主要来源。要坚持安全降碳,在保障能源安全的前提下,大力实施可再生能源替代,加快构建清洁低碳安全高效的能源体系。"

在能源绿色低碳转型行动中,最值得人们关注的是太阳能、风能、水电、氢能及构建新型电力系统等。如何促进新能源产业可持续发展,人才培养是关键。人才培养的基础是课程,而教材对课程质量支撑举足轻重。新能源产业新技术、新动态迭代更新较快,教材也需根据新能源产业的新技术、新动态进行实时更新,才能培养出满足产业发展需要的专业人才。

本书是江西省普通本科高校现代产业学院——新余学院新能源产业学院的建设成果,以碳达峰碳中和为背景,从能源角度助力碳中和入手,融合了当今各类新能源的新政策、新技术、新动态、新标准、新规范、新应用。首先阐述了碳中和的概念与愿景;然后讲解了光伏发电技术与光热利用技术,再从风能、氢能、生物质能等入手,阐述了各类新能源的基本概况、原理、应用技术;最后讲解了储能的相关概念及各类储能技术,并从智能微电网角度入手,将各类分布式能源综合运用起来,通过信息流控制能源流,发挥各自能源优势。各章辅以拓展阅读,将思政元素贯穿始终。

本书适合作为普通高等院校能源动力类新能源科学与工程、能源与动力工程等专业教材,同时可作为高等职业院校光伏工程技术等相关专业的教学参考书及企业员工的岗位培训教材,也可作为相关专业工程技术人员的参考书。

本书由新余学院张玉清、王发辉、傅欣欣、黄淑萍主编。参加编写的还有新余学院的黄雪雯、罗胤祺、黄建华、黄平、罗鹏。具体编写分工如下:第 1 章由张玉清编写，第2章由王发辉、黄建华共同编写，第3章由黄淑萍编写，第4章由罗胤祺编写，第5章由黄雪雯编写，第6章由罗鹏编写，第7章由傅欣欣编写，第8章由黄平编写。

本书在编写过程中得到了晶科能源控股有限公司、江西赛维LDK太阳能高科技有限公司、新余市银龙光伏工程有限公司等企业的大力支持，得到了南京瑞途优特信息科技有限公司顾卫钢博士的亲切指导，在此表示衷心感谢。

编者在编写本书的过程中，查阅了大量的文献资料，在此对文献作者表示衷心的感谢。

教材的开发是一个循序渐进的过程，限于编者水平有限，经验不足，在编写过程中难免会有疏漏之处，竭诚欢迎广大师生和读者提出宝贵意见，以使本书不断改进、不断完善。

编　者
2023年9月

目 录

第1章 碳中和概述 ... 1
1.1 碳中和概念 ... 1
  1.1.1 碳中和基本含义 ... 2
  1.1.2 碳中和政策内涵 ... 3
  1.1.3 碳中和内在逻辑 ... 3
  1.1.4 碳中和战略意义 ... 4
1.2 碳中和愿景 ... 5
  1.2.1 碳中和愿景概述 ... 5
  1.2.2 碳中和基本要求 ... 6
  1.2.3 碳中和推进路径 ... 6
  1.2.4 碳中和愿景根本影响 ... 8
  1.2.5 碳中和愿景机遇挑战 ... 11
  1.2.6 碳交易 ... 12
拓展阅读 稳中求进——如期实现"双碳"目标愿景 ... 15
思考题 ... 16

第2章 太阳能 ... 17
2.1 太阳能应用简介 ... 17
2.2 光伏发电技术 ... 19
  2.2.1 太阳能电池材料的分类与现状 ... 19
  2.2.2 硅材料的基本性质 ... 21
  2.2.3 硅材料冶炼与提纯 ... 22
  2.2.4 单晶硅棒与多晶硅锭 ... 24
  2.2.5 硅片、硅基电池及组件制备 ... 28
  2.2.6 光伏发电系统 ... 37
2.3 光热利用技术 ... 39
  2.3.1 太阳能热水系统 ... 39
  2.3.2 太阳能供暖系统 ... 40
  2.3.3 太阳能制冷系统 ... 42
  2.3.4 太阳能光热发电系统 ... 44
2.4 太阳能产业发展趋势 ... 48
  2.4.1 光伏产业的发展趋势 ... 48
  2.4.2 光热产业的发展趋势 ... 50
拓展阅读 产业化高效光伏电池 ... 51
思考题 ... 54

第3章 风能 ... 55
3.1 风能概况 ... 55
  3.1.1 风的形成 ... 55

3.1.2　风能的基本概念 60
　　　3.1.3　风能的资源分布 61
　　　3.1.4　风能开发与利用的发展史 63
　3.2　风力发电原理与设备 66
　　　3.2.1　风力发电特点及优势 66
　　　3.2.2　风力发电原理 66
　　　3.2.3　风力发电机组设备 72
　　　3.2.4　风电场选址 82
　3.3　风能与低碳经济 83
　　　3.3.1　低碳经济的概念 83
　　　3.3.2　低碳经济与新能源关联性 84
　　　3.3.3　低碳经济环境下风能发展 84
　3.4　风能产业与政策 85
　　　3.4.1　风力发电产业链 85
　　　3.4.2　风能产业相关政策 86
　拓展阅读　我国首个超高海拔风力发电项目——西藏措美哲古风电场 87
　思考题 88

第4章　氢能 89

　4.1　氢能概况 89
　　　4.1.1　氢的燃烧性能 90
　　　4.1.2　电能 91
　4.2　氢燃料电池及其应用 91
　　　4.2.1　氢燃料电池的分类 91
　　　4.2.2　氢燃料电池的原理与结构 92
　4.3　制氢技术 97
　　　4.3.1　煤制氢 97
　　　4.3.2　天然气制氢 101
　　　4.3.3　工业副产氢 103
　　　4.3.4　甲醇制氢 103
　　　4.3.5　电解水制氢 105
　4.4　氢能与低碳经济 110
　4.5　氢能产业与政策 110
　　　4.5.1　双碳下的氢能政策 111
　　　4.5.2　氢能产业 112
　拓展阅读　"氢装"上阵——助力实现"双碳"目标 112
　思考题 113

第5章　生物质能 114

　5.1　生物质能概况 114
　　　5.1.1　生物质能的特点及分类 115
　　　5.1.2　生物质能发展状况及目标 116
　5.2　生物质资源 117
　　　5.2.1　生物质的组成 117
　　　5.2.2　生物质资源的分布 119

5.3 生物质能的转化利用技术 ... 120
5.3.1 物理法 ... 121
5.3.2 热化学法 ... 121
5.3.3 生物化学法 ... 122
5.3.4 化学法 ... 122
5.4 生物质能源的应用 ... 122
5.4.1 生物天然气 ... 122
5.4.2 生物柴油 ... 124
5.4.3 生物燃料乙醇 ... 126
5.4.4 生物质固体成型 ... 129
5.4.5 生物质氢能源 ... 130
5.4.6 生物航空燃料 ... 132
5.4.7 能源微藻 ... 133
5.4.8 生物质发电 ... 135
5.5 生物质能与低碳经济 ... 137
5.6 生物质能产业与政策 ... 138
拓展阅读 生物能源与碳捕获和储存技术（BECCS） ... 140
思考题 ... 141

第6章 其他能源 ... 142
6.1 地热能 ... 142
6.1.1 地热能的来源 ... 142
6.1.2 地热能发展状况及目标 ... 143
6.1.3 地热能的分布 ... 143
6.1.4 地热能源的应用 ... 144
6.1.5 地热能的低碳经济与政策 ... 147
6.2 潮汐能 ... 148
6.2.1 潮汐能的来源 ... 148
6.2.2 潮汐能发展状况及目标 ... 148
6.2.3 潮汐能源的应用 ... 151
6.2.4 潮汐能的低碳经济与政策 ... 153
拓展阅读 海洋能源 ... 154
思考题 ... 155

第7章 储能技术 ... 156
7.1 储能技术概述 ... 156
7.1.1 储能的概念 ... 157
7.1.2 储能的目的 ... 158
7.1.3 储能技术的类型 ... 159
7.1.4 储能技术的现状与发展趋势 ... 160
7.2 储热技术 ... 162
7.2.1 储热技术概述 ... 162
7.2.2 显热储能 ... 164
7.2.3 相变储能 ... 165
7.2.4 热化学储能 ... 170

7.3 机械储能 ... 172
7.3.1 机械储能概述 ... 172
7.3.2 抽水蓄能 ... 173
7.3.3 压缩空气储能 ... 178
7.3.4 飞轮储能 ... 182

7.4 电化学储能 ... 187
7.4.1 电化学储能概述 ... 187
7.4.2 铅蓄电池 ... 193
7.4.3 锂离子电池 ... 198
7.4.4 液流电池 ... 206
7.4.5 其他电池技术 ... 212
7.4.6 电化学储能技术总结 ... 220

7.5 电磁储能 ... 221
7.5.1 超级电容器储能 ... 222
7.5.2 超导储能 ... 226

7.6 化学储能 ... 227
7.6.1 氢储能 ... 228
7.6.2 其他化学储能 ... 230

拓展阅读　能源系统未来趋势——综合智慧能源 ... 232
思考题 ... 233

第8章　智能微电网应用技术 ... 234

8.1 智能微电网的历史背景和现实意义 ... 234
8.1.1 智能微电网产生的历史背景 ... 235
8.1.2 智能微电网发展的现实意义 ... 236

8.2 智能微电网的定义 ... 237

8.3 智能微电网的分类和结构 ... 240
8.3.1 直流和交流智能微电网 ... 240
8.3.2 并网和孤岛智能微电网 ... 241
8.3.3 单相并网和三相并网型智能微电网 ... 244
8.3.4 智能微电网系统的典型结构与控制体系 ... 245

8.4 智能微电网的特点 ... 246
8.4.1 智能微电网的显著特点 ... 246
8.4.2 智能微电网的优缺点 ... 247

8.5 智能微电网的运行模式 ... 248
8.5.1 智能微电网的启动 ... 248
8.5.2 智能微电网的孤岛运行与并网运行 ... 248

8.6 智能微电网的控制方法 ... 249
8.6.1 智能微电网内分布式电源的控制方法 ... 249
8.6.2 智能微电网系统的控制方法 ... 251

8.7 智能微电网的稳定性控制方法 ... 254

拓展阅读　新型能源体系的发展脉络与内涵、挑战及意义 ... 255
思考题 ... 257

参考文献 ... 258

第1章 碳中和概述

学习目标

1. 掌握碳中和的基本含义、政策内涵和内在逻辑。
2. 掌握碳中和愿景的基本要求、推进路径、根本影响和机遇挑战。
3. 了解碳中和对国家发展的重大战略意义。

学习重点

1. 碳中和的基本含义、政策内涵和内在逻辑。
2. 碳中和愿景的基本要求、推进路径、根本影响和机遇挑战。

学习难点

碳中和的内在逻辑和推进路径。

碳中和是应对全球气候变化的重大举措，也是绿色发展和可持续发展的必要手段。对国家而言，碳中和可以减少温室气体排放，保护生态环境，提升国际形象和竞争力；对企业而言，碳中和可以降低运营成本，提高能源利用效率，同时也可以为环保事业做出贡献；对个人而言，碳中和可以减少环境污染，保护地球家园，同时也可以提高个人环保意识和责任感。本章系统讲解了碳中和概念、愿景，使读者对碳中和有一个系统的认识。

1.1 碳中和概念

自工业革命以来，化石燃料广泛使用、森林砍伐等人类活动导致大气中温室气体不断增加，大量 CO_2 等温室气体在大气层的长时间聚集产生温室效应，导致全球变暖，比工业化前水平高出约 1.2 ℃。温室气体是气候变化的主要驱动因素，带来了干旱、火灾、洪水、冰川消融等严重的气候变化问题。气候变化是全世界共同面临的严峻挑战，对人类社会的发展和存亡构成严重威胁，应对气候变化已成为全球共识。联合国政府间气候变化专门委员会（IPCC）自成立以来一直致力于全球气候变化治理，从 1997 年的《京都议定书》到 2015 年的《巴黎协定》，使得全世界在气候问题上取得共识和显著成效。2018 年，*Global Warming of 1.5 ℃* 指出，如果地球温升超过 1.5 ℃，会给自然系统和人类社会带来不可逆转的伤害，1.5 ℃和 2 ℃的增温幅度所带来的影响迥然不同，强调了温升控制在 1.5 ℃对全世界可持续发展的重要性，需要世界各国共同为之努力，特别是要对碳排放量进行严格的控制。

中国积极履行并承担了碳减排和应对气候变化的义务及责任。2020 年 9 月 22 日，在第 75 届联合国大会一般性辩论上，国家主席习近平向全世界宣布，将提高国家自主贡献力度，采取更加有力的政策和措施，CO_2 排放力争于 2030 年前达到峰值，努力争取 2060 年前实现碳中和。2021 年，为了扎实推进碳达峰碳中和目标，国务院先后发布了《2030 年前碳达峰行动方案》和《中国应对气候变化的政策与行动》白皮书。近几年的中央经济工作会议高度关注碳达峰碳中和目标，提出实现碳达峰碳中和是推动高质量发展的内在要求，要坚定不移推进，坚持全国统筹、节约优先、双轮驱动、内外畅通、防范风险的原则，强调要稳妥安全地推进"双碳"工作。中国明确提出碳达峰碳中和"双碳"目标是积极应对全球气候变化，履行国际公约，推进《巴黎协定》确立的控制全球温升不超过 2 ℃，并努力低于 1.5 ℃目标的行动宣言，也彰显中国参与全球气候治理、构建人类命运共同体、人与自然生命共同体的责任和担当。

1.1.1　碳中和基本含义

碳中和也称"净零排放"，"碳"即二氧化碳，"中和"即正负相抵，指人类经济社会活动所必需的碳排放，通过森林碳汇和其他人工技术或工程手段加以捕集利用或封存，而使排放到大气中的温室气体净增量为零。温室气体排放量以"二氧化碳排放当量"为单位计算，因此也常常被称为"碳排放"。碳中和是一种新型环保形式，可以推动绿色的生活、生产，实现全社会绿色可持续发展。

碳中和应从碳排放（碳源）和碳固定（碳汇）这两个侧面来理解。

碳排放既可以由人为过程产生，又可以由自然过程产生。人为过程主要来自两方面，一是化石燃料燃烧形成 CO_2 向大气圈释放；二是土地利用变化（最典型的是森林砍伐后土壤中的碳被氧化成 CO_2 释放到大气中）。自然界也有多种过程可向大气中释放 CO_2，比如火山喷发、煤炭的地下自燃等。但应该指出：近一个多世纪以来，自然界的碳排放比之于人为碳排放，对大气 CO_2 浓度变化的影响几乎可以忽略不计。

碳固定也有自然固定和人为固定两大类，并且以自然固定为主。最主要的自然固碳过程来自陆地生态系统。陆地生态系统的诸多类型中，森林生态系统占比较大。所谓的人为固定 CO_2，一种方式是把 CO_2 收集起来后，通过生物或化学过程，把它转化成其他化学品；另一种方式则是把 CO_2 封存到地下深处和海洋深处。

过去几十年中，人为排放的 CO_2，大致有 54% 被自然固定，剩下的 46% 则留存于大气中。在自然吸收的 54% 中，23% 由海洋完成，31% 由陆地生态系统完成。比如最近几年，全球每年排放大约 400 亿 t CO_2，其中 86% 来自化石燃料燃烧，14% 由土地利用变化造成。这 400 亿 t CO_2 中的 184 亿 t（46%）加入大气中，导致大气 CO_2 浓度增加。

所谓碳中和，就是要使大气 CO_2 浓度不再增加。但我们即使达到碳中和的阶段，也一定会存在一部分不得不排放的 CO_2，它们会有 54% 左右被自然固碳，余下的那部分，就得通过生态系统固碳、人为地将 CO_2 转化成化工产品或封存到地下等方式来消除。

只有当排放的量相等于固定的量之后，才算实现了碳中和。由此可见，碳中和同碳的零排放是两个不同的概念，它是以大气 CO_2 浓度不再增加为标志。

1.1.2 碳中和政策内涵

2021年2月22日，国务院印发《关于加快建立健全绿色低碳循环发展经济体系的指导意见》，意见指出：要深入贯彻党的十九大和十九届二中、三中、四中、五中全会精神，全面贯彻生态文明思想，认真落实党中央、国务院决策部署，坚定不移贯彻新发展理念，全方位全过程推行绿色规划、绿色设计、绿色投资、绿色建设、绿色生产、绿色生活、绿色消费，使发展建立在高效利用资源、严格保护生态环境、有效控制温室气体排放的基础上，统筹推进高质量发展和高水平保护，建立健全绿色低碳循环发展的经济体系，确保实现碳达峰碳中和目标，推动我国绿色发展迈上新台阶。

我国的碳中和政策是为了应对全球气候变化和达成《巴黎协定》目标而制定的。

我国碳中和政策主要包括以下方面：

（1）环保、节能、低碳等政策措施的推进。

（2）大力发展清洁能源，如太阳能、风能、水能、地热能、焚烧垃圾发能等。

（3）加快新能源汽车的产业化和推广，推广节能环保、低污染的交通工具，鼓励绿色出行和公共交通。

（4）提高工业节能降耗，妥善处理污染及废弃物，鼓励清洁生产。

（5）研发高效节能的技术和设备，提高资源利用率，促进绿色发展。

总之，我国碳中和政策是一项重要的环保举措，旨在推动能源转型和产业升级，实现资源循环利用和可持续发展。

1.1.3 碳中和内在逻辑

我国当前 CO_2 年排放量在 100 亿 t 左右。这样较大数量的排放主要由我国的能源消费总量和能源消费结构所决定。我国目前的能源消费总量约为 50 亿 t 标准煤，其中煤炭、石油和天然气三者合起来占比接近 85%，其他非碳能源的占比只有 15%。在煤炭、石油、天然气三类化石能源中，碳排放因子最高的煤炭占比接近 70%。约 100 亿 t CO_2 的年总排放中，发电和供热约占 45 亿 t，建筑物建成后的运行（主要是用煤和用气）约占 5 亿 t，交通排放约占 10 亿 t，工业排放约占 39 亿 t。工业排放的四大领域是建材、钢铁、化工和有色金属，而建材排放的大头是水泥生产 [水泥以石灰石（$CaCO_3$）为原料，煅烧成氧化钙（CaO）后，势必形成 CO_2 排放]。电力/热力生产过程产生的 CO_2 排放，属于电力消费领域。根据进一步研究，发现这 45 亿 tCO_2 中，约 29 亿 t 最终也属于工业领域排放，约 12.6 亿 t 属于建筑物建成后的运行排放。我国工业排放约占总排放量的 68%。

根据我国 CO_2 的排放现状，中国的碳中和需要构建一个"三端共同发力体系"：

第一端是电力端，即电力/热力供应端的以煤为主应该改造发展为以风、光、水、核、地热等可再生能源和非碳能源为主。

第二端是能源消费端，即建材、钢铁、化工、有色金属等原材料生产过程中的用能以绿电、绿氢等替代煤炭、石油、天然气，水泥生产过程，把石灰石作为原料的使用量降到最低，交通用能、建筑用能以绿电、绿氢、地热等替代煤炭、石油、天然气。能源消费端要实现这样的替代，一个重要的前提是全国绿电供应能力应处在"有求必应"的状态。

第三端是固碳端，不管前面两端如何发展，在技术上要达到零碳排放是不太可能的。比如煤炭、石油、天然气在化工生产过程中"减碳"所产生的CO_2，水泥生产过程中总会产生的那部分CO_2，还有电力生产本身，真正要做到"零碳电力"也只能寄希望于遥远的将来。因此，我们还得把不得不排放的CO_2用各种人为措施固定下来，其中最为重要的措施是生态建设，此外还有碳捕集之后的工业化利用，以及封存到地层和深海中。

1.1.4 碳中和战略意义

高质量发展是全面建设社会主义现代化国家的首要任务。做好碳达峰碳中和工作，加快形成绿色经济新动能和可持续增长极，显著提升经济发展质量效益，体现了中国式现代化的本质要求。

推进碳达峰碳中和是深入贯彻习近平生态文明思想、推动经济社会高质量发展的内在要求。党的十八大以来，习近平同志围绕生态文明建设发表一系列重要论述，深刻回答了为什么建设生态文明、建设什么样的生态文明、怎样建设生态文明等重大理论和实践问题，形成了习近平生态文明思想，为推进美丽中国建设、实现人与自然和谐共生的现代化提供了方向指引和根本遵循。"十四五"时期，我国生态文明建设进入了以降碳为重点战略方向、推动减污降碳协同增效、促进经济社会发展全面绿色转型、实现生态环境质量改善由量变到质变的关键时期。推进碳达峰碳中和，坚定不移走生态优先、绿色低碳的高质量发展道路，加快形成节约资源和保护环境的产业结构、生产方式、生活方式、空间格局，将为我国在2035年基本实现社会主义现代化、21世纪中叶建成富强民主文明和谐美丽的社会主义现代化强国奠定坚实基础。

推进碳达峰碳中和是认真落实"四个革命、一个合作"能源安全新战略、统筹发展和安全的重要举措。能源安全是关系国家经济社会发展的全局性、战略性问题，对国家繁荣发展、人民生活改善、社会长治久安至关重要。党的十八大以来，习近平总书记提出"四个革命、一个合作"能源安全新战略，指引我国推进能源消费革命、能源供给革命、能源技术革命、能源体制革命，全方位加强国际合作，实现开放条件下能源安全，为我国新时代能源发展指明了方向，开辟了能源高质量发展的新道路。我国是世界上最大的发展中国家，经济社会发展、人民生活水平提高使能源消费需求保持刚性增长。推进碳达峰碳中和，有助于协调推进经济建设、社会建设和生态文明建设，全面提高气候安全保障水平，既有效应对气候变化挑战，切实保障国家能源安全，又加快推动绿色低碳发展，增强发展的协调性和可持续性。

推进碳达峰碳中和是能源央企顺应能源发展大势、加快建设世界一流企业的重要机遇。随着绿色发展步伐的不断加快，发展清洁能源、降低碳排放，促进经济社会发展全面绿色转型，已经成为国际社会的普遍共识。党的十八大以来，我国能源电力结构持续优化，非化石能源消费比重从9.7%提高到16.6%，增幅是世界同期平均水平的2.1倍；电能占终端能源消费比重从22.5%提高到27%，超过经济合作与发展组织（OECD）国家平均水平5个百分点。清洁能源装机超过11亿kW，水电、风电、太阳能发电装机稳居世界首位，核电在建规模全球第一，为实现碳达峰碳中和目标打下了坚实基础。"十四五"期间，我国将持续推进工业化进程，能源消费总量特别是用电量还将保持稳定增长，随着电能替代加速推进，电力将承接工业、建筑、交通等领域转移的能源消耗和碳排放，服务全社会降碳脱碳。推进碳达峰碳中和，将极大促进绿色低碳循环发展的产业体系和清洁低碳安全高效的能源体系建设，大幅提升能源利用效率，推动绿色低碳技术研发和推广应用，实现能源央企更高质量、更有效率、更可持续、更为安全的发展。

1.2 碳中和愿景

2030 年前碳达峰、2060 年前碳中和的"双碳"目标愿景，是以习近平同志为核心的党中央统筹国内国际两个大局作出的重大战略决策，既是实现中华民族永续发展的必然选择，也是构建人类命运共同体的庄严承诺。立足新发展阶段、贯彻新发展理念、构建新发展格局，推进"双碳"战略要充分认识做好碳达峰碳中和工作的重大意义。

1.2.1 碳中和愿景概述

碳中和是在科学共识的基础上达成的政治共识，要求反思、重构自然、资本、劳动力等要素之间的关系，变革经济社会发展模式。碳达峰与碳中和内在逻辑一致，碳中和导向的碳达峰为经济社会系统性、整体性转型奠定基础。目前已有 130 多个国家和地区作出了在 21 世纪中叶或之前实现碳中和的重大发展战略承诺。在这场广泛而深刻的经济社会系统性变革之中，世界经济发展格局将被重塑。

碳达峰碳中和承诺彰显了中国应对气候变化的大国担当，也是开启全面建设社会主义现代化国家新征程的应有之举。当前，全国上下已形成积极落实"双碳"目标的良好氛围，为确保工作有序开展，中共中央和国务院先后印发《关于完整准确全面贯彻新发展理念做好碳达峰碳中和工作的意见》《2030 年前碳达峰行动方案》等政策文件，着力构建碳达峰碳中和的"1 + N"政策体系。

"双碳"目标愿景是一个开创光明未来的庄严承诺，但实现"双碳"道路注定曲折，不亚于一场新时代的产业转型升级的万里长征。既然是变革，必然会面临压力，但压力往往又是前行的动力。对于这场执政能力的大考，中央经济工作会议强调要坚定不移推进，但不可能毕其功于一役，需要科学谋划、务实决策和高效执行。

改革开放 40 多年来中国经济发展取得了巨大成功，创造了举世瞩目的世界奇迹。未来 40 年，碳达峰碳中和可能为中国经济发展再创一个奇迹。"双碳"目标愿景将推动世界经济发展方式从过去的规模速度型逐渐转向质量效率型，驱动新一轮世界范围的产业竞争，尤其是在零碳能源技术领域的产业竞争。

碳达峰碳中和以创新绿色低碳技术为基础，以降低绿色溢价为充分条件，以提升社会治理效能为必要条件。新能源和新技术突破是实现碳中和的前提，但不能走向"技术经济决定论"，将碳达峰碳中和简化成一个能源替代问题或技术创新问题。由于经济发展的内在机制，仅靠技术进步和能源转型并不足以实现全球可持续发展。对于中国来说，更为根本的是依靠生产生活方式的深刻转变，将碳达峰碳中和纳入生态文明建设整体布局，构建生态文明发展新范式。

1.2.2 碳中和基本要求

实现碳达峰碳中和,绝不是"就碳论碳",而是多重目标、多重约束的经济社会系统性变革,需要统筹处理好发展和减排、降碳和安全、整体和局部、短期和中长期、立和破、政府和市场、国内和国际等多方面多维度关系,采取强有力措施,重塑我国经济结构、能源结构,转变生产方式、生活方式。

《关于完整准确全面贯彻新发展理念做好碳达峰碳中和工作的意见》明确了我国实现碳达峰碳中和的时间表、路线图,围绕"十四五"时期以及2030年前、2060年前两个重要时间节点,提出了构建绿色低碳循环经济体系、提升能源利用效率、提高非化石能源消费比重、降低CO_2排放水平、提升生态系统碳汇能力等五个方面主要目标。同时,为确保碳达峰碳中和目标如期实现,要把握好以下原则:

一是要坚持全国统筹。碳达峰碳中和是一个整体概念,不可能由一个地区、一个单位"单打独斗",必须坚持"全国一盘棋",需要地方、行业、企业和社会公众的共同参与和努力,必须加强党的领导,做到统筹协调、分类施策、重点突破、有序推进。要压实地方责任,组织地方从实际出发制定落实举措。要鼓励有条件的行业、企业积极探索,形成一批可复制、可推广的经验模式。

二是要坚持节约优先。做好碳达峰碳中和工作,必须把节约放在首要位置,不断降低单位产出能源资源消耗和碳排放。要大力倡导勤俭节约,坚决反对奢侈浪费,推行简约适度、绿色低碳、文明健康的生活方式,从源头和入口形成有效的碳排放控制阀门。

三是要坚持双轮驱动。坚持政府和市场两手发力,是实现碳达峰碳中和的重要保障。一方面,要充分发挥市场配置资源的决定性作用,引导各类资源、要素向绿色低碳发展集聚,用好碳交易、绿色金融等市场机制,激发各类市场主体绿色低碳转型的内生动力和创新活力。另一方面,要切实发挥政府作用,深化能源和相关领域改革,敢于打破利益藩篱,大力破除制约绿色低碳发展的体制机制障碍;要构建新型举国体制,强化科技和制度创新,加快绿色低碳科技革命。

四是要坚持内外畅通。做好碳达峰碳中和工作,要坚持以我为主,扎扎实实办好自己的事,同时也要用好国内国际两方面资源,大力推广先进绿色低碳技术和经验。要积极参与应对气候变化多边进程,承担与我国发展水平相称的国际责任。要讲好中国故事,发出中国声音,贡献中国方案,携手国际社会共同保护好地球家园。

五是要坚持防范风险。当前,我国仍处在工业化、新型城镇化快速发展的历史阶段,产业结构偏重,能源结构偏煤,时间窗口偏紧,技术储备不足,实现碳达峰碳中和的任务相当艰巨。做好碳达峰碳中和工作,必须坚持实事求是、一切从实际出发,尊重规律、把握节奏。要强化底线思维,坚持先立后破,处理好减污降碳和能源安全、产业链供应链安全、粮食安全和群众正常生活的关系,有效应对绿色低碳转型过程中可能伴生的经济、金融、社会风险。

1.2.3 碳中和推进路径

全球能源结构已形成石油、天然气、煤炭和新能源"四位一体"的新格局:以石油和天然气为主,石油开发迈入稳定期,天然气发展步入鼎盛期,煤炭作为补充能源进入转型期,新能源发展渐入黄金期。"双碳"目标的实现路径：一是减少"碳源"，即减少以 CO_2 为主的温室气体的排放量；二是增加"碳汇"，利用各种手段技术增加 CO_2 的吸收量。中国的基本国情和巨大的能源消费总量，决定了实现碳中和将是一个漫长的过程，要积极进行能源结构转型和优化调整，减少现有能源使用产生的碳排放量。大力发展可再生能源技术、生态碳汇技术和负排放技术，助力碳中和目标的实现。

1. 能源低碳转型

工业革命以来，全球化石能源燃烧产生的 CO_2 排放量占温室气体总排放量的70%以上，碳排放最主要的来源是能源消费。在能源消费总量方面，根据《中国统计年鉴2023》，2022年中国能源消费总量为54.1亿t标准煤，其中煤炭、石油、天然气、一次电力和其他能源消耗量分别占能源消费总量的56.2%、17.9%、8.4%、17.5%，由此可见煤炭消费占比较大，短期内仍是我国能源主要来源。

将能源系统低碳转型作为实现碳中和的首要路径，我国需从能源供给侧和能源消费端共同推进能源低碳转型。加快推进能源供给体系低碳化，逐步有计划地减少传统化石能源的使用，逐步降低化石能源在能源消费中的占比情况，化石能源结构调整的基本思路是将化石能源结构逐步调整，进行减煤、控油、增气。电气化是能源消费侧低碳转型的关键，应全面推进能源消费侧电气化，国家和企业应加快推进工业领域电气化，加大电能装备替代，加快推进城市交通领域电气化低碳出行。

2. 可再生能源技术

化石能源的过度消耗加剧了能源短缺、气候和环境等问题，影响人类的可持续发展。可再生能源是一种清洁能源，是指非化石能源，如太阳能、风能、海洋能、生物质能、地热能、核能和氢能等。根据国家能源局公布的数据可知，截至2022年底，我国可再生能源装机规模突破12亿kW，达到12.13亿kW，占全国发电总装机的47.3%，较2021年提高2.5%；其中风电3.65亿kW、太阳能发电3.93亿kW、生物质发电0.41亿kW、常规水电3.68亿kW、抽水蓄能0.45亿kW；2022年，全国风电、光伏发电新增装机达到1.25亿kW，连续三年突破1亿kW，再创历史新高，全年可再生能源新增装机1.52亿kW，占全国新增发电装机的76.2%，已成为我国电力新增装机的主体。其中风电新增3 763万kW、太阳能发电新增8 741万kW、生物质发电新增334万kW、常规水电新增1 507万kW、抽水蓄能新增880万kW。

可再生能源被认为是实现碳中和的重要路径之一，因此可再生能源现在备受关注。可再生能源已经成为各国应对能源转型、气候变化以及环境问题的共同选择。我国可再生能源产业可参考、借鉴国际发展经验，制定适合本国国情的可再生能源发展道路，积极探索适合中国不同发展阶段的可再生能源政策和战略。

3. 增强生态碳汇技术

海洋和陆地生态系统是最重要的碳汇。森林年固碳量约占整个陆地生态系统的2/3，是陆地生态系统的主体。海洋覆盖了地球表面的70%以上，海洋已经吸收了工业革命以来约30%人类排放的 CO_2。在碳汇时间尺度上，海洋碳汇储存周期可达千年之久，比陆地生态系统的碳汇储存周期长，并且海洋生态系统的碳固存效率远高于陆地生态系统。

生态系统碳汇是实现"双碳"目标的重要路径之一，我国需要加强理论支撑，加速政策落实行动以及制定合适的行动方案。森林碳汇的增加要依靠改善经营管理水平、科技创新等，通过科学保护和管理来增加森林蓄积量和扩大森林碳汇能力。海洋生态系统需要加强保护和恢复沿海和开放水域生态系统的政策，还需要采取其他科学方法，以增加海洋生态系统中的碳汇。

4. 碳捕集利用与封存技术

CO_2 捕集利用与封存（carbon capture utilization and storage，CCUS）技术包括 CO_2 捕集、运输、利用与封存四个环节，它是一种将 CO_2 从排放源或空气中捕集分离后，并在适宜的地点加以利用或封存以最终达到 CO_2 减排的技术。CCUS 技术被认为是应对全球气候变化最重要的工具之一，是实现化石能源净零排放的必要技术选择，CCUS 与生物质能（BECCS）的耦合等负排放技术更是实现"双碳"目标的深层保障。

它的发展及广泛应用对实现"双碳"目标具有关键性的作用。但是目前国内 CCUS 项目发展还不成熟，在关键环节仍存在安全性、技术性和经济性等难题，需要国家层面制定 CCUS 发展规划，针对 CCUS 各个环节开展核心技术攻关；探索制定 CCUS 标准体系以及推进 CCUS 技术逐步商业化的进程；加强国际合作与交流，积累经验和技术数据。

1.2.4 碳中和愿景根本影响

实现碳达峰碳中和目标会带来政府行为、企业行为和个人行为的根本变化，覆盖全社会方方面面，影响范围非常大。这是一场经济社会系统性的变革，涉及观念重塑、价值重估、产业重构及广泛的社会经济和生活影响，这就是我们的未来之变。

1. 观念重塑

现在的全球经济高度依赖化石能源，但是化石能源在全球的地域分布极度不均匀。目前，煤炭储量最多的前五个国家占了全球煤炭 75% 的储藏量；石油储量，前五个国家占了 62%；天然气储量，前五个国家占了 64%。

关于能源结构降碳，它的核心是要大幅度地提升可再生能源或者非化石能源的比例。非化石能源最典型的有四个，分别是风能、太阳能、水能、核能。其中风能、太阳能将来占的比例会更高。全球风、光资源分布相对更均匀，谁能够更好地掌握获取风、光资源，即开发出大规模应用风电、光伏发电的领先技术体系，谁就获得了长期经济发展支撑能力的提升。这是一个资源依赖型走向技术依赖型的过程，未来这个过程会使我们更多地关注关键技术。

国际能源署（IEA）给出的技术评估，分别对低碳发电、电力基础设施、交通运输用电、工业用电、建筑物用电、燃料转化用电等技术做了梳理分析，在低碳发电领域像太阳能光伏发电等技术已经基本比较成熟，可以走向市场；在电力基础设施领域，智能充电等技术目前还需要进一步研发、竞争，才能推向市场。IEA 2021 年的报告显示在全球能源行业的路线图里，2050 年实现净零排放的关键技术中，50% 目前尚未成熟，需要进一步研发提升，可见走向技术依赖型的经济发展模式对科技创新的需求更加迫切。

2. 价值重估

先看能源成本。目前，风力发电、光伏发电和火力发电的成本已经相近。但是如果加上并网成本，风力发电和光伏发电的成本与火力发电相比，相对较高。碳市场的建立健全和逐步完善会使碳价在全国或者全世界发挥作用，逐渐使技术的竞争优势发生变化，并网成本随着规模的应用将大大降低，因此风力发电、光伏发电的价值和竞争力会被重新认识。

再看地域价值。我们国家东部是发达地区，中西部是欠发达地区，但是我们看到未来寄予很高希望的风、光资源恰恰比较集中在中西部欠发达地区，这些会带来新的发展机遇，一些耗能比较高的产业可能在那些供能比较密集的地方会有更多的发展机遇，一定程度上也能带动其经济发展，使发展不平衡的问题得到一定解决。例如，宁夏的沙地很多，一家企业做了大量的太阳能板，获得的太阳能用于发电，太阳能板造成大量的阴影，在阴影下种植的宁夏特产枸杞，和没有太阳能板覆盖的枸杞有很大区别，它的水分保持时间更长。太阳能板脏污后，会影响吸收太阳能，需要冲洗，冲洗太阳能板的水可以用来灌溉下面种植的枸杞，实现循环利用。这个经济模式把原来比较荒的沙地大幅度改变为能源利用地和新的经济作物生产地，为发展带来了全新的机遇。

价值重估还有一个例子，光伏发电需要多晶薄膜材料，制造这种材料需要的关键稀缺元素如铟、碲等，这些元素如果以现有的资源量供给现有的用量没有问题，但是2050年光伏装机总量的目标是要比2020年增加19倍，因此，这些稀缺元素的累计需求量会大幅度增加，物以稀为贵，这些稀缺元素的未来价值会更大提升。我们现在的固体废物里有这些元素，但是现在更多地把这些元素视为有毒有害物，想办法进行无害化处理，一旦它们的价值增加以后，可能就需要提高技术，精打细算地从固体废物里把它们提取出来，这对它们的循环利用会有很大的推动，这也是价值重估推动技术变化的重要体现。

3. 产业重构

未来在减碳的推动下，传统的加油站会变成加能站，在我们国家这已不是概念式的未来构想，而是正在走向现实。中石化在"十四五"期间计划利用原有3万座加油站、870座加气站的布局优势，建设1 000座加氢站或油氢合建站、5 000座充换电站、7 000座分布式光伏发电站点。

供电系统也会发生变化。传统上，我们通过火电、核电、水电的电网系统满足生活、生产所需，但在未来，风和光这两种新能源会引入到新型的电力系统中，这个比例提高以后，有一个非常重要的特点，就是它的波动性非人为可控，风、光是天然资源，有季节性变化，甚至有日变化，波动性很大，不像火电烧煤、烧油、烧气那样可控。

这种情况下电力供需管理系统会催生新型产业——虚拟电厂。以前"以需定供"模式相对稳定，现在"供"的地方出现了不稳定，就要最大限度挖掘"需"的地方，找到其调节能力，这种调节能力如果在建筑物里面，就是调节生活用能，比如洗碗机、洗衣机这些家用电器的生活用电，它们对时间不是特别敏感，在什么时间洗由系统来控制，这是生活用能的一种做法。生产方面，比如水泥工业的一些研磨工艺、有色冶金电解铝工艺、钢铁行业的电炉用电等，在一定幅度里是可以调节的，这个调节通过智能系统就能控制在供需之间形成相对平衡。大规模的电动车应用，其充电也有较大的调节波动能力。

我们把未来发展中，具有从调节"需"方来适应"供"方的波动这种功能的系统，称为虚拟电厂。现在我们国家在江苏等一些省份已经有这样的例子，水泥、有色冶金电解铝、钢铁行业三种工业已经能够形成 2 000 MW 的虚拟电厂,相当于十来个燃煤火电厂的发电量的供需调节能力。随着未来的发展,这部分新业态发挥的作用还会更大。

另外,产业重构方面,减碳压力的产业链传递也很突出。现在越来越多的全球性大公司自主承诺减排,原来对一家企业到底排多少碳主要看它的生产过程,但现在已经扩大到产业链。一个产业链包括上游的原料和下游产品的应用,把上下游综合考虑起来,就会形成减碳压力的产业链传递。比如,中国现在是世界上最大的小汽车生产和消费市场,每年产销 2 500~3 000 万辆,这个量是美国和日本加起来的总和,这么大的量,对钢材会有比较大的需求。一家承诺了整个产业链上要减碳的跨国公司在生产小汽车时,就会要求上游生产钢材的厂家也要减碳,这样会形成倒逼,炼钢厂如果达不到它的要求,它就会去找其他能达到要求的供应商,所以在自主减排的目标实现里会形成新的压力传递,这是未来产业重构里非常重要的驱动因素。

工业产业链也会发生重大变化,传统石油炼制形成汽柴油输送给燃油车,燃油车消费后会排放大量的 CO_2,未来这一产业链的市场空间会被大大压缩。新能源大幅推广后,通过石油生产基础化工原料,产出橡胶、塑料、纤维这样的产品还有很大市场空间,而相关新材料还会进一步拓展市场空间。因此,化工生产系统未来的主要方向会是燃料变成原料,能源变成资源,这样在终端产品里碳排放的压力会明显减少。

4. 社会经济和生活影响

首先,在出行方面,比如大幅度使用新能源汽车,特别是电动汽车,在全国会形成比较大的消纳风电、光伏发电的能力,这些也是虚拟电厂的组成部分。一个电动汽车的用户,可能根据充放电的过程进行优化选择,未来可能会通过虚拟电厂的方式,在整个优化系统里发挥调节作用,当风电、光伏发电特别充足时,可把电动汽车的电充满,就会形成一个分布式的储能系统。当风电、光伏发电不足时,电动汽车用户可以去放电,当形成规模时,可以减轻电网用电高峰期的负荷。国家电网在北京一个双向充放电互动桩试点,结果表明,电动汽车选择合适时段充放电,可使风电和光伏高峰电得到非常有效的利用,在目前电能大规模存储技术没有解决的情况下,这成为一个解决"弃风""弃电"难题的思路。将来怎么优化这个系统也是很有意思的课题。据《节能与新能源汽车技术路线图》研究报告预测,2040 年中国电动汽车保有量将达到 3 亿辆,每辆车平均 65 kW·h,车载储能容量约达 200 亿 kW·h,将与中国每天消费总电量基本相当。

其次是住——建筑。现在有个概念叫"光储直柔建筑","光"指的是利用建筑的表面去发展光伏发电,有研究表明,理论上如果把全北京的屋顶都装上光伏发电,获得的电能可能是北京市用电量的 2 倍。"储"就是建筑物里可以链接建筑物外充电桩或蓄电池。"直"是内部直流配电。"柔"是弹性负载、柔性用电,直流和交流用电会有 15% 左右效率的提升,同时如果用了柔性用电系统,建筑在用电上会有 15%~30% 的调节能力,所以在适应未来高比例的风电、光伏发电的时候,会成为非常重要的系统。如果是典型的住宅建筑和办公建筑群的组合,它可以消纳近百公里范围内的光伏发电,春夏秋三季基本可以实现供电平衡,冬季因为有供暖需要,供电量会有缺口。柔性用电是充分利用风、光这些非化石可再生资源。

最后,在人们的日常行为方面也产生了一些影响。在上海已经开始实施碳普惠行动,无论是垃圾分类、绿色出行、节约用电,还是光盘行动等,方方面面都可以积分制,这个分叫作"碳币",你可以在一定范围内使用它,购买一些你需要的其他商品、服务,这是鼓励简约生活,这使得人人都可以对减碳行动做出或大或小的贡献。

1.2.5 碳中和愿景机遇挑战

实现碳中和,可以理解为经济社会发展方式的一场大变革,对当今世界的任何一个国家来说,都是一场巨大的挑战。对我们来说,主要的挑战在以下五个方面:

一是我国的能源禀赋以煤为主。在煤炭、石油、天然气这三种化石能源中,释放同样的热量,煤炭排放的 CO_2 量大大高于天然气,也比石油高不少。我国的发电长期以煤炭为主,是资源性劣势。

二是我国制造业的规模十分庞大。我国接近70%的 CO_2 排放来自工业,这同我国制造业占比高、"世界工厂"的地位有关。

三是我国经济社会还处于快速发展阶段,城镇化、基础设施建设、人民生活水平提升等方面的需求空间较大。

四是我国的能源需求还在增长,意味着我国的 CO_2 排放无论是总量还是人均都会继续增长。

五是我国2030年达峰后到2060年中和,其间只有30年时间,而美国、法国、英国从人均碳排放量考察,在20世纪70年代就达峰了,它们从达峰到2050年中和,中间有80年的调整时间。

为了更加清晰地阐明碳中和对我国的挑战性,我们下面用几组碳排放有关的数据,以国际比较的方式,来做进一步说明。

第一组数据是从1900年到2020年间,不同国家的累计 CO_2 排放量(以亿吨二氧化碳为单位),美国为4 047,欧盟27国为2 751,中国为2 307,俄罗斯为1 152,日本为655,英国为618,印度为545,墨西哥为201,巴西为156。

上述统计没有考虑人口基数,因此我们需要第二组数据,1900年到2020年间的人均累计排放,这组数据以国家为单位,把每年的全国排放除以人口,获得逐年人均排放,再把这120年来的人均排放加和即可得出(数据以吨二氧化碳为单位),具体为:

美国2025,加拿大1522,英国1209,俄罗斯848,欧盟27国713,日本575,墨西哥295,中国190,巴西107,印度58,全球人均累计为375,中国迄今为止只有全球人均的一半。

第三组数据是目前以国家为单位的排放量(2016年到2020年,以亿吨二氧化碳为单位),具体是:中国100,美国52,欧盟27国30,印度25,俄罗斯16,日本11。

如果考虑人均,则有第四组数据(2016年到2020年人均排放,以吨二氧化碳为单位),具体是:美国15.9,加拿大15.3,俄罗斯11.4,日本9,中国7.2,欧盟27国6.6,巴西2.3,印度1.9。

从以上四组数据可知,我国最近几十年的发展具有压缩性特征,故目前的人均和国别排放数据比较高。但如果考察人均累计排放,我国对全球的影响非常小。另外,我国的人均GDP已达全球平均水平,而人均累计排放只是全球的一半,这还是在我国能源以煤炭为主、每年净出口大量制造业产品的基础上达到的,由此说明我国绝不是"能源资源消耗型"经济体。

第五组数据是由国际能源署、世界银行等建立的居民人均消费碳排放,它考虑了国家间通过进出口而产生的"碳排放转移"。2018年到2019年间的数据如下（单位为吨二氧化碳）：美国15.4、德国7.6、加拿大7.5、日本7.4、俄罗斯7.0、英国5.7、法国4.4、中国2.7、巴西1.5、印度1.1。这组数据说明，世界上一些国家只是"生存型碳排放"，而有的国家早已进入"奢侈型"或"浪费型"国家行列！

尽管在碳中和方面，我国面临一些挑战，但是也存在很多机遇，具体如下：

一是我国光伏发电技术在世界上已是"一骑绝尘"，风力发电技术处在国际第一方阵，核电技术也跨入世界先进行列，建水电站的水平更是无出其右者。

二是我国西部有大量的风、光资源，尤其是西部的荒漠、戈壁地区，是建设光伏发电站的理想场所，光伏发电站建设还可带来生态效益；东部我们有大面积平缓的大陆架，可以为海上风电建设提供大量场所。

三是我国的森林大都处在幼年期，还有不少可造林面积，加之草地、湿地、农田土壤的碳大都处在不饱和状态，因此生态系统的固碳潜力非常大。

四是我们实现碳中和目标的过程，也是环境污染物排放大大减少的过程，这意味着我们将彻底解决大气污染问题，其他污染物排放也将实质性降低。此外，碳中和也意味着我们将实现能源独立，国内自产的原油、天然气将能满足化工原料的需要，进口油气将大为减少。能源独立从某种程度上还会为粮食安全提供助力。

五是我国的举国体制优势将在碳中和历程中发挥重大作用，因为碳中和涉及大量的国家规划、产业政策、金融税收政策等内容，需要真正下好全国一盘棋。这点从我国推动光伏产业的历程中就可以看出，并且诸如此类的经验未来还会不断被总结、深化。

1.2.6 碳交易

党的十八大以来，以习近平同志为核心的党中央高度重视全国碳市场建设工作。2015年11月，习近平总书记在气候变化巴黎大会开幕式上提出把建立全国碳排放交易市场作为应对气候变化的重要举措。2021年4月，习近平总书记在领导人气候峰会上宣布，中国将启动全国碳市场上线交易。2021年7月，全国碳排放权交易市场开市。碳交易广义上是指按类别进行的温室气体排放权交易，使温室气体减排量成为可交易的无形商品，是一种以最具成本效益的方式减少碳排放的激励机制。2021年7月16日，中国碳排放权交易市场正式启动，2021年，碳排放配额累计交易规模达到1.79亿t，成为全球最大的温室气体排放量碳交易市场。

碳交易基本原理是，合同的一方通过支付另一方获得温室气体减排额，买方可以将购得的减排额用于减缓温室效应从而实现其减排的目标。在6种被要求减排的温室气体中，二氧化碳为最大宗，所以这种交易以每吨二氧化碳当量（tCO_2e）为计算单位，所以通称为"碳交易"。其交易市场称为碳市场（carbon market）。在碳市场的构成要素中，规则是最初的、也是最重要的核心要素。有的规则具有强制性，如《京都议定书》便是碳市场最重要的强制性规则之一，《京都议定书》规定了《联合国气候变化框架公约》附件一国家（发达国家和经济转型国家）的量化减排指标：即在2008—2012年间其温室气体排放量在1990年的水平上平均削减5.2%。其他规则从《京都议定书》中衍生，如《京都议定书》规定欧盟的集体减排目标为到2012年，比1990年排放水平降低8%，欧盟从中再分配各成员国，并于2005年设立了欧盟排放交易体系

(EU ETS),确立交易规则。当然也有的规则是自愿性的,没有国际、国家政策或法律强制约束,由区域、企业或个人自愿发起,以履行环保责任。2005年《京都议定书》正式生效后,全球碳交易市场出现了爆炸式的增长。

从经济学的角度看,碳交易遵循了科斯定理,即以CO_2为代表的温室气体需要治理,而治理温室气体则会给企业造成成本差异;既然日常的商品交换可看作是一种权利(产权)交换,那么温室气体排放权也可进行交换;由此,借助碳权交易便成为市场经济框架下解决污染问题最有效率方式。这样,碳交易把气候变化这一科学问题、减少碳排放这一技术问题与可持续发展这个经济问题紧密地结合起来,以市场机制来解决这个科学、技术、经济综合问题。需要指出,碳交易本质上是一种金融活动,一方面金融资本直接或间接投资于创造碳资产的项目与企业;另一方面来自不同项目和企业产生的减排量进入碳金融市场进行交易,被开发成标准的金融工具。在环境合理容量的前提下,人们规定包括CO_2在内的温室气体的排放行为要受到限制,由此导致碳的排放权和减排量额度(信用)开始稀缺,并成为一种有价产品,称为碳资产。碳资产的推动者,是《联合国气候变化框架公约》的成员国及《京都议定书》签署国。这种逐渐稀缺的资产在《京都议定书》规定的发达国家与发展中国家共同但有区别的责任前提下,出现了流动的可能。由于发达国家有强制减排温室气体的义务,而发展中国家没有这一强制义务,因此产生了碳资产在世界各国的分布不同。另一方面,减排的实质是能源问题,发达国家的能源利用效率高,能源结构优化,新的能源技术被大量采用,因此本国进一步减排的成本极高,难度较大。而发展中国家,能源效率低,减排空间大,成本也低。这导致了同一减排单位在不同国家之间存在着不同的成本,形成了高价差。发达国家需求很大,发展中国家供应能力也很大,国际碳交易市场由此产生。

总体而言,碳交易市场可以简单地分为配额交易市场和自愿交易市场。配额交易市场为那些有温室气体排放上限的国家或企业提供碳交易平台,以满足其减排;自愿交易市场则是从其他目标出发(如企业社会责任、品牌建设、社会效益等),自愿进行碳交易以实现其目标。

1. 配额碳交易市场

配额碳交易可以分成两大类,一是基于配额的交易,买家在"总量管制与交易制度"体制下购买由管理者制定、分配(或拍卖)的减排配额,譬如《京都议定书》下的分配数量单位(AAUs)和欧盟排放交易体系(EU ETS)下的欧盟配额(EUAs);二是基于项目的交易,买主向可证实减低温室气体排放的项目购买减排额,最典型的此类交易为清洁发展机制(CDM)以及联合履行机制(JI)下分别产生核证减排量(CERs)和减排单位(ERUs)。

1)欧盟碳排放配额

欧盟碳排放配额简单地说就是欧盟国家的许可碳排放量。欧盟所有成员国都制定了国家分配方案(NAP),明确规定成员国每年的CO_2许可排放量(与《京都议定书》规定的减排标准相一致),各国政府根据本国的总排放量向各企业分发碳排放配额。如果企业在一定期限内没有使用完碳排放配额,则可以出售;一旦企业的排放量超出分配的配额,就必须从没有用完配额的企业手中购买配额。

《京都议定书》的减排目标规定欧盟国家在2008—2012年平均比1990年排放水平削减8%,由于欧盟各成员国的经济和减排成本存在差异,为降低各国减排成本,欧盟于2003年10月25

日提出建立欧盟排放交易体系（EU ETS），该体系于 2005 年 1 月成立并运行，成为全球最大的多国家、多领域温室气体排放权交易体系。该体系的核心部分就是碳排放配额的交易。欧盟排放贸易体系共包括约 12 000 家大型企业，主要分布在能源密集度较高的重化工行业，包括能源、采矿、有色金属制造、水泥、石灰石、玻璃、陶瓷、制浆造纸等。

2）协商确定排放配额

《联合国气候变化框架公约》附件一国家（发达国家）之间协商确定排放配额（AAU）。这些国家根据各自的减排承诺被分配各自的排放上限，并根据本国实际的温室气体排放量，对超出其排放配额的部分或者剩余的部分，通过国际市场购买或者出售。

协商确定的排放配额只分配给附件一国家（发达国家），因此很多东欧国家特别是俄罗斯、罗马尼亚等近年来由于制造业的衰退，成为排放配额市场的净出口国与最大受益国。东欧国家的排放配额盈余被称为"热空气"，由于这些"热空气"并非来自节能与能效提高，而是来自产业缩水，所以大部分国家不愿意购买这些"热空气"，因为花钱购买这些配额似乎并不具有减排意义。

3）核证减排量

核证减排量（CER），指的是《联合国气候变化框架公约》附件一国家（发达国家）以提供资金和技术的方式，与非附件一国家（发展中国家）开展项目级合作（通过清洁发展机制），项目所实现的核证减排量可经过碳交易市场用于附件一国家完成《京都议定书》减排目标的承诺。核证减排量是碳交易配额市场中最重要的基于项目的可交易碳汇。

4）排放减量单位

指联合履行允许《联合国气候变化框架公约》附件一国家通过投资项目的方式从同属于附件一的另外一个国家获得排放减量单位（ERU）。附件一国家在 2000 年 1 月 1 日之后开始的项目可以申请成为联合履行机制项目，但是联合履行机制产生的排放减量额只在 2008 年 1 月 1 日之后开始签发，因此联合履行机制比起清洁发展机制，发展相对不够充分。

2. 自愿碳交易市场

自愿碳交易市场早在强制性减排市场建立之前就已经存在，由于其不依赖法律进行强制性减排，因此其中的大部分交易也不需要对获得的减排量进行统一的认证与核查。虽然自愿碳交易市场缺乏统一管理，但是机制灵活，从申请、审核、交易到完成所需时间相对更短，价格也较低，主要被用于企业的市场营销、企业社会责任、品牌建设等。虽然目前该市场碳交易额所占的比例很小，不过潜力巨大。

从总体来讲，自愿市场分为碳汇标准与无碳标准交易两种。自愿市场碳汇交易的配额部分，主要的产品有芝加哥气候交易所（CCX）开发的 CFI（碳金融工具）。自愿市场碳汇交易基于项目部分，内容比较丰富，近年来不断有新的计划和系统出现，主要包括自愿减排量（VER）的交易。同时很多非政府组织从环境保护与气候变化的角度出发，开发了很多自愿碳交易产品，比如农林减排体系（VIVO）计划，主要关注在发展中国家造林与环境保护项目；气候、社区和生物多样性联盟（CCBA）开发的项目设计标准（CCB），以及由气候集团、世界经济论坛和国际碳交易联合会（IETA）联合开发的温室气体自愿减量认证标准（VCS）也具有类似性。至于自愿市场的无碳标准，则是在《无碳议定书》的框架下发展的一套相对独立的四步骤碳抵消方案（评估碳排放、自我减排、通过能源与环境项目抵消碳排放、第三方认证），实现无碳目标。

拓展阅读　　稳中求进——如期实现"双碳"目标愿景

碳达峰碳中和是关系未来四十年中国经济社会发展的重大战略问题，亟待一场广泛而深刻的社会经济系统性变革。只有稳字当头，稳中求进，才能行稳致远，确保碳达峰碳中和目标愿景如期实现。

1. 稳中求进的核心是安全降碳

稳中求进，既是我国治国理政的重要原则，也是经济工作的总基调和方法论。自"十三五"以来，始终着眼于实现高质量转型发展，中央在经济工作领域始终坚持稳中求进，取得了重要成果和宝贵经验。碳达峰碳中和表面上是降碳问题，本质上则是经济发展模式转型的问题。正确认识和把握碳达峰碳中和，就是要坚持稳中求进的总基调和方法论，坚持在经济发展中促进绿色转型，在绿色转型中实现经济高质量发展。

碳达峰碳中和是一项复杂的系统工程，关于碳达峰碳中和的"1+N"政策体系顶层设计文件将"防范风险"作为重要原则之一，提出要妥善处理减污降碳与能源安全、产业链供应链安全、群众正常生活的关系，有效应对绿色低碳转型可能伴随的经济、金融、社会风险，防止过度反应，确保安全降碳。当前，中国正处在新型工业化、城镇化快速发展阶段，产业结构偏重，能源结构偏煤，时间窗口偏紧，技术储备不足，实现碳达峰碳中和的任务相当艰巨。实现"双碳"目标尤其要讲究章法，要强化底线思维，坚持先立后破，既不能搞"碳冲锋"，又不能搞"运动式"减碳。

2022年全国能源工作会议指出，打赢碳达峰碳中和这场硬仗，主阵地在能源，能源结构、产业结构调整不可能一蹴而就，更不能脱离实际。近些年来中国控制能源消费数量和煤炭消费总量成效显著，能源消费结构中煤炭占比下降到56%以下，但化石能源在稳定可靠能源供给、保持实体经济竞争力等方面仍在发挥重要作用。2021年我国多地经历的煤荒、电荒，使得煤炭在能源系统中的主体地位被再次确认。虽然来自国际上退煤脱煤的压力很大，但一味地、一刀切地去煤化、去煤电化，将对能源电力安全可靠稳定供应带来较大影响。中央经济工作会议提出，要立足以煤为主的基本国情，抓好煤炭清洁高效利用，增加新能源消纳能力，推动煤炭和新能源优化组合。

传统能源逐步退出要建立在新能源安全可靠的替代基础上，坚持先立后破，通盘谋划。从目前来看，虽然新能源和可再生能源发展欣欣向荣，但配套的储能、调峰技术仍存在短板，可再生能源电力尚不能稳定输出。传统的电力体制机制与经济成本进一步加深了可再生能源电力消纳问题。基于经济发展规律，新能源可再生能源取代化石能源成为能源供给的绝对主力，有赖于新能源可再生能源产业在技术和成本上实现对传统化石能源的绝对优势。由于技术和制度带来锁定效应，能源替代不可能一蹴而就。

2. 试点示范是行稳致远的政策法宝

政策试点是国家治理策略体系的重要组成部分，是中国政府遵循"由点到面"逻辑以试验手段制定政策的一种常规性工作方法。新时代的全面深化改革，凸显了顶层设计的重要性。顶层设计与试点示范相结合，是推动中国改革进程的政策法宝。当前，中国各地经济发展、产业结构、技术水平和自然资源禀赋存在显著差异，鼓励和支持一些具备条件的地方先行先试，率先达峰，为推进国家整体碳达峰承担更多责任，可起到示范引领作用。

城市是人类社会生产生活的主要聚集地，集聚全球54%的人口以及75%以上的能源消费和碳排放，一直是节能降碳和开展各类试点的主战场。从2010年7月开始，国家发改委先后启动三批低碳城市试点工作，探索减排与发展双赢的模式。研究发现，试点城市低碳发展成效高于非试点地区，而且越早开展低碳试点的城市减排效果越好。低碳城市试点在国家授权下进行自主探索，并未接受来自中央政府主管部门的财政资源和政策的倾斜，也无全面、具体、强制的约束条件。但弱激励弱约束的政策环境促进了试点城市的自主创新，不少城市由此形成了具有本地特色的低碳发展模式。

在碳达峰碳中和目标下，政策环境呈现硬约束强支持的趋势。硬约束是指碳达峰政策框架逐步明晰、主体责任性加强。在地方层面，各地在"1+N"政策体系下将制定出台适合本地区的碳达峰行动方案；在中央层面，生态环境部表示将碳达峰碳中和落实情况纳入中央环保督查。《2030年前碳排放达峰行动方案》明确提出，要选择100个具有典型代表性的城市和园区开展碳达峰试点建设，在政策、资金、技术等方面对试点城市和园区给予支持，加快实现绿色低碳转型，为全国提供可操作、可复制、可推广的经验做法。

中国的地级行政区划单位，在产业结构、发展阶段和资源禀赋方面有很大的差异性，碳排放达峰路径不同而且与全国同步达峰的难度也不同。根据国家统计局的数据，2023年中国的城镇化率为52.57%。在中国快速城镇化进程中，"双碳"目标正带动产业、技术、商业模式及全社会环保理念的全面变革。推行试点示范的原则，一定是中央引导下的地方为主，要充分发挥试点城市的主动性和创造性，通过试点的先行先试，发挥地方政府间的学习效应，起到低碳示范引领作用，避免在城镇化进程中被高碳锁定。

思 考 题

1. 碳中和含义是什么？它的内在逻辑是怎样的？
2. 碳中和愿景的基本要求是什么？它的推进路径有哪些？
3. 碳中和会给我们带来什么根本影响？我们在此过程中会遇到哪些机遇和挑战？

第 2 章

太阳能

学习目标

1. 了解太阳能的应用历史。
2. 熟悉硅材料的性能。
3. 掌握晶硅光伏电池制备工艺流程。
4. 掌握光伏发电系统的分类。
5. 熟悉光热利用的类型及应用情况。

学习重点

1. 晶硅光伏电池、组件制备工艺。
2. 光伏发电系统的分类。
3. 光热利用的类型及应用情况。

学习难点

1. 硅材料的性能。
2. 晶硅光伏电池、组件制备工艺。

万物生长靠太阳，太阳是一切能源之源，太阳通过核聚变产生能量，再以光和热的形式将这些能量辐射到地球，地球上的人类及动植物都依赖于太阳的能量。光伏发电、太阳能热水器等均是太阳能应用的一种形式，此外，风能、水能、地热能等可再生能源也与太阳息息相关。本章从太阳能应用角度出发，系统阐述了光伏发电技术、太阳能电池材料分类及现状与趋势、离网与并网光伏发电系统、光热利用技术，使读者对太阳能应用有系统的认识。

2.1 太阳能应用简介

1. 太阳能发展情况

太阳能（solar energy），一般是指太阳光的辐射能量，在现代一般用作发电或为热水器提供能源。据记载，人类利用太阳能已有 3 000 多年的历史。然而将太阳能作为一种能源和动力加以利用，只有300多年的历史。真正将太阳能作为"近期急需的补充能源""未来能源结构的基础"，则是近年的事。20世纪70年代以来，太阳能科技突飞猛进，太阳能利用日新月异。近代太阳能利用历史可以从1615年法国工程师所罗门·德·考克斯在世界上发明第一台太阳能驱动的发动机算起。该发明是一台利用太阳能加热空气使其膨胀做功而抽水的机器。在1615—1900年，世界上又研制成多台太阳能动力装置和一些其他太阳能装置。这些动力装置几乎全部采用聚光方式采集阳光，发动机功率不大，工质主要是水蒸气，价格昂贵，实用价值不大，大部分为太阳能爱好者个人研究制造。20世纪的100年间，太阳能科技发展历史大体可分为七个阶段。

第一阶段（1900—1920年）：在这一阶段，世界上太阳能研究的重点仍是太阳能动力装置，但采用的聚光方式多样化，且开始采用平板集热器和低沸点工质，装置逐渐扩大，最大输出功率达73.64 kW，实用目的比较明确，造价很高。

第二阶段（1920—1945年）：在这20多年中，太阳能研究工作处于低潮，参加研究工作的人数和研究项目大为减少，其原因与矿物燃料的大量开发利用和发生第二次世界大战有关，而太阳能又不能解决当时对能源的急需，因此太阳能研究工作逐渐受到冷落。

第三阶段（1945—1965年）：1954年，美国贝尔实验室研制成实用型硅太阳能电池，为光伏发电大规模应用奠定了基础；1952年，法国国家研究中心在比利牛斯山东部建成一座功率为50 kW的太阳炉；1955年，以色列泰伯等在第一次国际太阳热科学会议上提出选择性涂层的基础理论，并研制成实用的黑镍等选择性涂层，为高效集热器的发展创造了条件；1960年，在美国佛罗里达建成世界上第一套用平板集热器供热的氨-水吸收式空调系统，制冷能力为5冷吨。1961年，一台带有石英窗的斯特林发动机问世。

第四阶段（1965—1973年）：这一阶段，太阳能的研究工作停滞不前，主要原因是太阳能利用技术处于成长阶段，尚不成熟，并且投资大，效果不理想，难以与常规能源竞争，因此得不到公众、企业和政府的重视和支持。

第五阶段（1973—1980年）：1973年10月爆发中东战争，石油危机使许多国家，尤其是工业发达国家，重新加强了对太阳能及其他可再生能源技术发展的支持，在世界上再次兴起了开发利用太阳能的热潮。

1973年，美国制定了政府级阳光发电计划；1974年日本公布了政府制定的"阳光计划"。

1975年，中国在河南安阳召开"全国第一次太阳能利用工作经验交流大会"，进一步推动了中国太阳能事业的发展，这次会议之后，太阳能研究和推广工作纳入了中国政府计划，获得了专项经费和物资支持。

第六阶段（1980—1992年）：70年代兴起的开发利用太阳能热潮，进入80年代后不久开始落潮，逐渐进入低谷。世界上许多国家相继大幅度削减太阳能研究经费，其中美国最为突出。导致这种现象的主要原因是世界石油价格大幅度回落，而太阳能产品价格居高不下，缺乏竞争力；太阳能技术没有重大突破，提高效率和降低成本的目标没有实现，以致动摇了一些人开发利用太阳能的信心；核电发展较快，对太阳能的发展也起到了一定的抑制作用。

第七阶段（1992年至今）由于大量燃烧矿物能源，造成了全球性的环境污染和生态破坏，1992年联合国在巴西召开"世界环境与发展大会"，把环境与发展纳入统一的框架，确立了可持续发展的模式。这次会议之后，世界各国加强了清洁能源技术的开发，将利用太阳能与环境保护结合在一起，使太阳能利用工作走出低谷，逐渐得到加强。

2. 太阳能应用情况

太阳能既是一次能源，又是可再生能源。它资源丰富，取之不尽、用之不竭，对环境无任何污染，太阳能的利用主要有以下几个方面：

1）发电利用

太阳能发电利用主要有两种类型：一是光伏发电，其基本原理是利用光生伏特效应将太阳辐射能直接转换为电能，它的基本装置是光伏电池；二是光热发电，基本原理是用太阳能集热器将所吸收的热能转换为工质的蒸汽，然后由蒸汽驱动汽轮机带动发电机发电。

2）光热利用

光热利用基本原理是将太阳辐射能收集起来，通过与物质的相互作用转换成热能加以利用。目前使用最多的太阳能收集装置主要有平板型集热器、真空管集热器和聚焦集热器。

3）光化学利用

光化学利用是使用太阳辐射能直接分解水，用来制氢的光-化学转换方式。它包括光合作用、光电化学作用、光敏化学作用及光分解反应。

2.2 光伏发电技术

光生伏特（photovoltaics，PV）来源于希腊语，意思是光、伏特和电气，来源于意大利物理学家亚历山德罗·伏特的名字。

以太阳能发展的历史来说，早在19世纪，就已经发现了光照射到材料上引起"光起电力"行为。1839年，光生伏特效应第一次由法国物理学家 A. E. Becquerel 发现。1849 年"光伏"才出现在英语中。1883 年，第一块太阳能电池由 Charles Fritts 制备成功，Charles 在锗半导体上覆上一层极薄的金层，形成半导体金属结，器件效率可达 1%。1954 年，美国贝尔实验室采用半导体做实验，发现硅中掺入一定量的杂质后对光更加敏感，随后第一个太阳能电池于 1954 年诞生在贝尔实验室，太阳能电池技术的时代终于到来。1960 年代开始，美国发射的人造卫星就已经利用太阳能电池作为能量的来源。1970 年代能源危机时，世界各国察觉到能源开发的重要性。1973 年发生石油危机，人们开始把太阳能电池的应用转移到一般的民生用途上。

2.2.1 太阳能电池材料的分类与现状

太阳能电池根据结构、材料可分为不同类别：

（1）按电池结构划分，可分为晶体硅太阳能电池和薄膜太阳能电池。

（2）按照使用的基本材料不同，可分为硅基太阳能电池、化合物太阳能电池、染料敏化电池和有机薄膜电池等几种。

（3）按照太阳能电池的发展历程可分为第一代、第二代及第三代太阳能电池。

① 第一代太阳能电池：晶体硅电池。

② 第二代太阳能电池：各种薄膜电池，包括非晶硅薄膜电池（a-Si）、碲化镉太阳能电池（CdTe）、铜铟镓硒太阳能电池（CIGS）、GaAs 太阳能电池、染料敏化太阳能电池等。

③ 第三代太阳能电池：各种超叠层太阳能电池、热光伏电池（TPV）、量子阱及量子点超晶格太阳能电池、中间带太阳能电池、上转换太阳能电池、下转换太阳能电池、热载流子太阳能电池、碰撞离化太阳能电池等新概念太阳能电池。

以下主要介绍硅基太阳能电池和薄膜太阳能电池。

1. 硅基太阳能电池

太阳能电池材料市场中，目前仍然以晶硅电池占主导，约占太阳能电池市场的90%，晶硅光伏产业链如图2-1所示。硅基太阳能电池包括多晶硅、单晶硅和非晶硅电池三种，产业化晶体硅电池的效率可达到23%~25%（单晶），各类太阳能电池材料的现状如下：

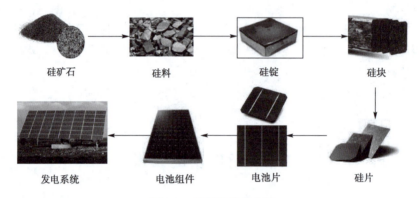

图2-1 硅基光伏产业链

（1）单晶硅太阳能电池技术也最为成熟。在电池制作中，一般都采用表面织构化、发射区钝化、分区掺杂等技术，开发的电池主要有平面单晶硅电池和刻槽埋栅电极单晶硅电池。

（2）多晶硅太阳能电池：多晶硅太阳能电池成本低，生产工艺成熟。多晶硅太阳能电池一度成为全球太阳能电池占有率最高的主流技术，但多晶硅太阳能电池效率低于单晶硅太阳能电池。

（3）非晶硅太阳能电池：非晶硅的优点在于其对于可见光谱的吸光能力很强，所以只要薄薄的一层就可以把光子的能量有效吸收。薄膜生产技术非常成熟，可以节省大量的材料成本，但转化率较低，而且存在光致衰退（所谓的S-W效应，即光电转换效率会随着光照时间的延续而衰减，使电池性能不稳定）。

2. 薄膜太阳能电池

根据材料种类不同，薄膜太阳能电池可细分为：微晶硅薄膜太阳能电池（thin film crystalline silicon solar cell, c-Si）；非晶硅薄膜太阳能电池（thin film amorphous silicon solar cell, a-Si）、Ⅱ-Ⅵ族化合物太阳能电池[如碲化镉（CdTe）、硒化铟铜]、Ⅲ-Ⅴ族化合物太阳能电池[如砷化镓（GaAs）、磷化铟（InP）、磷化镓铟（InGaP）]。目前已产业化的薄膜光伏电池材料有三种：非晶硅（a-Si）、铜铟硒（CIS, CIGS）和碲化镉（CdTe）（占据市场的9%）。

（1）Ⅲ-Ⅴ族化合物太阳能电池：典型的Ⅲ-Ⅴ族化合物太阳能电池为砷化镓（GaAs），转换率达到30%以上，Ⅲ-Ⅴ族是直接带隙半导体，仅2μm厚度，就可在AM1.5的条件下吸光97%左右。在单晶硅基板上，以CVD成长GaAs薄膜所制成的薄膜太阳能电池，效率较高，主要应用在太空。而新一代的 GaAs 多结太阳能电池，吸收光谱范围高，转换效率可达到 39% 以上，是目前转换效率最高的太阳能电池，而且该电池性能稳定，寿命长。但该电池价格昂贵，约是晶硅太阳能电池数十倍以上。

（2）Ⅱ-Ⅵ族化合物太阳能电池：典型的Ⅱ-Ⅵ族化合物太阳能电池为碲化镉薄膜电池和铜铟镓硒薄膜电池。碲化镉电池为直接带隙，能隙值为 1.45 eV，正好位于理想太阳能电池的能隙范围内。此外，具有很高的吸光系数，且户外环境下稳定性相当好。具有高转换效率和低材料制造成本等特点，被视为未来最有发展潜力的薄膜电池之一。若利用聚光装置的辅助，目前转换效率可以达到 30% 左右，成为可以获得高效率的理想太阳能电池材料之一，CdTe/glass 已经用于大面积屋顶材料。除了适合用在大面积的地表用途外，$Cu(InGa)Se_2$ 太阳能电池也具有抗辐射损伤能力和在太空领域应用的潜力。

2.2.2 硅材料的基本性质

硅为世界上第二丰富的元素，在地壳中的丰度为 27.7%，在常温下化学性质稳定，是具有灰色金属光泽的固体。晶态硅的熔点为 1 420 ℃、沸点为 2 355 ℃，原子序数为 14，属于第 ⅣA 族元素，相对原子质量为 28.085，密度为 2.422 g/cm³，莫氏硬度为 7。

硅以大量的硅酸盐矿石和石英矿的形式存在于自然界，自然界中没有游离态的硅存在。人们脚下的泥土、石头和沙子，使用的砖、瓦、水泥、玻璃和陶瓷等，这些人们在日常生活中经常遇到的物质，都是硅的化合物。

1. 物理性质

硅有晶态和无定形态两种同素异形体。晶态硅根据原子排列不同分为单晶硅和多晶硅，单晶硅和多晶硅的区别是：当熔融的硅凝固时，硅原子与金刚石晶格排列成许多晶核，如果这些晶核长成晶面取向相同的晶粒，则形成单晶硅；如果长成晶面取向不同的晶粒，则形成多晶硅。他们均具有金刚石晶格，属于原子晶体，晶体硬而脆，抗拉应力远远大于抗剪切应力，在室温下没有延展性；在热处理温度大于 750 ℃时，硅材料由脆性材料转变为塑性材料，在外加应力的作用下，产生滑移位错，形成塑性变形。硅材料还具有一些特殊的物理化学性能，如硅材料熔化时体积缩小，变为固化时体积增大。

硅材料按照纯度分类，可以分为冶金级硅、太阳能级硅、电子级硅。冶金级硅（MG）是硅的氧化物在电弧炉中用碳还原而成，纯度为 98% ~ 99%；太阳能级硅（SG）纯度为 99.99% ~ 99.999 9%；电子级硅（EG）纯度 >99.999 9%。

硅具有良好的半导体性质，其本征载流子浓度为 1.5×10^{10} 个/cm³，本征电阻率为 1.5×10^{10} Ω·cm，电子迁移率为 1 350 cm²/(V·s)，空穴迁移率为 480 cm²/(V·s)。作为半导体材料，硅具有典型的半导体材料的电学性质。

1）电阻率特性

硅材料的电阻率为 10^{-5} ~ 10^{10} Ω·cm，介于导体和绝缘体之间，未掺杂无缺陷的本征半导体硅材料电阻率在 10^6 Ω·cm 以上。

2）PN 结特性

N 型硅材料和 P 型硅材料相连，组成 PN 结，这是所有硅半导体器件的基本结构，也是太阳能电池的基本结构,具有单向导通性等性质。

3) 光电特性

与其他半导体材料一样,硅材料组成的 PN 结在光作用下能产生电流,如太阳能电池;由于硅材料是间接带隙半导体,如何提升硅材料的发电效率是人们所追求的目标。

2. 化学性质

硅在常温下不活泼,不与单一的酸发生反应,能与强碱发生反应,可溶于某些混合酸。

(1) 与非金属作用:常温下硅只能与 F_2 反应,在 F_2 中瞬间燃烧,产生 SiF_4;加热时,能与其他卤素反应生成卤化硅,与氧反应生成 SiO_2。

在高温下,硅与碳、氮、硫等非金属单质化合,分别生成碳化硅、氮化硅、硫化硅等。

(2) 与酸作用:Si 在含氧酸中被钝化,但与氢氟酸及其混合酸反应,生成 SiF_4 或 H_2SiF_6。

$$Si + 4HF = SiF_4 + 2H_2 \uparrow$$

$$3Si + 4HNO_3 + 18HF = 3H_2SiF_6 + 4NO + 8H_2O$$

(3) 与碱作用:无定形硅能与氢氧化钠等强碱反应生成可溶性的硅酸盐,并放出氢气。

$$Si + 2NaOH + H_2O = Na_2SiO_3 + 2H_2 \uparrow$$

(4) 与金属作用:硅能与钙、镁、铜等化合,生成相应的金属硅化物;硅还能与 Cu^{2+}、Pb^{2+}、Ag^+ 等金属离子发生置换反应,从这些金属离子的盐溶液中置换出金属。如能在铜盐溶液中将铜置换出来。

硅基光伏电池分为晶硅光伏电池与非晶硅薄膜光伏电池,晶硅光伏电池的制作主要包括以下几个工艺过程:硅材料的冶炼与提纯、拉制单晶或铸锭多晶、硅片的加工、电池片的制备、电池组件的制备等。

2.2.3 硅材料冶炼与提纯

1. 硅材料的冶炼

硅材料的冶炼就是把 Si 从矿石或氧化物中提取出来,理论上可以通过热分解、还原剂还原和电解等方法生产。硅的冶炼是通过还原剂还原的方法来制取的。

工业硅是在单相或三相电炉中冶炼的,绝大多数容量大于 5 000 kV·A,三相电炉使用的是石墨电极或碳素电极,采用连续法生产方式,也有自焙电极生产;传统上使用固定炉体的电炉,近年来开始使用旋转炉体的电炉。有企业实践证明,使用旋转炉体的电炉减少了 3%~4% 的电能消耗,相应地提高了电炉生产率和原料利用率,并大大地减轻了炉口操作的劳动强度。冶炼过程中,硅矿石在高温情况下与焦炭进行反应,生产原理如下:

$$SiO_2 + 2C \xrightarrow{\triangle} Si + 2CO \uparrow$$

冶金级硅在实际生产中硅石的还原过程较为复杂。在冶炼中,主要反应大部分在熔池底部料层中完成。反应过程中会有碳化硅生成、分解和一氧化硅的凝结等,需要保持反应中心区温度的稳定性。

2. 硅材料的提纯

冶金级硅经进一步提纯得到太阳能级硅，目前占主流的是改良西门子法。改良西门子法是以 HCl（或 H_2、Cl_2）和冶金级工业硅为原料，在高温下合成为 $SiHCl_3$，然后通过精馏工艺，提纯得到高纯 $SiHCl_3$，最后用超高纯的氢气对 $SiHCl_3$ 进行还原得到高纯多晶硅棒。

1）HCl 的性质及合成

HCl 分子量 36.5，它是无色具有刺激性臭味的气体，易溶于水生成盐酸。在标准状态下，1 体积的水溶解约 500 体积的 HCl，相对密度为 1.19（液体），在有水存在的情况下，氯化氢具有强烈的腐蚀性。Cl_2 与 H_2 在合成炉内发生反应生成 HCl。

2）$SiHCl_3$ 的性质及合成

（1）$SiHCl_3$ 的性质。常温下，纯净的 $SiHCl_3$ 是无色、透明、具挥发性、可燃的液体，有较 $SiCl_4$ 更强的刺鼻气味，易水解、潮解，在空气中强烈发烟（$2SiHCl_3 + O_2 + 2H_2O \rightarrow 2SiO_2 + 6HCl\uparrow$），易挥发、气化，沸点较低，易着火，易爆炸，发火点为 28 ℃，着火温度为 220 ℃，燃烧时产生氯化氢和氯气（$SiHCl_3 + O_2 \rightarrow SiO_2 + HCl\uparrow + Cl_2\uparrow$），其蒸汽具有弱毒性。

（2）$SiHCl_3$ 的合成。$SiHCl_3$ 主要通过硅粉和氯化氢气体在流化床反应器中发生反应生成。该方法具有生产能力强，能连续生产，产品中三氯氢硅含量高，成本低以及有利于采用催化反应等优点，硅粉和氯化氢按下列反应生成 $SiHCl_3$。

$$Si(s) + 3HCl(g) \xrightarrow{280 \sim 350\ ℃} SiHCl_3(g) + H_2(g) + Q$$

反应为放热反应，为保持反应器内的温度稳定在 280~320 ℃ 范围内变化，以提高产品质量和实收率，必须将反应热及时带出。随着温度增高，$SiCl_4$ 的生成量不断变大，$SiHCl_3$ 的生成量不断减小，当温度超过 350 ℃ 时，将生成大量 $SiCl_4$。若温度控制不当，有时产生的 $SiCl_4$ 甚至高达 50% 以上，此反应还产生各种氯硅烷、硅、碳、磷、硼的聚卤化合物，$CaCl_2$、$AgCl$、$MnCl_3$、$AlCl_3$、$ZnCl_2$、$TiCl_4$、$PbCl_3$、$FeCl_3$、$NiCl_3$、BCl_3、CCl_4、$CuCl_2$、PCl_3 等。如温度过低，将生成 SiH_2Cl_2 低沸物。

$SiHCl_3$ 合成是一个复杂的平衡体系，可能有很多种物质同时生成，因此要严格控制炉内压力、硅粉粒度等。

反应压力：炉内需要保持一定的压力，保证气固相反应速度，且炉底和炉顶要保持一定的压力降，才能保证沸腾床的形成和连续工作；系统压力过大，沸腾炉内 HCl 的流速小、进气量小、反应效率低，$SiHCl_3$ 含量低、产量小，且加料易坍塌，易烧坏花板及凤帽，不易控制。

硅粉粒度：硅粉与 HCl 气体的反应属于气固相之间的反应，是在固体表面进行的，硅粉越细，比表面积越大，越有利于反应；但是颗粒在"沸腾"过程中相互碰撞，易摩擦起电，如果颗粒过小，则易在电场作用下聚集成团，使沸腾床出现"水流"现象，影响反应的正常进行，且易被气流夹带出合成炉，堵塞管道和设备，造成原料的浪费；如果颗粒过大，与 HCl 气体的接触面积变小，反应效率变低，且易沉积在沸腾炉底，烧坏花板及凤帽，导致系统压力变大，不易沸腾。

3）$SiHCl_3$ 的提纯

在 $SiHCl_3$ 的合成过程中，由于原料、工艺过程等多种原因，不可避免地会在 $SiHCl_3$ 产品中存在很多的杂质，为此，要对 $SiHCl_3$ 进行提纯处理。

目前提纯 $SiHCl_3$ 的方法很多,主要有精馏法、络合物法、固体吸附法、部分水解法和萃取法,但是最为常用的方法为精馏法,此法具有处理量大、操作方便、板效率高等优点,也可避免引进试剂,能将绝大多数杂质完全分离,特别是非极性重金属氧化物,但彻底分离硼、磷和强极性杂质氯化物受到一定限制。

将前道工序合成的 $SiHCl_3$ 加入精馏塔中,通过各组分熔沸点的差别,将 $SiHCl_3$ 提纯出来,从而得到高纯 $SiHCl_3$。

4)$SiHCl_3$ 还原制备高纯硅

经提纯和净化的 $SiHCl_3$ 和 H_2 按一定比例加入还原炉,在 1 080 ~ 1 100 ℃温度下,$SiHCl_3$ 被 H_2 还原,生成的硅沉积在发热体硅芯上。

$$SiHCl_3 + H_2 \xrightarrow{1\ 080 \sim 1\ 100\ ℃} Si + 3HCl(主)$$

同时还会发生 $SiHCl_3$ 热分解和 $SiCl_4$ 的还原反应:

$$4SiHCl_3 \xrightarrow{1\ 080 \sim 1\ 100\ ℃} Si + 3SiCl_4 + 2H_2$$

$$SiCl_4 + 2H_2 \xrightarrow{1\ 080 \sim 1\ 100\ ℃} Si + 4HCl$$

2.2.4 单晶硅棒与多晶硅锭

1. 直拉单晶硅棒

单晶硅棒制备主要是指由高纯多晶硅拉制单晶硅棒的过程。根据生长方式的不同,可以分为区熔单晶硅和直拉单晶硅。区熔单晶硅是利用悬浮区域熔炼(float zone)的方法制备的,所以又称 FZ 硅单晶,主要应用于大功率器件方面。直拉单晶硅是利用切氏法制备单晶硅,称为 CZ 单晶硅。与区熔单晶硅相比,直拉单晶硅的制造成本相对较低,机械强度较高,易制备大直径单晶。所以,太阳能电池领域主要应用直拉单晶硅,而不是区熔单晶硅。

直拉法生长晶体的技术是由波兰的 J. Czochralski 在 1971 年发明的,所以又称切氏法。1950 年 Teal 等将该技术用于生长半导体锗单晶,然后又利用这种方法生长单晶硅,在此基础上,Dash 提出了直拉单晶硅生长的"缩颈"技术,G. Ziegler 提出了快速引颈生长细颈的技术,构成了现代制备大直径无位错直拉单晶硅的基本方法,单晶硅棒如图 2-2 所示,单晶炉外形如图 2-3 所示。

图 2-2 单晶硅棒

图 2-3 单晶炉

直拉单晶炉为了不断降低成本，不断发展大尺寸坩埚及投炉量，发展至目前光伏用直拉单晶炉单锭为 300~400 kg，坩埚直径超过 600 mm、单晶硅直径达 300 mm、单晶长度超过 2 m。直拉单晶硅的制备工艺一般包括原材料准备、掺杂剂的选择、石英坩埚的选取、籽晶和籽晶定向、装炉、熔硅、种晶、缩颈、放肩、等径、收尾和停炉等。

1）原材料准备

生长直拉单晶硅用的多晶硅原料，大多数是用硅芯、钽管作发热体生长的。硅芯作发热体生长的多晶硅，破碎或截成段后，经过清洁处理就可以作为拉直单晶的原料。无论用哪种材料作为直拉单晶硅的原料，必须符合以下条件：结晶要致密，金属光泽好，断面颜色一致，没有明暗相间的温度圈或氧化夹层；从微观来看，纯度要高。

2）掺杂剂的选择

拉制一定型号和一定电阻率的单晶，选择适当的掺杂剂是非常重要的。五族元素常用作硅单晶的 N 型掺杂剂，主要有 P、As、Sb。三族元素常用作硅单晶的 P 型掺杂剂，主要有 B、Al、Ga。拉制单晶硅的电阻率范围不同，掺杂剂的形态也不一样。目前光伏电池用硅单晶，采用母合金作掺杂剂，所谓"母合金"，就是杂质单质元素与硅的合金。常见太阳能电池用硅单晶一般选用硅硼母合金作为掺杂剂。

3）石英坩埚的选取

石英坩埚几何外形有半球形和杯形两种，目前杯形坩埚（即平底坩埚）有代替半球形坩埚的趋势。杯形坩埚装料较多，相应提高了单晶硅的成品率，而且单晶硅收尾时，直径容易控制。

4）籽晶和籽晶定向

籽晶是生长晶体的种子，也叫晶种，用籽晶引单晶，就是在将要结晶的熔体中加入单晶晶核。籽晶是否是单晶，是生长单晶的关键，用不同晶向的籽晶作晶种，会获得不同晶向的单晶。

5）装炉

在高纯工作室内，戴上清洁处理过的薄膜手套，将清洁处理好的定量多晶硅、掺杂剂放入洁净的坩埚内。腐蚀好的籽晶装入籽晶夹头，装正、装牢籽晶，以免晶体生长偏离要求晶向、籽晶脱落、发生事故。

6）熔硅

开启加热功率按钮，使坩埚各部受热均匀，再使加热功率升到熔硅的最高温度。多晶硅块全部熔完后，将坩埚升到引晶位置，转动籽晶轴，下降籽晶至熔硅液面 3~5 mm 处。

7）种晶

多晶硅熔化后，保温一段时间，使熔硅的温度和流动达到稳定，然后进行晶体生长。在晶体生长时，首先将单晶籽晶固定在旋转的籽晶轴上，然后将籽晶缓慢下降，距液面数毫米处暂停片刻，烘烤籽晶，使籽晶温度尽量接近熔硅温度，以减少可能的热冲击；接着籽晶下降与熔硅接触，使头部首先少量溶解，然后和熔硅形成一个固液界面；随后，籽晶逐步上升，与籽晶相连并离开固液界面的硅温度降低，形成单晶硅。

8）缩颈

种晶完成后，开始缩颈。引晶时，由于籽晶和熔硅温差大，高温的熔硅对籽晶造成强烈的热冲击，籽晶头部产生大量位错，缩颈是为了减少引晶过程中出现的位错。籽晶快速向上提升，晶体生长速度加快，新结晶的单晶硅的直径将比籽晶的直径小，其长度为此时晶体直径的 6~10 倍，称为"缩颈"阶段。

9）放肩

细颈达到规定长度，"缩颈"完成后，如果晶棱不断，立即降温、降拉速，使细颈的直径渐渐增大到规定直径，形成一个近180°的夹角，此阶段称为"放肩"。当单晶长到规定直径，突然提高拉晶速度进行转肩，使肩近似直角，进入等径生长。

10）等径

长完细颈和肩部之后，借着拉速与温度的不断调整，当放肩达到预定晶体直径时，晶体生长速度加快，并保持几乎固定的速度，使晶体保持固定的直径生长。随着单晶长度的增加，单晶散热表面积也越大，散热速度越快，单晶生长表面熔硅温度降低，单晶直径增加；另外，单晶长度不断增加，熔硅逐渐减少，坩埚内熔硅液面逐渐下降，熔硅液面越来越接近加热器的高温区，单晶生长界面的温度越来越高，使单晶变细。

11）收尾

当熔硅较少后，单晶硅开始收尾，收尾的好坏对单晶的成品率有很大的影响。在收尾阶段，如果立刻将晶棒与液面分开，由于热应力的作用，尾部会产生大量的位错，并沿单晶向上延伸，且延伸长度约等于单晶尾部直径。为了避免此问题的发生，在晶体生长结束时，晶体硅的生长速度再次加快，同时升高硅熔体的温度，使得晶体硅的直径不断缩小，形成一个圆锥形，直到成一尖点而与液面分开，这一过程称为尾部生长。长完的晶棒被升至上炉室冷却。

12）停炉

单晶提起后，马上停止坩埚和籽晶轴的转动，加热功率降低至零。关闭低真空阀门、排气阀门和进气阀门，停止真空泵运转，关闭所有控制开关，晶体冷却后，拆炉取出晶体，送检验部门检验。

2. 铸造多晶硅锭

多晶硅锭是一种柱状晶，晶体生长方向垂直向上，是通过定向凝固（也称可控凝固、约束凝固）过程来实现的，即在结晶过程中，通过控制温度场的变化，形成单方向热流（生长方向与热流方向相反），并要求液固界面处的温度梯度大于0，横向则要求无温度梯度，从而形成定向生长的柱状晶。实现多晶硅定向凝固生长的四种方法分别是：布里曼法、热交换法、电磁铸锭法、浇铸法。目前企业最常用的方法为热交换法。多晶硅锭如图2-4所示，多晶硅铸锭炉外形如图2-5所示。

图2-4　多晶硅锭

图2-5　多晶硅铸锭炉

热交换法生产多晶硅的制备工艺一般包括：原料的准备、掺杂剂的选择、坩埚喷涂、装料、装炉、加热、化料、长晶、退火、冷却、出锭及硅锭冷却、石墨护板拆卸等。

1）原料的准备

铸锭多晶硅用的原料大多数是用多晶硅锭的头尾料、碎片等原料。头尾料、碎片需要经过清洁处理方可作为多晶硅生产的原料。按照配料作业指导书，准确称量相关品种的硅料，并清洗干净。

2）掺杂剂的选择

铸造多晶硅掺杂剂的选择与直拉单晶硅的选择类似。

3）坩埚喷涂

坩埚喷涂是用纯水把粉末喷料氮化硅喷涂在坩埚表面，在加热作用下，使液态氮化硅均匀地吸附于坩埚表面，形成粉状涂层。氮化硅是一种超硬物质，本身具有润滑性，并且耐磨损，能保护陶瓷方坩埚在高温下与硅隔离，使液态硅不与陶瓷方坩埚反应，而使陶瓷方坩埚破裂，及冷却后最终保证硅碇脱膜完整性。

4）装料

将坩埚轻放在干净的石墨板正中，校正好石墨板与小车各面位置。把坩埚推入装料室中摆放好，按照作业指导书进行装料操作，不要扔、投，避免刮破喷涂层。

5）装炉

戴好劳保用品，多人合作。先进行炉体卫生清洁及溢流孔的疏通并确认炉子正常后开始进料操作。

6）加热

开启加热功率按钮，使加热功率分次升到熔硅的最高温度。利用石墨加热器给炉体加热，首先使石墨部件、隔热层、硅原料等表面吸附的湿气蒸发，然后缓慢加温，使石英坩埚的温度达到 1 200～1 300 ℃。

7）化料

通入氩气作为保护气，维持炉内压力在一定范围，逐渐增加加热功率，使石英坩埚内的温度达到 1 500 ℃左右，硅原料开始熔化，直至化料结束。当确认熔化已完成后，进行下一步长晶操作。

8）长晶

硅原料熔化结束后，降低加热功率，使陶瓷坩埚的温度降至 1 420～1 440 ℃硅熔点左右。然后陶瓷坩埚逐渐向下移动，或者隔热装置逐渐上升，使得陶瓷坩埚慢慢脱离加热区，与周围形成热交换；同时，冷却板通水，使熔体的温度自底部开始降低，晶体硅首先在底部形成，生长过程中固液界面始终保持与水平面平行，直至晶体生长完成。

9）退火

晶体生长完成后，由于晶体底部和上部存在较大的温度梯度，因此，晶锭中可能存在热应力，在硅片加热和电池制备过程中容易造成硅片碎裂。所以，晶体生长完成后，硅锭保持在熔点附近 2～4 h，使硅锭温度均匀，减少热应力。

10）冷却

硅锭在炉内退火后，关闭加热功率，提升隔热装置或者完全下降硅锭，炉内通入大流量氩气，使硅锭温度逐渐降低至室温附近；同时，炉内气压逐渐上升，直至达到大气压，该过程约需要 10 h。

11）出锭及硅锭冷却

自动生产过程结束时，增加炉内压强到规定值，待温度降至一定范围时，打开多晶炉下炉腔。取出硅锭后通知检修人员准备检测加热件、清理炉体（视情况而定）、为新装硅料做好准备，进入下一个生产周期。将硅锭放在指定冷却区冷却，冷却后拆下四侧护板。

12）石墨护板拆卸

硅锭冷却到规定的温度以下后，拆下石墨护板，并把护板放到专用小车上，然后把护板送到装料区。

2.2.5 硅片、硅基电池及组件制备

1. 硅片加工

近几年来，随着硅片切割技术的发展，目前光伏市场中的硅片切割已由传统的多线切割转向金刚线切割，金刚线切割技术仍将作为未来相当长一段时间内主流的硅片切割技术，图 2-6、图 2-7 所示分别为单晶硅片与多晶硅片。如何不断改进金刚线切割设备和金刚线的技术性能，优化切割工艺，满足光伏硅片生产高效率、高质量、低成本要求，将是未来硅片竞争力的核心技术。"细线化、高速度、自动化和智能化"是光伏硅片切割生产的主要发展趋势。硅片切割主要包括开方、切片、清洗等工艺。

图 2-6　单晶硅片　　　　　　　　图 2-7　多晶硅片

1）单晶硅片切割

单晶硅片切割工艺主要是：切断→开方→外径滚圆→磨面→切片→清洗及检测等。

（1）切断。切断是指在晶体生长完成后，沿垂直于晶体生长的方向切去晶体硅头尾无用部分，即头部的籽晶和放肩部分以及尾部的收尾部分。

（2）开方。将切断后单晶硅棒进行切方块处理，即沿着单晶硅棒的方向将硅棒切成一定尺寸的硅块。

（3）外径滚圆。在直拉单晶硅中，由于晶体生长时的热振动、热冲击等原因，晶体表面都

不是非常平滑的,也就是说整根单晶硅的直径有一定偏差起伏;而且晶体生长完成后的单晶硅棒表面存在扁平的棱线,需要进一步加工,使得整根单晶硅棒的直径达到统一,以便在后续的材料和器件加工工艺中操作。

(4) 磨面。开方后,在硅片的表面产生线痕,需要通过磨面去除线痕及表面损伤层。

(5) 切片。采用金刚线切割技术对前期处理好的硅块进行切片。在单晶硅滚圆工序完成后,需要对单晶硅棒切片。太阳能电池用单晶硅在切片时,对硅片的晶向、平行度和翘曲度等参数要求不是很高,只需对硅片的厚度进行控制。

(6) 清洗及检测。切片结束,对硅片进行清洗并检测分级。

2)多晶硅片切割

多晶硅加工工艺主要为:开方→磨面→倒角→切片→清洗及检测等。

(1) 开方。对于方形的晶体硅锭,要进行切方块处理,即沿着硅锭的晶体生长的纵向方向,将硅锭切成一定尺寸的长方形的硅块。

(2) 磨面。开方之后的硅块,在硅片的表面会有线痕,需要通过研磨除去切片所造成的锯痕及表面损伤层,有效改善硅块的平坦度与平行度,达到一个可以进行抛光处理的规格。

(3) 倒角。将多晶硅锭切割成硅块后,硅块边角锐利部分需要倒角、修整成圆弧形,主要防止切割时硅片的边缘破裂、崩边及产生晶格缺陷。

多晶硅块后续的切片、清洗及检测等操作与单晶硅片切割类似。

2. 晶硅电池制备

1)工艺步骤

晶硅太阳能电池制备主要工艺步骤为:绒面制备、PN 结制备、减反射层沉积、丝网印刷和烧结。绒面制备是利用化学溶液对晶体硅表面进行腐蚀,在化学溶液中处理,形成绒面结构,增加了对入射光线的吸收;PN 结制备是在 P 型硅上,通过液相、固相或气相等技术,扩散形成 N 型半导体;然后沉积铝作为铝背场,再通过丝网印刷、烧结形成金属电极。光伏电池片如图 2-8 所示,传统晶硅光伏电池制作工艺如下。

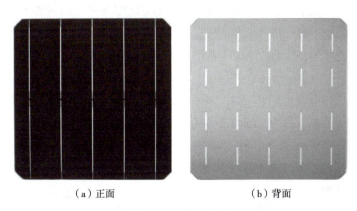

(a)正面　　　　　　　　　(b)背面

图 2-8　光伏电池片

(1) 制绒。在硅片切割过程表面有一层损伤层,在电池制备时首先需要利用化学腐蚀将损伤层去除,然后制备表面绒面结构。

对于单晶硅而言，如果选择择优化学腐蚀剂，就可以在硅片表面形成金字塔结构，称为绒面结构，又称表面织构化，这种结构比平整的化学抛光的硅片表面具有更好的减反射效果，能够更好地吸收和利用太阳光线。当一束光线照射在平整的抛光硅片上时，约有30%的太阳光会被反射掉；如果光线照射在金字塔形的绒面结构上，反射的光线会进一步照射在相邻的绒面结构上，减少了太阳光的反射；同时，光线斜射入晶体硅，会增加太阳光在硅片内部的有效运动长度，增加光线吸收的机会。

对于由不同晶粒构成的铸造多晶硅片，由于硅片表面具有不同的晶向，择优腐蚀的碱性溶液显然不再适用。研究人员提出利用非择优腐蚀的酸性腐蚀剂，在铸造多晶硅表面制造类似的绒面结构，增加对光的吸收。到目前为止，人们研究最多的是HF和HNO_3的混合液。其中HNO_3作为氧化剂，它与硅反应，在硅的表面产生致密的不溶于硝酸的SiO_2层，使得HNO_3和硅隔离，反应停止；但是二氧化硅可以和HF反应，生成可溶解于水的络合物六氟硅酸，导致SiO_2层的破坏，从而硝酸对硅的腐蚀再次进行，最终使得硅表面不断被腐蚀。

（2）扩散制结。晶硅太阳能电池一般利用掺硼的P型硅作为基底材料，在850 ℃左右的高温下，通过扩散五价的磷原子形成N半导体，组成PN结。磷扩散的工艺有多种，主要包括气态磷扩散、固态磷扩散和液态磷扩散。在晶体硅太阳能电池里，最常用的方法是液态磷扩散。

液态磷源扩散可以得到较高的表面浓度，在硅太阳能电池工艺中更为常见。通常利用的液态磷源为三氯氧磷，通过携带气体，将磷源携带进入反应系统，在800~1 000 ℃之间分解，生成P_2O_5，然后，P_2O_5与硅反应生成P，导致磷不断向硅片体内扩散，其反应式为：

$$5POCl_3 = P_2O_5 + 3PCl_5$$
$$2P_2O_5 + 5Si = 5SiO_2 + 4P$$

（3）去周边层。在扩散过程中，硅片的周边表面也被扩散，形成PN结，这将导致电池的正负极联通，造成电池短路，所以需要将扩散边缘大约0.05~0.5 mm的PN结去除。周边上存在任何微小的局部短路都会使电池并联电阻下降，以至成为废品。

目前电池片生产工艺中，去周边层常用干法刻蚀和湿法刻蚀。干法刻蚀的原理为利用等离子体辉光放电将反应物激发，形成带电粒子，带电粒子轰击硅片边缘，与硅反应产生挥发性产物，达到边缘腐蚀的目的，从而去除边缘PN结；湿法刻蚀的原理为采用化学试剂与硅片反应达到刻蚀目的。

（4）去PSG。在扩散过程中，三氯氧磷与硅反应生产的副产物二氧化硅残留于硅片表面，形成一层磷硅玻璃（掺P_2O_5或P的SiO_2，含有未掺入硅片的磷源）。磷硅玻璃对于太阳光线有阻挡作用，并影响到后续减反射膜的制备，需要去除。

目前电池片生产工艺中，去PSG常用的方法是酸洗。原理为利用氢氟酸与二氧化硅反应，使硅片表面的PSG溶解。

（5）镀减反射膜。光照射到平面的硅片表面，其中一部分被反射，即使绒面的硅表面，由于入射光产生多次反射而增加了吸收，但也有约11%的反射损失。在其上覆盖一层减反射膜层，可大大降低光的反射，增加对光的吸收。

减反射膜的基本原理是利用光在减反射膜上下表面反射所产生的光程差，使得两束反射光干涉相消，从而减弱反射，增加透射。在太阳能电池材料和入射光谱确定的情况下，减反射的效果取决于减反射膜的折射率及厚度。

目前电池片生产工艺中，常见的镀膜工艺为PECVD（等离子增强化学气相沉积法）。利用硅烷与氨气在辉光放电的情况下发生反应，在硅片表面沉积一层氮化硅减反射膜。增加对光的吸收。

（6）印刷电极与烧结。太阳能电池的关键是PN结，有了PN结即可产生光生载流子，但有光生载流子的同时还必须将这些光生载流子导通出来，为了将太阳能电池产生的电流引导到外加负载，需要在硅片PN结的两面建立金属连接，形成金属电极。

目前，金属电极主要是利用丝网印刷技术，在晶体硅太阳能电池的两面制备成梳齿状的金属电极。随后通过烧结，形成良好的欧姆接触。

丝网印刷的基本原理是利用网版图文部分网孔透墨，非图文部分网孔不透墨的基本原理进行印刷。

烧结工艺是将印刷电极后的电池片，在适当的气氛下，通过高温烧结，使浆料中的有机溶剂挥发，金属颗粒与硅片表面形成牢固的硅合金，与硅片形成良好的欧姆接触，从而形成太阳能电池的上、下电极。

（7）测试包装。该步骤是为了将电池片分档，方便包装，以利于后期组件生产，以及分析发现制程中的问题，从而改善制程。在电池片的最后工艺中，我们将对电池片进行测试。测试的原理是利用稳态模拟太阳光或者脉冲模拟太阳光，使电池片形成光电流。对其中的 I_{sc}、V_{oc}、FF、Eff、I_m、V_m、P_m 等进行检测。

2）生产工艺

光伏电池的生产工艺对光伏下游应用端产品的性能、成本等关键指标起着至关重要的作用。随着光伏行业的发展，硅片尺寸由125 mm×125 mm和156 mm×156 mm发展到166 mm×166 mm、182 mm×182 mm和210 mm×210 mm，目前大尺寸硅片优势更加突出。因为硅片尺寸越大，在制造端可以有效提升硅片、电池和组件生产线的产出量，在产品端可以有效提升组件功率，在系统端可以减少支架、汇流箱、电缆等成本，大尺寸硅片推动了光伏全产业链成本下降，为终端带来更高价值。

光伏电池的光电转换效率是体现光伏发电系统技术水平的关键指标，为提升光伏电池的转换效率（见表2-1），光伏电池的生产工艺也在不断地推陈出新。其中，黑硅技术就是有利于提高组件效率的技术之一，该技术主要是指针对常规制绒工艺表面反射率高并有明显线痕的缺陷的硅片。该技术增加了一道表面制绒工艺，降低了硅表面反射率，改善电池片对光吸收的能力从而提升了电池片效率。黑硅技术主要分为干法黑硅和湿法黑硅两种。其中干法黑硅技术工艺稳定成熟，绒面结构均匀，有助于电池片效率更好地提升，但需要新增成本较高的设备和工序，受限于设备的高资本支出，导致其推广运用受限。而湿法黑硅新增成本支出相对较小，同时可实现0.3%～0.5%的效率提升，从而得到了较为广泛的推广，尤其是在金刚线切割的硅片及类单晶硅片中应用较为广泛。

表 2-1　2022—2030 年各种电池技术平均转换效率变化趋势

分　类		2022 年	2023 年	2024 年	2025 年	2027 年	2030 年
P 型多晶	BSF P 型多晶黑硅电池	19.5%	19.7%	—	—	—	—
	PERC P 型多晶黑硅电池	21.1%	21.3%	—	—	—	—
	PERC P 型铸锭单晶电池	22.5%	22.7%	22.9%	—	—	—
P 型单晶	PERC P 型单晶电池	23.2%	23.3%	23.4%	23.5%	23.6%	23.7%
N 型单晶	TOPCon 单晶电池	24.5%	24.9%	25.2%	25.4%	25.7%	26.0%
	异质结电池	24.6%	25.0%	25.4%	25.7%	25.9%	26.1%
	XBC 电池	24.5%	24.9%	25.2%	25.6%	25.9%	26.1%

注：1. 均只记正面效率；2. 数据来源：《中国光伏产业发展路线图》（2022—2023 年）

由于铝背场结构（Al-BSF）电池背面金属铝膜中的复合速度无法下降至 200 cm/s 以下，因此到达铝背层的红外辐射光只有 60%～70% 能被反射，产生了较多光电损失。为了减少光电损失，出现了钝化发射极和背面电池（PERC）技术，PERC 技术相比传统工艺新增了氧化铝沉积和激光设备，该技术是通过在电池背面附上介质钝化层，该钝化层在大大减少光电损失、增加光吸收概率的同时可显著降低背表面复合电流密度。该技术具有成本较低、与现有电池生产线相容性高的优点，已经成为高效光伏电池的主流方向。在此工艺的基础上可进行改进或叠加，形成新增激光掺杂、双面印刷、N 型 PE 双面掺杂双面钝化、交指式背接触、隧穿氧化钝化、异质结等技术。

（1）新增激光掺杂（SE）技术。SE 技术是指在金属栅线与硅片接触部位及其附近进行高浓度掺杂，对在电极以外的区域进行低浓度掺杂，以此降低硅片和电极之间的接触电阻，同时降低表面复合率，提高了少子寿命，与常规光伏电池相比，激光掺杂（SE）光伏电池的开路电压和短路电流都有明显提升。

（2）双面印刷（双面 PERC）。普通的 PERC 电池只能正面发电，PERC 双面电池则是将普通的 PERC 电池不透光的背面铝换成局部铝栅线，如图 2-9 所示，以实现电池背面透光，同时采用玻璃背板，制成 PERC 双面组件，这样来自地面等的反射光就能够被组件吸收，以此提升组件整体的发电量。

（3）N 型 PE 双面掺杂双面钝化（PERT）技术。常规 P 型电池由于使用硼掺杂的硅衬底，长时间光照后易形成硼氧键，在基体中捕获电子会形成复合中心，导致功率衰减，而 N 型 PERT 电池使用 N 型硅衬底，磷掺杂的基体使得电池几乎无光衰减。

（4）交指式背接触（IBC）技术。交指式背接触（IBC）是把正负电极都置于电池背面，减少置于正面的电极反射一部分入射光带来的阴影损失。该技术可带来更多有效的电池发电面积，也有利于提升发电效率，外观上也更加美观。

（5）隧穿氧化钝化（TOPCon）技术。TOPCon 电池技术是在电池背面制备一层超薄氧化硅，然后再沉积一层掺杂硅薄层，两者形成钝化接触结构。该技术可提升电池的开路电压和填充因子，大幅度提高电池的转换效率，目前实验室检测认证的电池效率达到 25.5%。

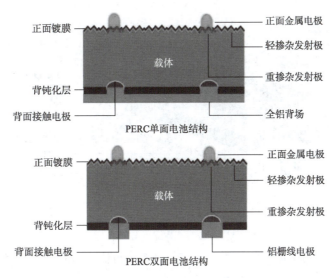

图 2-9 PERC 单、双面电池结构

（6）异质结（HIT）技术。晶体硅异质结太阳能电池又称异质结电池（HIT），该技术在晶体硅上沉积非晶硅薄膜，具有正反面光照后都能发电、低温制造工艺保护、高载流子寿命、高开路电压、温度特性好等优势。工艺步骤也相对简单，总共分为四个步骤：制绒清洗、非晶硅薄膜沉积、TCO 制备、印刷电极。

另外，还有通过减小细栅宽度和提高主栅数的技术。在保持电池串联电阻不提高的条件下，采用在丝网印刷时减小细栅宽度，以降低遮光损失来提升电池片效率，与此同时还可以减少正面银浆的用量，从而降低电池片制造成本。在不影响电池遮光面积及串联工艺的前提下，提高主栅数目有利于缩短电池片内电流横向收集路径，同时减少电池功率损失，提高电池应力分布的均匀性以降低碎片率，提高导电性。多主栅电池片（见图 2-10）将成为市场主流。

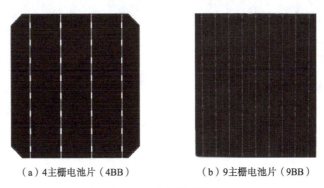

（a）4主栅电池片（4BB）　　（b）9主栅电池片（9BB）

图 2-10 多主栅电池片

3. 光伏组件制备工艺

光伏组件是光伏发电单元中最重要的组成部件，它主要由光伏电池片、玻璃、EVA 胶膜、背板、铝合金边框、接线盒等组成（见图 2-11），这些组成材料和部件对光伏组件的质量、性能和使用寿命影响都很大。另外，光伏组件成本占光伏发电系统建设总成本的 50% 以上，而且光伏组件质量的好坏，直接关系到整个光伏发电系统的质量、发电效率、发电量、使用寿命、收益率等。

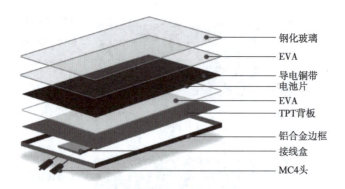

图 2-11　光伏组件结构

晶硅光伏组件制备主要工艺流程可分为：单焊、串焊、叠层、层压、EL 测试、装框、装接线盒、清洗、IV 测试、成品检验、包装等，其中技术和价值最高的环节为焊接和层压。在焊接前需要对电池进行分选，分选出有色差、崩边、缺陷、缺角等外观不良的电池片，再对分选合格的电池片进行焊接。单焊是将互联条焊接到电池正面（负极）的主栅线上，串焊是通过互联条将电池片正面和周围电池片背面电极相互串焊在一起。再将串焊后的电池串与玻璃、背板材料等铺好叠放入层压机内，在真空状态下加热加压使电池串、玻璃和背板紧密黏合在一起然后降温固化。在以上过程中可能使电池片或电池串产生隐裂、碎片、虚焊、断栅等异常情况，所以需要放入 EL 测试仪进行检测，检测合格后进行装框和装接线盒，而后再进行清洗，清洗完毕后对组件的输出功率进行检验确定质量等级，即进行 IV 测试，最后对包装前的组件做最后的外观检查，合格后进行包装。

4. 光伏组件分类

光伏组件可分为晶硅光伏组件、薄膜光伏组件和聚光光伏组件三种类型。

光伏发电系统在选择光伏组件时应依据选址地区的太阳辐射量、气候特征、场地面积等因素，经性价对比后再确定。如太阳辐射量较高、直射分量较大的地区宜选用晶硅光伏组件或聚光光伏组件，太阳辐射量较低、散射分量较大、环境温度较高的地区宜选用薄膜光伏组件。

5. 光伏电池及组件的性能参数

光伏组件与光伏电池的性能参数类似，主要有短路电流、开路电压、峰值电流、峰值电压、峰值功率、填充因子和转换效率等。

（1）短路电流（I_{sc}）。当将光伏组件的正负极短路，使 $U=0$ 时，此时的电流就是电池组件的短路电流，短路电流的单位是 A，短路电流随着光强的变化而变化，短路电流与电池片的面积成正比。

（2）开路电压 U_{oc}。当光伏组件的正负极不接负载时，组件正负极间的电压就是开路电压，开路电压的单位是 V。光伏组件的开路电压随电池片串联数量的增减而变化，开路电压与电池片的面积没有关系。

（3）峰值电流 I_m。峰值电流又称最大工作电流或最佳工作电流。峰值电流是指光伏组件或光伏电池片输出最大功率时的工作电流，峰值电流的单位是 A。

(4)峰值电压 U_m。峰值电压也称最大工作电压或最佳工作电压。峰值电压是指光伏组件或光伏电池片输出最大功率时的工作电压,峰值电压的单位是 V。组件的峰值电压随电池片串联数量的增减而变化。

(5)峰值功率 P_m。峰值功率也称最大输出功率或最佳输出功率。峰值功率是指光伏组件在正常工作或测试条件下的最大输出功率,也就是峰值电流与峰值电压的乘积:$P_m = I_m \times U_m$。峰值功率的单位是 W。光伏组件的峰值功率取决于太阳辐照度、太阳光谱分布和组件的工作温度,因此光伏组件的测量要在标准条件下进行,测量标准条件是:辐照度 1 000 W/m^2、大气质量 AM1.5、测试温度 25 ℃。

(6)填充因子。填充因子又称曲线因子,是指光伏组件的最大功率与开路电压和短路电流乘积的比值。填充因子是评价光伏组件所用电池片输出特性好坏的一个重要参数,它的值越高,表明所用光伏组件输出特性越趋于矩形,电池组件的光电转换效率越高。光伏组件的填充因子系数一般为 0.6~0.8,也可以用百分数表示。

$$FF = \frac{P_m}{I_{sc} U_{oc}} \qquad (2-1)$$

(7)转换效率。转换效率是指光伏组件受光照时的最大输出功率与照射到组件上的太阳能量功率的比值,即

$$\eta = \frac{P_m}{p_{in}} \times 100\% = \frac{I_m V_m}{A(电池组件有效面积) \times p_{in}(单位面积的入射光功率)} \times 100\% \qquad (2-2)$$

式中,$p_{in} = 1\ 000\ W/m^2 = 100\ mW/cm^2$。

6. 硅基薄膜组件制备工艺

非晶硅薄膜组件分为单结、双结、三结三种类型,常用的制造技术有单室、多片玻璃衬底制造技术,多室、双片(或多片)玻璃衬底制造技术,多结、卷绕柔性衬底制造技术。目前国内主要非晶硅电池生产线主要是用单室、多片玻璃衬底制造技术,所谓"单室、多片玻璃衬底制造技术"就是指在一个真空室内,完成 P、I、N 三层非晶硅的沉积方法。

典型的内联式单结非晶硅电池内部结构如图 2-12 所示。

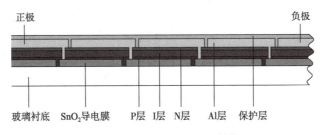

图 2-12 单结非晶硅电池结构

具体制造工艺流程为如下:

(1)SnO_2透明导电玻璃准备(或 AZO 透明导电玻璃)。

(2)红激光刻划 SnO_2 膜:根据生产线预定的线距,用红激光(波长 1 064 nm)将 SnO_2 导电膜刻划成相互独立的部分,目的是将整板分为若干块,作为若干单体电池的电极。激光刻划时,SnO_2 导电膜朝上(也可朝下);单结电池线距一般是 10 mm 或 5 mm。

（3）清洗：将刻划好的SnO_2导电玻璃进行自动清洗，确保SnO_2导电膜的洁净。

（4）装基片及预热：将清洗洁净的SnO_2透明导电玻璃装入"沉积夹具"，推入烘炉进行预热。

（5）a-Si沉积：基本预热后将其转移入PECVD沉积炉，进行PIN（或PIN/PIN）沉积。根据生产工艺要求控制沉积炉真空度、沉积温度、各种工作气体流量、沉积压力、沉积时间、射频电源放电功率等工艺参数，确保非晶硅薄膜沉积质量。沉积P层工作气体为硅烷（SiH_4）、硼烷（B_2H_6）、甲烷（CH_4）、高纯氩（Ar）、高纯氢（H_2）；沉积I层工作气体为硅烷（SiH_4）、高纯氢（H_2）；沉积N层工作气体为硅烷（SiH_4）、磷烷（PH_3）、高纯氩（Ar）、高纯氢（H_2）。

（6）冷却：a-Si完成沉积后，将基片装载夹具取出，放入冷却室慢速降温。

（7）绿激光刻划a-Si膜：根据生产预定的线宽以及与SnO_2切割线的线间距，用绿激光（波长532 nm）将a-Si膜刻划穿，目的是让背电极（金属铝）通过与前电极（SnO_2导电膜）相连接，实现整板由若干个单体电池内部串联而成。激光刻划时a-Si膜朝下刻划，线宽<100 μm，与SnO_2刻划线的线距<100 μm。

（8）镀铝：镀铝形成电池的背电极，它既是各单体电池的负极，又是各子电池串联的导电通道，还能反射透过a-Si膜层的部分光线，以增加太阳能电池对光的吸收。

（9）绿激光刻铝：对于蒸发镀铝以及磁控镀铝要根据预定的线宽以及与a-Si切割线的线间距，用绿激光（波长532 nm）将铝膜刻划成相互独立的部分，目的是将整个铝膜分成若干单体电池的背电极，进而实现整板若干电池的内部串联。

（10）Ⅳ测试：通过上述各道工序，非晶硅电池芯板已形成，需进行Ⅳ测试，以获得电池板的各个性能参数。

（11）热老化：将经Ⅳ测试合格的电池芯板置于热老化炉内，进行110 ℃/12 h热老化，热老化的目的是使铝膜与非晶硅层结合得更加紧密，减小串联电阻，消除由于高工作温度所引起的电性能热衰减现象。

（12）薄膜非晶硅电池封装。

①电池/UV光固胶封装：适用于电池芯板储存，制造工艺流程为：电池芯板→覆涂UV胶→紫外光固→分类储存。

②电池/PVC膜封装：适用于小型太阳能应用产品，且应用产品上还可对光伏电池板进行密封保护，如风帽、收音机、草坪灯、庭院灯、工艺品、水泵、充电器、小型电源等。制造工艺流程为：电池芯板→贴PVC膜→切割→边缘处理→焊线→焊点保护→检测→包装。该方法制造的组件特点：制造工艺简单、成本低，但防水性、防腐性、可靠性差。

③电池/EVA/PET（或TPT）封装：适用于一般太阳能应用产品，如应急灯、户用发电系统等，制造工艺流程为：电池芯板（或芯板切割→边缘处理）→焊涂锡带→检测→EVA/PET层压→检测→装边框（边框四周注电子硅胶）→装接线盒（或装插头）→连接线夹→检测→包装。该方法制造的组件具有防水性、防腐性、可靠性好，成本高等特点。

④电池/EVA/普通玻璃封装：适用于一般光伏电系统等。制造工艺流程为：电池芯板→电池四周喷砂或激光处理（10 mm）→超声焊接→检测→层压（电池/EVA/经钻孔的普通玻璃）→装边框（或不装框）→装接线盒→连接线夹→检测→包装。该方法制造的组件具有防水性、防腐

性、可靠性好，成本高等特点。

⑤钢化玻璃/EVA/电池/EVA/普通玻璃封装：适用于一般光伏电站等。制造工艺流程为：电池芯板→电池四周喷砂或激光处理（10 mm）→超声焊接→检测→层压（钢化玻璃/EVA/电池/EVA/经钻孔的普通玻璃）→装边框（或不装框）→装接线盒→连接线夹→检测→包装。该方法制造的组件稳定性高、可靠性好，具有抗冰雹、抗台风、抗水汽渗入、耐腐蚀、不漏电等优点，但造价高。

2.2.6 光伏发电系统

1. 离网光伏发电系统

光伏发电系统是通过光伏电池将太阳辐射能转换为电能的发电系统。光伏发电系统其主要组成结构由光伏组件（或方阵）、蓄电池（离网光伏发电系统需要蓄电池）、光伏控制器、逆变器（在有需要输出交流电的情况下使用）等设施构成，典型离网光伏发电系统如图2-13所示。

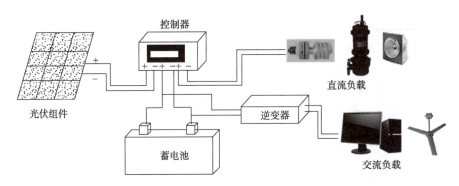

图2-13　光伏发电系统结构图

光伏组件将太阳光的辐射能量转换为电能，并送往蓄电池中存储起来，也可以直接用于推动负载工作；蓄电池用来存储光伏组件产生的电能，并可随时向负载供电；光伏控制器的作用是控制光伏组件对蓄电池充电以及蓄电池对负载的放电，防止蓄电池过充、过放；交流逆变器是把光伏组件或者蓄电池输出的直流电转换成交流电供应给电网或者交流负载，离网光伏发电系统设备组成如下：

（1）光伏组件。光伏组件是把多个单体的光伏电池片，根据需要串并联起来，并通过专用材料和专门生产工艺进行封装，为发电系统提供能量。

（2）蓄电池。蓄电池的作用主要是存储光伏组件产生的电能，并可随时向负载供电。光伏发电系统对蓄电池的基本要求是：自放电率低、使用寿命长、充电效率高、深放电能力强、工作温度范围宽、少维护或免维护以及价格低廉。目前配套使用的主要是免维护铅酸电池、胶体电池，在小型、微型系统中，也可用镍氢电池、镍镉电池、锂电池或超级电容器。

（3）控制器。控制器的主要功能是防止蓄电池过充电保护、蓄电池过放电保护、系统短路保护、系统极性反接保护、夜间防反充保护等。在温差较大的地方，控制器还具有温度补偿的功能。另外控制器还有光控开关、时控开关等工作模式，以及充电状态、蓄电池电量等各种工作状态的显示功能。

（4）逆变器。逆变器的主要功能是将光伏组件产生的直流电转换为交流电的转换装置，为交流负载提供稳定功率。

2. 并网光伏发电系统

并网型光伏电站结构如图 2-14 所示，一般由光伏阵列、直流防雷配电柜、逆变器、交流防雷配电柜、监控系统等组成，高压侧光伏并网系统还包括升压变压器。具体组成如下：

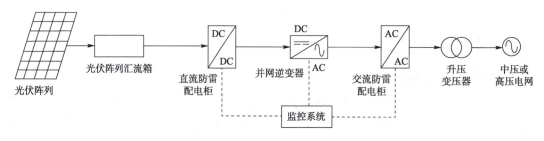

图 2-14　光伏并网电站结构图

（1）光伏阵列。光伏阵列由多个光伏组件组成，为光伏发电系统提供能量，常用的光伏组件为单晶硅组件、多晶硅组件以及非晶硅组件。

（2）光伏阵列汇流箱。光伏阵列汇流箱的主要作用是来将光伏阵列的多个组串电流汇聚，即并联。由于光伏阵列电流大，因此不能用导线直接连接实现汇流，需专用的汇流箱。汇流箱还具有防雷接地保护功能、直流配电功能与数据采集功能，通过 RS-485 串口输出状态数据，与监控系统连接后实现组串运行状态监控。

（3）直流防雷配电柜。直流防雷配电柜的主要功能是将汇流箱送过来的直流再进行汇流、配电与监测，同时还具备防雷、短路保护等功能。直流防雷配电柜内部安装了直流输入断路器、漏电保护器、防反二极管、直流电压表、光伏防雷器等器件，在保证系统不受漏电、短路、过载与雷电冲击等损坏的同时，方便客户操作和维护。

（4）并网逆变器。并网型光伏逆变器除了具有将直流转化交流功能外，还具有自动运行和停机、最大功率跟踪控制、防孤岛效应、电压自动调整、直流检测、直流接地检测等功能。

（5）交流防雷配电柜。交流配电柜的主要功能是将逆变的交流电再进行汇流、配电与保护、数据监测、电能计量，交流配电柜内部集成了断路器、配电开关、光伏防雷器、电压表、电流表、电能计量表等。

（6）电网接入主要设备。电网接入设备根据并入电网电压的等级配置。用户侧光伏并网系统并入 380 V 市电，一般配置低压配电柜即可；而并入 35 kV 及更高电压的光伏发电站，需配置低压开关柜、双绕组升压变压器、双分裂升压变压器、高压开关柜等。

（7）交/直流电缆。直流侧（逆变器前级）需配置直流电缆，直流电缆选择一般要求损耗小于 2%、阻燃、铠装、低烟无卤、耐压 1 kV 的单芯或双芯电缆。交流侧（逆变器后级）配置的交流电缆要求损耗小于 2%，根据电压等级选择相对应的耐压等级。

（8）监控系统。光伏发电监控系统能实现发电设备运行控制、电站故障保护和数据采集维护等功能，并与电网调度协调配合，提高电站自动化水平和安全可靠性，有利于减小光伏对电网影响。图 2-15 为常见的光伏发电监控系统图，监控系统一般用 RS-485 网络或无线技术实现数据通信。

通过监测汇流箱、直流配电柜、逆变器、交流配电柜等状态数据,对各个光伏阵列的运行状况、发电量进行实时监控。数据监控主机也可建成网络服务器实现数据在网上共享及远程监控。

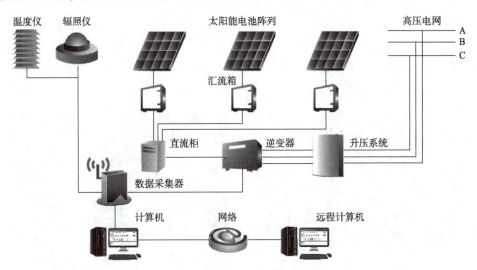

图 2-15　光伏发电监控系统

2.3　光热利用技术

太阳能热利用的基本原理是采用一定装置将太阳能收集起来直接转换成热能,或再将热能转换成其他形式的能量,然后输送到一定场所加以利用。这种热能可以广泛应用于采暖、发电、制冷、干燥、海水淡化、温室、烹饪及工农业生产等各个领域。

太阳能热利用产业以产热标准结合产业使用领域划分为三层,即太阳能热利用低温、中温和高温,从产热标准上看,热利用产热温度 0~100 ℃ 为低温、100~250 ℃ 为中温、250 ℃ 以上为高温。

太阳能热利用低温市场产生的是热水,主要产品是太阳能热水器、商用的太阳能热水系统和工业用的太阳能热水系统。其主要价值集中在民生领域。太阳能低温热利用是未来数年内行业继续重点经营的领域,并从形式单一进入"全面发展"的兴盛期。

太阳能热利用中温市场产生的是热能,其最具代表性的产品是各工业、商业、农业领域中的太阳能中温热利用系统,也包括民用的太阳能空调制冷。这是太阳能热利用的中间发展阶段,也是太阳能热利用未来 10~20 年内主要的发展方向,目前正处在蓄势发展阶段,主要作用于工业节能,待普及后可达到替代标煤亿吨级,创造环保效益达万亿元。

太阳能热利用高温市场产生的是热电,主要作用于政府公共工程以及商业领域,是未来太阳能热利用的最高形式之一,也将成为替代社会能源的主要来源,太阳能热利用高温是太阳能热利用的种子市场,在未来可达到替代标煤十亿吨级,创造环保效益达十万亿元。

2.3.1　太阳能热水系统

太阳能热水系统是利用太阳能集热器,收集太阳辐射能把水加热的一种装置,是目前太阳能热应用发展中最具经济价值、技术最成熟且已商业化的一项应用产品。其系统组成主要包括集热器、保温水箱、连接管路、控制中心和热交换器等。

1. 集热器

太阳能集热器是系统中的集热元件,是吸收太阳辐射并将产生的热能传递到传热介质的装置,太阳能集热器是组成各种太阳能热利用系统的关键部件,其功能相当于电热水器中的电加热管。在太阳能热水系统中常用的集热器主要是平板集热器和真空管集热器,如图2-16所示。

（a）平板集热器

（b）真空管集热器

图2-16 太阳能热水系统中常见的集热器

2. 保温水箱

保温水箱和电热水器的保温水箱一样,是储存热水的容器。容积是每天使用热水量的总和。采用搪瓷内胆承压保温水箱,保温效果好,耐腐蚀,水质清洁,使用寿命可达20年以上。

3. 连接管路

连接管路是将热水从集热器输送到保温水箱,将冷水从保温水箱输送到集热器的通道,使整套系统形成一个闭合的环路。

4. 控制中心

太阳能热水系统与普通太阳能热水器的区别就是控制中心。作为一个系统,控制中心负责整个系统的监控、运行、调节等功能,可通过互联网远程控制系统的正常运行。太阳能热水系统控制中心主要由计算机软件及各种传感器（主要包括温度传感器、电磁流量计等）、执行机构（电磁阀等）组成。

5. 热交换器

板壳式全焊接换热器吸取了可拆板式换热器高效、紧凑的优点,弥补了管壳式换热器换热效率低、占地面积大等缺点。板壳式换热器传热板片呈波状椭圆形,圆形板片大大提高传热性能,广泛用于高温、高压条件的换热工况。

2.3.2 太阳能供暖系统

1. 太阳能供暖系统组成

太阳能供暖系统是指将分散的太阳能通过集热器把太阳能转换成方便使用的热水,通过热水输送到发热末端（例如：地板采暖系统、散热器系统等），提供房间采暖的系统，也简称太阳能采暖。

太阳能取暖设备主要构成部件：太阳能集热器（平板集热器、全玻璃真空管集热器、热管集热器、U型管集热器等）、储热水箱、控制系统、管路管件及相关辅材、建筑末端散热设备等。

2. 太阳能供暖系统与普通热水工程的区别

太阳能供暖与普通热水工程都是太阳能热利用工程，二者之间有许多相同之处，都是利用集热器收集太阳热能并用于工程上。但是二者在应用目的、地点等方面有很大不同，在实际的设计安装时也需要考虑它们之间的不同特点。

普通太阳能热水工程是生产所需要的、特定温度范围的大量热水，这些热水是最终产品，一般被直接用掉；而太阳能供暖需要的只是收集的太阳热能，并把这些热能传输到室内，热水仅是传热介质，不是最终产品。

太阳能供暖与普通热水工程在利用时间上也有很大不同。太阳能热水工程一般是全年使用，因此在设计、集热器的选择、安装的角度上都要首先考虑全年的应用，要使全年的收益最大化；而太阳能供暖却只是冬季使用，只考虑冬季使用效率的最大化，其集热器的选择、安装的角度都与太阳能热水工程有所不同。

普通太阳能热水工程的集热温度一般为50～70 ℃，若低于50 ℃则一般达不到实用目的。而太阳能采暖工程中，若是采用地板辐射散热，30～40 ℃的水温同样能够使用，在日照不太好的情况下仍然有较高的实用价值。反映在集热器的选择上，冬季地板采暖可选用集热温度较低的平板型集热器，而在冬季使用的热水工程，则一般需采用隔热较好、集热温度较高的真空管集热器。

普通太阳能热水工程不需要特殊的储能设施，但要求设计的水箱能把每天产出的热水储存下来，根据集热面积要求一般要有较大的保温水箱，小到几吨，大到几十吨甚至更大。而太阳能供暖工程则对储热有特殊要求，一般要求使用大保温水箱，尤其跨季节储热是当下研究热点。例如用水作储热介质，对于跨季节储热，设计规范推荐一般按1 500～2 500 L/m² 集热器面积来配置储热水箱体积。

3. 太阳能供暖系统设计要点

（1）设置太阳能供暖系统的供暖建筑物，其建筑和建筑热工设计应符合所在气候区国家、行业和地方建筑节能设计标准和实施细则的要求；而且建筑围护结构传热系数的取值宜低于所在气候区国家、行业和地方建筑节能设计标准和实施细则的限值指标规定。

（2）优先考虑设置太阳能供暖系统。夏热冬冷地区应鼓励在住宅建筑中采用太阳能供暖。

（3）在建筑物中设置太阳能供暖系统，计算由太阳能供暖系统所承担的供暖热负荷时，室内空气计算温度的取值应按GB 50736—2012《民用建筑供暖通风与空气调节设计规范》中规定范围的低限选取。

（4）在既有建筑上增设太阳能供暖系统，必须经建筑结构安全复核，并应满足建筑结构及其他相应的安全性要求。

（5）太阳能供暖系统类型的选择，应根据所在气候区、太阳能资源条件、建筑物类型、使用功能、业主要求、投资规模、安装条件等因素综合确定。

（6）为提高太阳能供暖的投资效益，应合理选择确定太阳能供暖系统的太阳能保证率，应按照所在气候区、太阳能资源条件、建筑物使用功能、业主投资规模、全年利用的工作运行方式等因素综合确定太阳能保证率的取值。

（7）最大限度发挥太阳能供暖系统所能起到的节能作用，未采用季节蓄热的太阳能供暖系统应做到全年综合利用，冬季供暖，春、夏、秋三季提供生活热水或其他用热。

（8）太阳能供暖系统组成部件的性能参数和技术要求应符合相关国家产品标准的规定。

4. 太阳能供暖系统设计流程

（1）确定供热需求、气象参数、安装条件；

（2）确定保温水箱容积；

（3）选择辅助能源；

（4）选择供热末端；

（5）设计供热末端。

太阳能系统效率与集热器种类和工质的工作温度密切相关，太阳能供热采暖系统应优先选用低温辐射供暖系统；热风采暖系统适宜低层建筑或局部场所需要供暖的场合；水-空气处理设备和散热器系统宜使用在 60~80 ℃ 工作温度下效率较高的太阳能集热器，如高效平板型太阳能集热器或热管型真空管太阳能集热器，该系统适合夏热冬冷或温和地区。

2.3.3 太阳能制冷系统

1. 太阳能制冷系统原理

太阳能用于空调制冷，其最大优点就是具有很好的季节匹配性，即天气越热，太阳辐射越好，系统制冷量越大。这一特点使得太阳能制冷技术受到重视和发展。太阳能制冷从能量转换角度主要可以分为两种。第一种是太阳能光电转换制冷，是利用光伏转换装置将太阳能转换成电能后，再用于驱动普通蒸气压缩式制冷系统或半导体制冷系统实现制冷的方法，即光电半导体制冷和光电压缩式制冷，是太阳能发电的拓展。这种方法的优点是可采用技术成熟且效率高的蒸汽压缩式制冷技术，其小型制冷机在日照好又缺少电力设施的一些国家和地区已得到应用。其关键是光电转换技术效率较低，而光伏板、蓄能装置和逆变器等成本却很高。第二种是太阳能光热转换制冷，首先将太阳能转换成热能（或机械能），再利用热能（或机械能）作为外界的补偿，使系统达到并维持所需的低温。后者是目前研究较多的一种太阳能制冷方式。

2. 太阳能制冷系统分类

目前太阳能光热转换制冷的主要形式有三类，即太阳能吸收式制冷、太阳能吸附式制冷和太阳能喷射式制冷。

1）太阳能吸收式制冷

吸收式制冷的原理是利用溶液的浓度随温度和压力变化而变化，将制冷剂与溶液分离，通过制冷剂的蒸发而制冷，又通过溶液实现对制冷剂的吸收。一般利用两种沸点相差较大物质所组成的二元溶液作为工质来进行，同一压强下沸点低的物质为制冷剂，沸点高的物质为吸收剂。太阳能吸收式制冷系统则先采用平板型或热管型真空管集热器来收集太阳能，再用来驱动吸收式制冷机。太阳能吸收式制冷的原理如图 2-17 所示。太阳能集热器产生的热媒（85 ℃以上的热水，或者水蒸气）输入制冷机发生器内，驱动制冷机完成制冷循环。因此吸收式制冷也可认为是将太阳能集热器与吸收式制冷机联合使用。

2）太阳能吸附式制冷

太阳能吸附式制冷的基本原理是利用吸附床中的吸附固体（如活性炭）对制冷剂（如甲醇）的周期性吸附、解附过程实现制冷循环。其原理如图 2-18 所示。

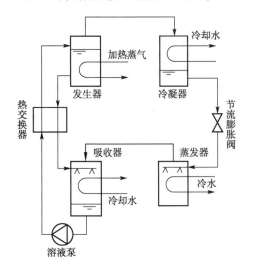

图 2-17　太阳能吸收式制冷的原理　　　　图 2-18　太阳能吸附式制冷原理

整个制冷循环包括解附和吸附两个过程。当白天太阳辐射充足时，太阳能吸附集热器吸收太阳辐射能后，吸附床温度升高，使吸附的制冷剂在集热器中解附解吸，太阳能吸附器内压力升高；解吸出来的制冷剂进入冷凝器，经冷却介质（水或空气）冷却后凝结为液态，进入储液器，此为解吸过程。夜间或太阳辐射不足时，环境温度降低，太阳能吸附集热器通过自然冷却后，吸附床的温度下降，吸附剂开始吸附制冷剂，由于蒸发器内制冷剂的蒸发，温度骤降，通过冷媒水获得制冷目的，此为吸附过程。

显然，吸附式制冷的两个过程：解吸—冷凝、蒸发—吸收，并不是同时发生的，而是分别发生在白天和夜间，它是一种典型的间歇式制冷系统。

3）太阳能喷射式制冷

太阳能喷射式制冷原理如图 2-19 所示，系统主要由太阳能集热器和蒸汽喷射式制冷机两大部分组成。整个制冷循环由三个子循环组成，即太阳能转换子循环、制冷子循环和动力子循环制组成。太阳能集热器将太阳能转化为热能，使集热器内传热工质吸热汽化，传热工质流经蓄热器并将热量贮存其中，当蓄热器中因制冷剂吸热而被冷却的传热工质通过循环泵重新回到集热器吸收太阳能热量，此为太阳能转换子循环。制冷剂（通常为水）在蓄热器中吸收高温传

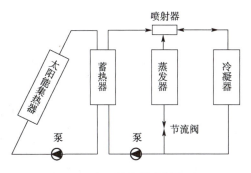

图 2-19　太阳能喷射式制冷原理

热工质的热量后汽化、增压，产生饱和蒸汽，蒸汽进入喷射器经过喷嘴高速喷出膨胀，在喷射区附近产生真空，将蒸发器中的低压蒸汽吸入喷射器，经过喷射器出来的混合气体进入冷凝器放热，冷凝为液体后，冷凝液的一部分通过节流阀进入蒸发器吸收热量后汽化制冷，完成一次循环，这部分工质完成的循环是制冷子循环。另一部分工质通过循环泵升压后进入蓄热器，重新吸热汽化，再进入喷射器，流入冷凝器冷凝后变为液体，该子循环称为动力循环。整个系统设置比吸收式制冷系统简单，且具有运行稳定、可靠性较高等优点，但性能系数较低。

2.3.4 太阳能光热发电系统

1. 太阳能热发电系统原理

太阳能热发电系统是利用聚光太阳能集热器将太阳辐射能收集起来，通过加热水或者其他传热介质，经蒸汽、燃气轮机或发动机等热力循环过程发电，其原理如图 2-20 所示。以导热油槽式太阳能热发电系统为例：数个槽式集热器通过串联连接成标准集热器回路，数量众多的标准集热器回路通过并联方式组成集热场。其基本运行流程为：槽式集热器通过跟踪太阳收集热量，加热集热器内循环流动的导热油，然后导热油进入蒸汽发生器释放热量，加热水产生过热蒸汽，蒸汽进入汽轮机发电，放热后的导热油返回至集热场重新吸热。当白天太阳较好时，一部分导热油将进入油盐换热器，释放热量加热熔盐，高温熔盐被存放在热盐罐中；到了晚上，热盐罐中高温熔盐的热量被重新释放出来，反向加热导热油，进而导热油进入蒸汽发生器，加热水产生蒸汽，实现在夜间继续发电。太阳能热发电的实质是将太阳辐射能先转化为热能，然后转化为汽轮机的机械能，再将机械能转化为电能。

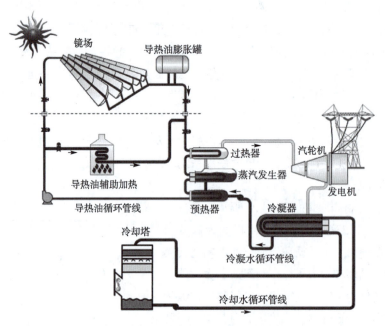

图 2-20 太阳能热发电系统基本原理

2. 太阳能热发电系统组成

太阳能热发电系统一般由集热子系统、热传输子系统、蓄热与热交换子系统和发电子系统组成，如图 2-21 所示。

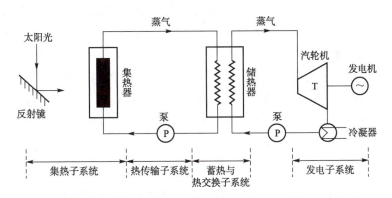

图 2-21 太阳能热发电系统组成

1）集热子系统

集热子系统是吸收太阳能辐射并将其转换为热能的装置。该子系统主要包括聚光装置、接收器和跟踪机构等部件。不同的功率和规模的太阳能热发电系统有着不同结构形式的集热子系统。对于在高温下工作的太阳能热发电系统来说，必须采用聚光集热器来提高集热温度及系统效率。聚光太阳能集热器一般由聚光器与接收器组成，通过聚光器将太阳辐射聚焦在接收器上形成焦点（或焦线），以获得高强度太阳能。在太阳能热发电系统中应用得比较多的聚光集热器主要有旋转抛物面聚光器、抛物柱面聚光器、多平面聚光集热器、线性菲涅耳反射镜聚光集热器等。

2）热传输子系统

热传输子系统要求输热管道的热损失小、输送传热介质的泵功率小、热量输送成本低。对于分散型太阳能热发电系统，一般将许多单元的集热器串、并联起来组成集热器方阵，使各单元集热器收集起来的热能输送给蓄热子系统时所需的输热管道加长，热损失增大。而对于集中式太阳能热发电系统，虽然热传输管道可以缩短，但需将传热工质送到塔顶，需要消耗动力。为了减少输热管道的热损失，一般需在输热管外面包裹陶瓷纤维、硅酸钙、复合硅酸盐等导热系数很低的绝热材料。

3）蓄热与热交换子系统

由于地面上的太阳能受季节、昼夜和云雾、雨雪等气象条件的影响，具有间歇性和不稳定性，因此为了保证太阳能热发电系统稳定地发电，需要设置蓄热装置。蓄热装置一般由真空绝热或以绝热材料包覆的蓄热器构成。

4）发电子系统

发电子系统由热力机和发电机等主要设备组成，与火力发电系统基本相同。应用于太阳能热发电系统的动力机有汽轮机、燃气轮机、低沸点工质汽轮机和斯特林发动机等。这些发电装置可以根据集热后经过蓄热与热交换子系统供汽轮机入口热能的温度等级及热量等情况来选择。对于大型太阳能热发电系统，由于其温度等级与火力发电系统基本相同，可选用常规的汽轮机，工作温度在 800 ℃ 以上时可选用燃气轮机；对于小功率或低温的太阳能热发电系统，则可选用低沸点工质汽轮机或斯特林发动机。

3. 太阳能热发电系统分类

目前现有的太阳能热发电系统大致可以分为槽式太阳能热发电系统、塔式太阳能热发电系统、碟式太阳能热发电系统和线性菲涅尔式太阳能热发电系统。

1）槽式太阳能热发电系统

槽式太阳能热发电系统是通过抛物柱面槽式聚光镜面将太阳光汇聚在焦线上，在焦线上安装管状集热器，以吸收聚焦后的太阳辐射能。管内的流体被加热后，流经换热器加热水产生蒸汽，借助蒸汽动力循环来发电。该装置从早到晚由西向东跟踪太阳连续运转，集热器轴线与焦线平行，一般呈南北向布置，这是一种一维跟踪太阳的模式，跟踪简易，且光学效率较高。聚光比在 30~80 之间，集热温度可达 400 ℃，槽式太阳能热发电站如图 2-22 所示。

图 2-22　槽式太阳能热发电站

该系统安装维修比较方便；多聚光器集热器可以同步跟踪，跟踪控制代价大为降低；吸收器为管状，使得工作介质加热流动的同时，也是能量集中的过程，故其总体代价相对最小，经济效益最高。这正是该系统最先在世界上实现商业化的原因所在。在利用太阳能发电方面，槽式聚光热发电系统是迄今为止世界上唯一经过 20 年商业化运行的成熟技术。它的储能系统或者燃烧系统甚至可以实现 24 h 运行，度电成本也很有竞争力。

2）塔式太阳能热发电系统

塔式太阳能热发电站的聚光系统由数以千计带有双轴太阳追踪系统的平面镜（称为定日镜）和一座（或数座）中央集热塔构成，如图 2-23 所示。每台定日镜都各自配有跟踪机构，能准确地将太阳光反射集中到一个高塔顶部的接收器上。接收器上的聚光倍率可超过 1 000 倍，在这里把吸收的太阳光能转化成热能，将热能传给工质，经过蓄热环节，再输入热动力机，膨胀做工，带动发电机，最后以电能的形式输出。

塔式太阳能热发电系统的具体结构多种多样，单块定日镜的面积从 1.2~120 m² 不等，塔高也从 50~260 m 不等，聚光倍数则可以达到数百倍至上千倍。塔式热发电系统可以使用水、气体或融盐作为导热介质，以驱动后端的汽轮发电机（若采用融盐作为导热介质，则需加装热交换器，但储能能力较好）。

塔式热发电站的主要优势在于它的工作温度较高（可达 800~1 000 ℃），使其年度发电效率可达 17%~20%，并且由于管路循环系统较槽式系统简单得多，提高效率和降低成本的潜力都比较大；塔式太阳能热发电站采用湿冷却的用水量也略少于槽式系统，若需要采用干式冷却，其对性能和运行成本的影响也较低。但在塔式热发电系统中，为了将阳光准确汇聚到集热塔顶的接收器上，对每一块定日镜的双轴跟踪系统都要进行单独控制，而槽式系统的单轴跟踪系统在结构上和控制上都要简单得多。

图 2-23　塔式太阳能热发电站

3）碟式太阳能热发电系统

碟式太阳能热发电系统也称盘式系统，碟式太阳能热发电站如图 2-24 所示。主要特征是采用旋转抛物面聚光集热器，其结构从外形上看类似于大型抛物面雷达天线。由于旋转抛物面镜是一种点聚焦集热器，其聚光比可以高达数百到数千倍，因此可产生非常高的温度。

图 2-24　碟式太阳能热发电站

碟式光热发电技术是四种常见光热发电技术中热电转换效率最高的，最高可达 32%，而塔式和槽式技术的热电转换效率目前为 15%～16%。同时，碟式斯特林光热发电技术可以实现模块化的设计和生产，这是由于其集热系统和发电系统完全组成了一个单独的小型发电单元，不需要像其他光热发电技术一样分别建造光场系统和发电系统，其整个电站的系统集成也相对简单很多。

但碟式光热发电技术也有其显著缺陷。它无法像其他光热发电技术一样进行储热，从而实现持续稳定发电。这一点和光伏发电类似。但从经济性角度来看，其无法与光伏发电的低成本相竞争。此外，碟式太阳能热发电系统的另一挑战来自斯特林机。斯特林机要求的工作温度在 600 ℃以上，其运行需要建立完美的闭式循环，工质气体不能泄漏，并需要尽最大可能地降低机械部件的磨损以避免因此而造成的气体外泄。而机械部件之间的磨损在机械制造业又是很难避免的,这将会带来高昂的维护和更换成本,使其可靠性和运行寿命受到挑战。

4)线性菲涅尔式太阳能热发电系统

线性菲涅尔式太阳能热发电系统利用线性菲涅尔反射镜聚焦太阳能于集热器,直接加热工质水。反射镜和集热器合称聚光系统,在电站中,该聚光系统一般会布置三个功能区:预热区、蒸发区和过热区。工质水依次经过这三个区后形成高温高压的蒸汽,推动汽轮机发电。线性菲涅尔太阳能热发电站如图 2-25 所示。

图 2-25　线性菲涅尔太阳能热发电站

线性菲涅尔太阳能热发电技术的主要特点为:

(1)聚光比一般为 10~80,年平均效率为 10%~18%,峰值效率为 20%,蒸汽参数可达 250~500 ℃,每年 1 MW·h 的电能所需土地为 4~6 m^2。

(2)主反射镜采用平直或微弯的条形镜面,二次反射镜与抛物槽式反射镜类似,生产工艺较成熟。

(3)主反射镜较为平整,可采用紧凑型的布置方式,土地利用率较高,且反射镜近地安装,大大降低了风阻,具有较优的抗风性能,选址更为灵活。

(4)集热器固定,不随主反射镜跟踪太阳而运动,避免了高温高压管路的密封和连接问题以及由此带来的成本增加。

(5)由于采用平直镜面,更易于清洗,耗水少,维护成本低。

2.4　太阳能产业发展趋势

2.4.1　光伏产业的发展趋势

国际能源署(IEA)发布的《全球能源回顾:2022 年二氧化碳排放》数据显示,中国、美国和欧盟是世界三大主要的二氧化碳排放国家和地区,但 2022 年中国二氧化碳排放总量下降了 0.2%,这是我国自 2015 年以来,首次出现了二氧化碳排放年度总量减少,这也是我国推进碳达峰碳中和取得的重大成果。因此,构建高效清洁、绿色低碳的新型能源供应体系已成为能源转型发展的大趋势,绿色环保、安全可持续的光伏发电将成为未来新能源发电的主要选择,是我国推动"双碳"目标实现的重要保障。

2022年，在碳达峰碳中和目标引领和全球清洁能源加速应用背景下，我国光伏行业持续深化供给侧结构性改革，加快推进产业智能制造和现代化水平，中国光伏产业总体实现高速增长，有力支撑碳达峰碳中和顺利推进。

根据行业规范公告企业信息和行业协会测算，我国2022年光伏产业链各环节产量再创历史新高，全年光伏产品出口超过512亿美元，光伏组件出口超过153 GW，光伏行业总产值突破1.4万亿元人民币，有效地支撑了国内外光伏市场增长和全球新能源需求。全国多晶硅、硅片、电池、组件产量分别达到82.7万t、357 GW、318 GW、288.7 GW，同比增长均超过55%，光伏组件同比增长58.8%，如图2-26所示。国内光伏大基地建设及分布式光伏应用稳步提升，国内光伏新增装机8 741万 kW，同比增长60.3%，光伏累计装机容量39 261万 kW，同比增长28.1%，如图2-27所示；全国光伏新增和累计装机容量占全球光伏装机总规模的1/3以上，连续多年居全球首位。随着我国光伏组件各大厂商持续扩增产能，未来光伏组件产量将继续增长。

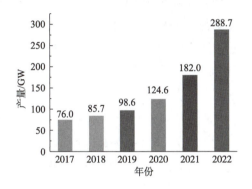 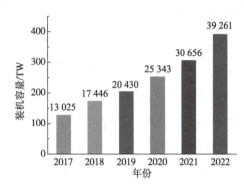

图 2-26 2017—2022 年中国光伏组件产量　　图 2-27 2017—2022 年中国光伏发电累计装机容量

发展更高效率、更低成本的光伏电池，开发高可靠性、电网适应性强的光伏发电系统，推进光伏建筑一体化技术创新，构建国产化、智能化光伏生产制造体系，提升废弃光伏组件回收处理技术，是推动我国光伏发电大规模发展的关键。

1. 高效率低成本光伏电池

由于生态红线和耕地红线的限制，国家能源局要求光伏项目开发不允许占用耕地。因此，发展更高效率、更低成本的光伏电池，进一步提升单位面积发电能力是未来光伏大规模发展的关键。一是持续推进PERC晶硅电池技术的发展，如开发双面PERC电池等，提升转换效率，降低生产成本；二是加快TOPCon、HJT、IBC等新型晶硅电池低成本高质量产业化制造技术研究，重点突破关键材料、工艺水平、制造装备等技术瓶颈，提高效率，降低成本，推动新型晶硅电池的产业化生产和规模化应用；三是推动CIGS、CdTe、GaAs等薄膜光伏电池的降本增效、工艺优化、量产产能等，大力推进薄膜太阳能电池在光伏建筑一体化建设中的应用；四是开展高效钙钛矿太阳能电池制备与产业化生产技术研究，开发大面积、高效率、高稳定性、环境友好型的钙钛矿电池，开展晶体硅/钙钛矿、钙钛矿/钙钛矿等高效叠层电池制备及产业化生产技术研究。

2. 光伏发电并网关键技术

基于模糊逻辑算法、自适应变步长电导增量法和人工神经网络改进光伏发电系统最大功率点跟踪技术（MPPT），保证光伏发电系统以最高功率稳定输出。开发高效率、高可靠性、高电能质量、电网适应性强、易于安装维护的大型光伏电站用逆变器。开展工作稳定性好、能量转换效率和功率密度高、工作寿命长、生产成本低的微型逆变器研究。探索智能孤岛效应检测新方法，提升光伏发电系统并网稳定性。

3. 光伏建筑一体化应用

制定光伏建筑一体化建设规范和标准，推动光伏建筑一体化、规模化应用，实现绿色建筑"零排放"，助推"双碳"目标有效落地，要重点开展光伏建筑一体化电池技术研发，实现转化效率与建筑美观的有效融合；研制多样化光伏组件材料，满足不同场景和个性化需求的建筑结构，并利用集成技术开发装配式光伏建筑；融合数字信息技术，开发自动化、信息化、智能化光伏建筑。

4. 构建智能光伏生产制造体系

注重智能信息技术的应用，不断提高生产效率和产能，保障产能供应。一是提高光伏电池组件生产制造的智能化水平，实时监控硅片制绒、扩散、刻蚀、钝化等生产过程，有效缩短单位生产时间，保证电池产能和质量；二是开展硅片薄片化、大片化生产工艺和设备研制；三是重点研制 N 型光伏电池生产制造工艺和设备，加快 N 型光伏电池的规模化生产。

5. 光伏组件回收处理与再利用

研究光伏组件回收处理政策和法规，制定完善的光伏组件回收处理标准体系，明确光伏组件回收处理细则，加强对光伏组件回收处理的指导和要求。改进废弃光伏组件回收处理技术，提高回收率，同时最大限度降低回收处理过程中的环境污染和能源消耗，实现无害化处理。

2.4.2 光热产业的发展趋势

光热发电产业国外起步较早，在光热发电的材料、设计、工艺及理论方面已经开展了 50 多年的研究，并已得到商业化应用，2020 年全球累计装机容量达 669 万 kW。我国光热发电虽然起步较晚，但是在国内示范项目的带动下，已经初步建立了较完整的产业链，并实现部分产品出口国外。

其一，光热发电项目建设处于试点示范阶段。2016 年，我国安排了首批光热发电示范项目建设，共 20 个项目，134.9 万 kW 装机，分布在北方五个省区，电价 1.15 元/（kW·h）。同时，国家鼓励地方相关部门对光热企业采取税费减免、财政补贴、绿色信贷、土地优惠等措施，多措并举促进光热发电产业发展。2018 年，国家能源局布置的多能互补项目中就有光热发电项目。如图 2-28 所示，截至 2022 年底，我国光热发电装机容量为 58.9 万 kW，共 12 个项目，主要分布在甘肃（21 万 kW）、青海（21 万 kW）、内蒙古（10 万 kW）和新疆（5 万 kW），另有 2 万 kW 分布在其他地区。从技术来看，我国首批光热发电示范项目和多能互补项目中采用的技术以塔式技术较为常见，占比超过一半。

其二，光热发电全产业链初步建立。通过首批光热发电示范项目建设，我国光热发电装备制造产业链基本形成，光热发电站使用的设备、材料得到了很大发展，并具备了相当的产能。在国家首批光热发电示范项目中，设备、材料国产化率超过 90%，在部分项目中，比如青海中控德令哈 5 万 kW 塔式光热发电项目，设备和材料国产化率已达到 95% 以上，并建立了数条光热发电专用的部件和装备生产线，具备了支撑光热发电大规模发展的供应能力，年供货量可满足数百万千瓦光热发电项目装机。当前，国内光热发电产业链主要相关企业已超过 500 家。

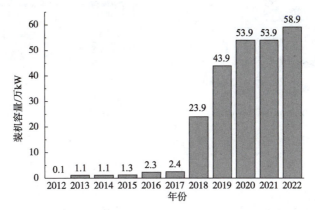

图 2-28　2012—2022 年中国光热发电累计装机容量

其三，光热发电产业开始走向世界。我国光热发电制造业起步晚，但"十三五"以来技术和产业发展快速，相比国外有成本优势，首批示范项目使我国光热技术和产品具有了实际运行项目和经验，开始走出国门。如中国能建和中控太阳能公司联合体于 2019 年承建了希腊 5 万 kW 光热发电站项目，这是中国光热发电产业首次以"技术 + 装备 + 工程 + 资金 + 运营"的完整全生命周期模式走出国门。上海电气集团总包了阿联酋 70 万 kW 光热发电站项目；中国电建集团联合体承包了摩洛哥太阳能发电园 35 万 kW 光热发电项目；我国皇明太阳能公司早在 2011 年就向西班牙出口了长达 25 km、30 万 kW 的光热发电的核心部件镀膜钢管，2019 年又向法国提供了 16 km、0.9 万 kW 的吸热管。

拓展阅读　产业化高效光伏电池

21 世纪以来光伏电池产业化快速发展，目前产业化的高效电池主要有 PERC 电池、TOPCon 电池、异质结（HIT/HJT）电池等。

1. PERC 电池

PERC（passivated emitterand rear cell）电池指钝化发射极及背局域接触电池，最早于 20 世纪 80 年代由澳大利亚科学家 Martin Green 提出。PERC 电池与常规电池最大的区别在背表面介质膜钝化，采用局域金属接触，大大降低背表面复合速度，同时提升了背表面的光反射，从而提升电池转化效率。2006 年用于对 P 型 PERC 电池的背面的钝化的 AlO_x 介质膜的钝化作用引起大家重视，使得 PERC 电池的产业化成为可能。随后随着沉积 AlO_x 产业化制备技术和设备的成熟，加上激光技术的引入，PERC 技术开始逐步走向产业化。

PERC 技术相比常规铝背场电池（BSF）增加工序较少，新增设备投资相对背电极、异质结等 N 型电池技术低得多，设备投资周期较短。PERC 电池由于其工艺相对简单，成本增加较少，是目前主流的量产工艺，单面及双面 PERC 电池结构分别如图 2-29、图 2-30 所示。

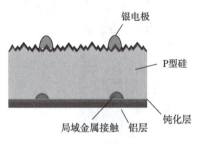

图 2-29 单面 PERC 电池结构

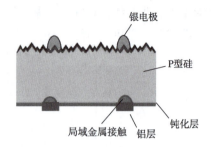

图 2-30 双面 PERC 电池结构

2. TOPCon 电池

TOPCon（tunnel oxide passivated contact solar cell）电池，即隧穿氧化层钝化接触电池（见图 2-31），由德国 Fraunhofer 太阳能研究所于 2013 年首次提出，是一种基于选择性载流子原理的隧穿氧化层钝化接触光伏电池。其电池基底为 N 型硅衬底，通过在电池背面制备一层超薄隧穿氧化层，然后再沉积一层掺杂硅薄层，二者共同形成了钝化接触结构，有效降低表面复合和金属接触复合，提升了电池的开路电压和短路电流，提高了电池效率。

TOPCon 相比 PERC 工艺流程增加两三步，但可在 PERC 工艺技术上延伸。与现有 PERC 相比，TOPCon 的核心结构是超薄的隧穿氧化层，利用量子隧穿效应，既能让电子顺利通过，又可以阻止空穴的复合。钝化层可以抑制硅片表面的载流子复合，提高硅片的少子寿命和电池的开路电压，载流子选择收集钝化接触结构可以被应用到电池的全表面，而无须开孔形成局部钝化接触，这不仅简化了制造工艺，同时载流子只需进行一维方向的输运而无须另外的横向传输，可以获得更高的填充因子。

3. 异质结（HIT/HJT）电池

HIT（heterojunction with intrinsic thinfilm）电池（见图 2-32）最早由日本三洋公司于 1990 年成功开发，因 HIT 已被三洋注册为商标，因此又被称为 HJT、HDT 或 SHJ，但本质都是指本征薄膜异质结电池。异质结电池结合了晶体硅电池与薄膜电池的优势，具有结构简单、工艺温度低、开路电压高、温度特性好、双面发电率高等优点，量产平均效率可达 24.0% 以上，最高效率已达 26.3%。

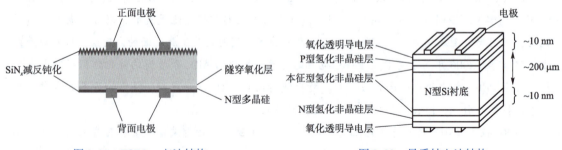

图 2-31 TOPCon 电池结构　　　　图 2-32 异质结电池结构

异质结电池的工艺制程相对较短但技术难度较大，主要有四大环节，依次是清洗制绒、非晶硅沉积、TCO 沉积、丝印固化。通常以 N 型单晶硅片为衬底，经过制绒清洗后在正面通过 PECVD 方法沉积厚度为 3~5 nm 的本征非晶硅薄膜 i-a-Si 和 P 型非晶硅薄膜 p-a-Si，从而形成

PN 异质结。在背面通过 PECVD 方法沉积本征非晶硅薄膜 i-a-Si 和 N 型非晶硅薄膜 n-a-Si，从而形成背表面场。在掺杂非晶硅薄膜的两侧通过 Sputtering 的方式沉积透明导电氧化物薄膜（TCO），最后通过丝网印刷的技术在 TCO 表面形成金属电极。异质结电池的关键技术在于超薄本征非晶硅层 i-a-Si，该薄层可以大幅度降低晶硅的表面复合，从而获得很高的开路电压（高达 750 mV）。

异质结电池的优势在于超高电池转换效率，低制程温度以及可向薄型化发展。其对称结构使得电池本身受到内部应力的影响更小，低温工艺进一步保护了晶体内部结构和器件界面接触，使得电池良品率不会因硅片减薄而受到较大影响。但是，HJT 与 PERC 工艺路线完全不同，无法延伸，只能新投产线，且 HJT 与主流的 PERC 生产设备不兼容，因此 PECVD 等制膜和真空设备的投入会给企业带来较高的转换成本。

党的二十大报告强调"坚持创新在我国现代化建设全局中的核心地位"。光伏是典型的创新驱动型产业。近年来，我国光伏电池制备技术更新迅速。业内认为，随着 P 型电池接近效率极限，N 型电池技术将成为未来发展的主流方向，其中 TOPCon 和异质结技术成为产业投资和市场关注的重点，预计 TOPCon、异质结（HJT/HIT）等将在较长的一段时间内并行发展，PERC、TOPCon、HJT 电池工艺路线对比如图 2-33 所示。

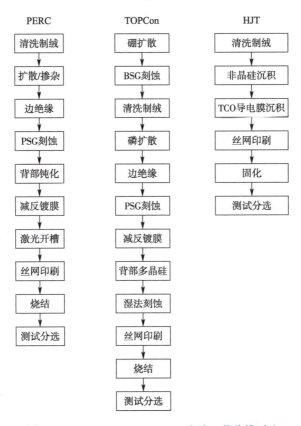

图 2-33　PERC、TOPCon、HJT 电池工艺路线对比

思 考 题

1. 常见的太阳能应用有哪几种类型?
2. 硅材料光伏组件有哪几种类型?详细阐述制备过程中的异同点。
3. 太阳能发电有哪几种类型?光伏发电与光热发电的区别。
4. 光伏发电系统有哪几种类型?详细阐述几种类型的异同点。
5. 光热应用与光伏应用存在那些本质区别?光热主要有哪些应用?并分别阐述各应用的组成部件。

第3章 风 能

学习目标

1. 了解风的形成、风能的基本概念、风能资源分布以及风能开发与利用的发展史。
2. 掌握风力发电的原理、风力发电机组的相关设备以及风电场的选址。
3. 了解风能与低碳经济的关系、风能行业以及相关政策。

学习重点

1. 风速与风能和风力的计算关系。
2. 风力发电中风能转换原理、风力发电机组相关设备作用、风电场选址原则。
3. 风能开发与低碳经济的关系。

学习难点

1. 风力发电的工作原理和风能转换原理。
2. 风力发电机组相关设备。
3. 风电场选址原则。

风能是目前最具规模化开发条件的清洁、可再生能源之一,风力发电是风能利用最主要的方式。本章先从风的形成出发,介绍了风能的基本特点、风能资源分布,进一步阐述了风力发电的基本原理、风力发电设备以及风电场选址,并延伸至风能与低碳经济、风力发电产业及其相关政策。

3.1 风能概况

风,无所不在,风能作为一种可再生的清洁能源,具有取之不尽、用之不竭的特点,对实现"双碳"目标以及低碳能源体系转型至关重要。那么风是如何形成的呢?风具有哪些能量呢?接下来将详细介绍风的形成、风的动能以及风能资源分布。

3.1.1 风的形成

1. 风的概念

风,是由空气流动引起的一种自然现象。它是由太阳辐射热不均引起的,当太阳光照射在地球表面，地表受热不均匀，地表空气的冷热程度不同。热空气受热膨胀变轻而上升，低温的冷空气横向流入，上升的空气因逐渐冷却变重而降落，由于地表温度较高又会加热空气使之上升，这种空气的循环流动就产生了风。这种空气的运动具有速度与方向，即风的速度和风的方向。

风速是指空气相对于地球某一固定地点的运动速率，即单位时间内空气相对于参照点运动的距离，常用单位是 m/s。风速没有等级，风力才有等级，风速是风力等级划分的依据。一般来讲，风速越大，风力等级越高，风的破坏性越大。在评估风力资源时，一般采用平均风速计算。

平均风速是指在某一时间间隔中，空间某点瞬时水平方向风速数值的平均值，用下式表示：

$$\bar{v} = \frac{1}{(t_2 - t_1)} \int_{t_1}^{t_2} v(t) \mathrm{d}t \tag{3-1}$$

式中，t_1 和 t_2 表示一段时间内的起止时间；$v(t)$ 表示风速随时间的公式。从上式可以看出，平均风速的计算与时间段的选取有关，不同时长的时间段，平均风速的结果不同。目前国际上计算平均风速的时间间隔通常为 10 min ~ 2 h，我国规定的计算时间间隔为 10 min。评估风能资源时，为减少计算量，也常用 1 h 间隔计算平均风速。

风速的变化受气压、温度、地形和海拔等多种外部因素的影响，其中地形和海拔影响最大。随着海拔高度越高，空气的密度越小，空气分子间的间距越大，空气气压越小，空气分子热运动越小，所以风速越低。风速随地面高度变化规律称为风剪切或风速廓线，一般呈对数分布或指数分布。

通常在距地面 100 m 高度范围内，其风速与距地面高度之间满足如下对数关系：

$$\bar{v} \propto \ln\left(\frac{z}{z_0}\right) \tag{3-2}$$

式中，$\bar{v}$ 为距地高度 z 处的平均风速，m/s；z 为距地面高度，m；z_0 为地表粗糙长度，m，其取值由表 3-1 给出。

表 3-1 不同地表状态下地表粗糙长度值

地形	沿海区	开阔场地	建筑物不多的郊区	建筑物较多的郊区	大城市中心
z_0/m	0.005 ~ 0.010	0.03 ~ 0.10	0.20 ~ 0.40	0.80 ~ 1.20	2.00 ~ 3.00

近地层的风速随高度呈经验指数分布，这是目前多数国家采用的方式，不同高度的风速可以用下式计算：

$$\frac{\bar{v}}{\bar{v}_1} = \left(\frac{z}{z_1}\right)^a \tag{3-3}$$

式中，$\bar{v}_1$ 为高度 z_1 处的平均风速，m/s；a 为风速廓线经验指数，其取值大小受地面环境的影响，在计算不同高度风速时，可按表 3-2 取值。

表 3-2 不同地面状态下风速廓线的经验指数值

地面情况	a	地面情况	a
光滑地面，海洋	0.10	树木多，建筑物少	0.22 ~ 0.24
草地	0.14	森林，村庄	0.28 ~ 0.30
较高草地，城市地	0.16	城市高建筑	0.40
较高农作物，少量树木	0.20		

对式 (3-3) 进行换算，可以计算出不同高度区间的 a 值，表达式如下：

$$a = \frac{\lg(\bar{v}_1/\bar{v}_2)}{\lg(z_1/z_2)} \qquad (3\text{-}4)$$

对数律和指数律都能较好地描述风速随高度的分布规律，其中指数律偏差较小，而且计算简便，因此更为通用。

风速的大小可采用风速计进行直接测量，目前市面上常见的测量风速的仪器主要有以下四种：

（1）旋转式风速仪：利用探头把转动信号转换成电信号，风吹动叶轮转动，感应探头对叶轮的转动进行"计数"，并产生一个脉冲系列，再经检测仪转换处理，最后得出风速。

（2）压力式风速仪：利用风的压力效应（风压与风速的平方成正比）来测量风速，最常用的是皮托管，利用总压探头和静压探头的压力差得到动压，从而计算出风速。

（3）热力式风速仪：利用被加热物体散热速率与四周空气流速相关的特性测量风速，最常用的是热线风速仪，其探头为电阻值随温度变化的热敏元件，如铂丝（膜）、钨丝等，利用通电的热敏元件在气流中的散热影响，其温度随气流速度不同而变化来测算出风速。

（4）声学风速仪：利用声波在大气中传播速度与风速之间的函数关系测量风速。由于测量过程中风速仪常常存在滞后，所以这种风速测量的误差较大。

由于压力式和热力式风速仪均需要准确对风，而声学风速仪价格比较昂贵，所以在风力发电机组运行中常使用旋转式风速仪。旋转式风速仪受风部分通常为风杯（见图3-1）或螺旋叶片（见图3-2），其中以风杯应用最广，因为杯形风速计不需要随风向改变而对风。

图3-1　旋转式风速计（风杯式）

图3-2　旋转式风速计（螺旋叶片）

2. 风向

风向是指风吹来的方向，即风是从哪个方向吹来的。风从北方来叫作北风，风从南方来叫作南风。风向常以8个或16个方位来表示，以风向的角度来区分，以正北方向为基准（0°），按顺时针方向确定风向的角度，例如：东风的角度为90°，南风为180°，西风为270°，北风为360°等。常把整个圆周360°分成16个等分，16个方位的中心如图3-3所示，每一个方位范围是22.5°。

为了统计某地某一风向出现的频率，通常要用风向玫瑰图表示。它主要是各风向出现的频率，以相应的比例长度作

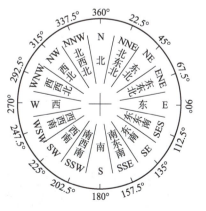

图3-3　风向方位图

点，从外往内中心吹来，在 8 个方位或 16 个方位上作点，再将各点用直线连接起来，绘成形似玫瑰的图案，如图 3-4 所示。

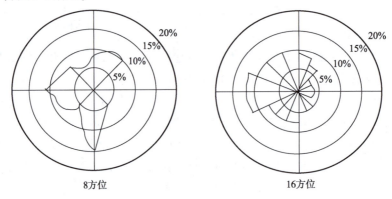

图 3-4　风向玫瑰图

通常采用风向标对风向进行测量，风向标一般由尾翼、平衡锤、指向杆及转动轴组成，外形如图 3-5 所示。当风吹来时，风向标会受到压力，由于头部与尾翼受力不同，往往尾翼受力更大，使得风向标获得压力矩而绕垂直轴旋转，直至风向标头部正对风的来向时，此时风向标的方向即为风向。风向信号的显示也有很多种，如利用环形电位计、光电管和码盘等，在风力发电机组中常用非接触式的光电管和码盘来测量风向。

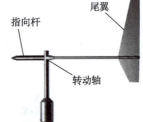

图 3-5　常见的风向标

3. 风力等级

风力是指风作用在物体上力的大小，根据风吹到地面或水面的物体上产生的各种现象，把风力大小分为 13 个等级，最小是 0 级，最大为 12 级，国际上常用蒲福风级表来表示。2012 年由气象出版社出版的图书《台风业务和服务规定》中指出，以蒲福风力等级将 12 级以上台风补充到 17 级，超过 17 级最高标准的，统称为 18 级，表 3-3 为蒲福（Beaufort）风力等级表。

表 3-3　蒲福（Beaufort）风力等级表

风力等级	风的名称	风速		陆地现象	海面状态
		m·s⁻¹	km·h⁻¹		
0	无风	0~0.2	<1	静，烟直上	平静如镜
1	软风	0.3~1.5	1~5	烟能表示风向，但风向标不能转动	微浪
2	软风	1.6~3.3	6~11	人面感觉有风，树叶有微响，风向标能转动	小浪
3	微风	3.4~5.4	12~19	树叶及微枝摆动不息，旗帜展开	小浪
4	和风	5.5~7.9	20~28	能吹起地面灰尘和纸张，树的小枝微动	轻浪
5	劲风	8.0~10.7	29~38	有叶的小树枝摇摆，内陆水面有小波	中浪
6	强风	10.8~13.8	39~49	大树枝摆动，电线呼呼有声，举伞困难	大浪
7	疾风	13.9~17.1	50~61	全树摇动，迎风步行感觉不便	巨浪
8	大风	17.2~20.7	62~74	微枝折毁，人向前行感觉阻力甚大	猛浪
9	烈风	20.8~24.4	75~88	建筑物有损坏（烟囱顶部及屋顶瓦片移动）	狂涛

续表

风力等级	风的名称	风速 m·s^{-1}	风速 km·h^{-1}	陆地现象	海面状态
10	狂风	24.5~28.4	89~102	陆上少见，见时可使树木拔起将建筑物严重损坏	狂涛
11	暴风	28.5~32.6	103~117	陆上很少，有则必有重大损毁	非凡现象
12	飓风	32.7~36.9	118~133	陆上绝少，其摧毁力极大	非凡现象
13	飓风	37.0~41.4	134~149	陆上绝少，其摧毁力极大	非凡现象
14	飓风	41.5~46.1	150~166	陆上绝少，其摧毁力极大	非凡现象
15	飓风	46.2~50.9	167~183	陆上绝少，其摧毁力极大	非凡现象
16	飓风	51.0~56.0	184~201	陆上绝少，其摧毁力极大	非凡现象
17	飓风	56.1~61.2	202~220	陆上绝少，其摧毁力极大	非凡现象
18	飓风	≥61.3	≥221	陆上绝少，其摧毁力极大	非凡现象

4. 风的类型

空气流动形成风，根据不同因素，可将风分类如下：

（1）按照风速大小进行分类，可将风分为软风、微风、和风、劲风、强风、疾风、大风、烈风、狂风、暴风和飓风，详细见表3-3。当风速时大时小时，吹到人们身上也是一阵阵的感觉，气象上认定风速通常在2 min内时大时小的为阵风。

（2）按照风的来向进行分类，可将风分为东风、西风、北风和南风。如果风向有偏转，可以称为东南风、西北风等。考虑风由地球方位的来向时，也可以分为信风和反信风。当在低层大气中，从副热带高压吹向赤道地区广大区域内的持续性风，称为信风。在北半球，信风盛行风是东北风；而在南半球则是东南风。信风的特征是具有高度经常性，朝一个方向以几乎不变的力量整年吹。由赤道地方上升的热空气到了大气上层分向两级流动，这种气流就称反信风，由于地球自转的作用，反信风在北半球偏右，在南半球偏左。

（3）按照起风的季节进行分类，可将风为春季风、夏季风、秋季风和冬季风。此类风也统称为季风，随着季节交替，盛行风向有规律地进行转域。在冬季，空气从高压的陆上流向低压的海上，这种风称为冬季风；在夏季，风从海上吹向陆上，称为夏季风。

（4）按照起风的地点进行分类，可将风分为山谷风、焚风、海陆风、冰川风、台风等。在山区，白天风沿山坡、山谷往上吹，夜间则沿山坡、山谷往下吹，这种在山坡和山谷之间，随昼夜交替而转换风向的风称为山谷风。当空气跨越山脊时，由于空气下沉，背风坡上容易发生一种暖（或热）而干燥的风，称为焚风。在近海岸地区，白天风从海上吹向大陆，夜间又从大陆吹向海上，这种昼夜交替、有规律地改变方向的风称为海陆风。冰川风是指在白昼和夜间，沿着冰川下坡方向所吹的浅层风。而发生在热带海洋上的大气涡旋称为台风。

（5）根据起风的形状来分类，可将风分为旋风和龙卷风。当空气携带灰尘在空中飞舞形成漩涡时，这就是旋风。能从积雨云中伸向地面，形成范围小、破坏力极大的空气涡旋的风称为龙卷风，发生在陆地上的称为陆龙卷，发生在海洋上的称为海龙卷，又称水龙卷。龙卷风是一种旋转力很强的猛烈风暴，风速可达100 m/s以上。

3.1.2 风能的基本概念

1. 风的动能

风能,就是风所具有的能量。从本质上分析,风的能量来自太阳的能量。由于太阳辐射热量到地表,地表空气受热不均而形成了风。我们常说的风能是指风的动能,根据牛顿第二定律,空气流动时形成的动能 W 为

$$W = \frac{1}{2}mv^2 \tag{3-5}$$

式中,W 为风的动能,J;m 为空气的质量,kg;v 为空气来流速度,即风速,m/s。

以速度 v 垂直通过某一截面面积 A 的空气流量 q_v 为

$$q_v = vA \tag{3-6}$$

则在 t 时间内通过截面的空气体积 V 为

$$V = q_v t = vAt \tag{3-7}$$

通过截面的空气质量 m 为

$$m = \rho V = \rho v A t \tag{3-8}$$

将式 (3-8) 代入式 (3-5),可得空气流所具有的动能为

$$W = \frac{1}{2}mv^2 = \frac{1}{2}(\rho vAt)v^2 = \frac{1}{2}\rho A t v^3 \tag{3-9}$$

式中,ρ 为空气密度,kg/m³;A 为截面面积,m²。如果气流的动能全部用于对外做功,则所产生的功率 P 为

$$P = \frac{W}{t} = \frac{1}{2}\rho A v^3 \tag{3-10}$$

式中,P 为气流功率,单位为 W。而气流垂直通过单位面积的风功率称为风功率密度(P_w),它是表征一个地方风能资源多少的指标,即

$$P_w = \frac{P}{A} = \frac{1}{2}\rho v^3 \tag{3-11}$$

风力是指从风中得到的机械力,根据动能定理,运动一段时间 t 后,风力做功转化为风的动能,即

$$Fvt = \frac{1}{2}mv^2 = \frac{1}{2}\rho A t v^3 \tag{3-12}$$

由式 (3-8) 可得风力 F 为

$$F = \frac{1}{2}\rho A v^2 \tag{3-13}$$

由此可知,风力与风速的平方成正比,风能和风功率密度均与风速的 3 次方成正比。即风速增加 1 倍时,则风力增加至原来的 4 倍,而风能增加至原来的 8 倍。

2. 风能的特点

风能是由地球表面空气流动所产生的动能,与其他形式能源相比,具有以下特点:

(1) 蕴量巨大、分布广泛。据估算,到达地球的太阳能中虽仅有约 2% 转化为风能,但其

总量十分可观,全球风能约为 2.74×10^9 MW,其中可利用的风能约为 2×10^7 MW,是地球上可开发利用的水能总量的 10 倍。全世界每年燃烧煤炭得到的能量,还不到风力在同一时间内提供给地球能量的 1%。

(2) 来源丰富,取之不尽,用之不竭,为可再生能源。风是周而复始的自然循环造成的,可循环使用或不断得到补充的自然能源,且在地球上分布广泛。风能是过程性的能源,不能直接储存,需要转化成其他可存储的能量形式才能储存。风能可以按需求的不同被转化成机械能、电能、热能等多种不同的能量形式,从而实现水灌溉、发电等多种功能。

(3) 无污染,清洁无害,为绿色能源。在风能利用过程中,几乎不消耗矿物资源和水资源,也几乎不产生 CO_2、SO_2、NO_x 及烟尘等有害物质。既能满足目前不断增长的能源需求,还能有效缓解气候变暖问题,是我国实现节能减排目标的重要途径。

(4) 能量密度低。由于风能来源于空气的流动,空气密度小,导致风的能量密度较低(只有水能的 1/816)。这是风能的一个重要缺陷,因此风力发电机组的单机容量通常较小。

(5) 不稳定。气流变化频繁,风的脉动、日变化、季节变化等都十分明显,波动很大,且具有季节性、随机性等特点。

(6) 地区差异大。因地形的变化,不同地区的风力差异也非常明显。相邻区域,有利地形的风力,可能是不利地形的几倍甚至几十倍。

3.1.3 风能的资源分布

风能是空气流动所产生的动能,拥有巨大的能量。风速为 $9 \sim 10$ m/s 的 5 级风,吹到每平方米的物体表面的力约为 10 kgf(1 kgf = 9.8 N)。风速 20 m/s 的 9 级风,吹到每平方米的物体表面上的力可达 50 kgf。风速 $50 \sim 60$ m/s 的台风,对每平方米物体表面上的压力竟达 200 kgf 以上。某个区域风能资源的大小取决于该区域的风功率密度和可利用的风能年累积小时数。风功率密度是单位迎风面积可获得的风的功率,与风速的 3 次方和空气密度成正比关系。

1. 全球风能资源分布

据估算,全球的风能约为 2.74×10^9 MW,全球范围内 70 m 高度的年均风速大于 6.9 m/s 的区域占 13%,这些区域的高空风能约 7.2×10^7 MW,捕获 20% 即相当于目前全球电力需求(2.0×10^7 MW)的 7 倍左右。

世界风能资源主要集中在沿海和开阔大陆的收缩地带,8 级以上的风能高值区主要分布于南半球中高纬度洋面和北半球的北大西洋、北太平洋以及北冰洋的中高纬度部分洋面上,大陆风能则一般低于 7 级,其中美国西部、西北欧沿海、乌拉尔山顶部和黑海地区等多风地带风能较大。

全球范围内沿海地区的风能密度较大,具有很大的开发价值。风能密度极高地区主要分布在欧洲大西洋沿岸以及冰岛沿海、北美洲东西海岸、东北亚沿海等;风能密度较高地区为东南亚及南亚次大陆沿海;风能密度较低沿海区域主要在赤道附近。

全球范围内大陆地区的风能资源分布较广,亚洲大陆的中亚草原风能资源丰富,蒙古高原整体风速也较高;欧洲围绕北海地区都具有较大的风力资源开发前景,整体风速都较高;非洲风能的优质开发区域集中在地中海以外的沿海区域以及南非区域;北美洲风资源主要分布于北美大陆中东部及其东西部沿海以及加勒比海地区,南美洲风力优质资源分布在安第斯山脉以及东部沿海区域。

2. 我国风能资源分布

我国位于亚洲大陆东南,比邻太平洋西岸,属于季风强盛的区域。我国具有广袤的草原和一望无际的海岸线,风能资源储备非常丰富。据中国气象局风能太阳能中心监测,2022年全国70 m高度和100 m高度的年平均风速分别为 5.4 m/s 和 5.7 m/s。2022年全国70 m高度年平均风功率密度为 192.3 W/m^2,100 m高度年平均风功率密度为 227.4 W/m^2。图 3-6 为 2022 年部分省(区、市)70 m高度层年平均风速与平均风功率密度图。由图可知,我国风能资源丰富,特别是东南沿海及附近岛屿、内蒙古和甘肃走廊、东北、西北、华北和青藏高原等部分地区。根据 70 m 高度的年平均风速和年平均风功率密度,对我国风资源分布进行划分,可以分为丰富、较丰富、可利用区和一般区四个区,见表 3-4。

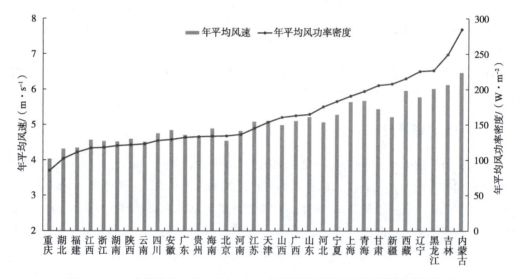

图 3-6　2022 年部分省(区、市)70 m 高度层年平均风速与平均风功率密度

表 3-4　我国 70 m 高度风能资源区域划分

分　区	70 m 高度		地　区
	平均风速/(m·s^{-1})	平均风功率/(W·m^{-2})	
丰富区	>7	>300	内蒙古中东部、黑龙江东部、河北北部、东北东部、山西北部、新疆北部和东部、甘肃西部和北部,青藏高原和云贵高原的山脊地区
较丰富区	6~7	200~300	东北大部、华北大部、新疆东部和北部的部分地区、内蒙古大部、青藏高原大部、宁夏中南部、陕西北部、甘肃西部、云贵高原、西南地区和华东地区的山地、东南沿海等地
可利用区	5~6	150~200	山东西部及东部沿海、江苏大部、安徽东部等地
一般区	<5	<150	中部和东部平原地区及新疆的盆地区域

我国风能资源丰富的地区主要分布在：

（1）"三北"（东北、华北、西北）地区风能丰富带，包括东北三省、河北、内蒙古自治区、甘肃、青海、西藏自治区和新疆维吾尔自治区近 200 km 宽的地带，风速很大，也很平稳，风功率密度在 200~300 W/m²，其中有些地方更好，如阿拉山口和承德围场等地区风功率密度可达 500 W/m² 以上。三北地区处于中高纬度的地理位置，尤其是内蒙古和甘肃北部地区，高空终年在西风带的控制下，为该地区丰富的风能带提供了有利条件。该地区盛行风向稳定，破坏性风速小，地势平坦、交通方便，工程地质条件好，无占用基本农田问题，是中国连成一片的最大风能资源区，有利于大规模开发风电场。但是，建设风电场时应注意低温和沙尘暴的影响，有的地方联网条件差，应与电网统筹规划发展。

（2）东南沿海及其附近岛屿地区风能丰富带，主要分布在沿海近 10 km 宽的地带，如北起台山经福建、广东到海南等省份。台湾海峡狭窄的通道，对风起到了积聚的作用，大量风涌过台湾海峡时，收窄的通道会使得风速增大。这些地区无论是冬季还是夏季，都有比较丰富的风能，有利于风资源的开发，形成了丰富的沿海风能带。我国海岸线长，岛屿众多，风能开发利用前景十分广阔。

（3）青藏高原北部和云贵高原山地区域风能资源也较为丰富，70 m 高度年平均风速约 7 m/s，年平均风功率为 200~300 W/m²，全年可利用的小时数可达 6 500 h。但由于青藏高原海拔高，空气密度较小，所以风能密度相对较小。据统计，在 4 000 m 的高度，空气密度大致为地面的 67%。那么同样是 8 m/s 的风速，在平地的风功率密度为 313.6 W/m²，而在 4 000 m 的高度时只有 209.3 W/m²。所以实际上此区域的风能比东南沿海岛屿小。

（4）内陆湖泊、山地周边风能丰富带，由于湖泊和山地等特殊地形的影响，其周边的风能也较丰富，如鄱阳湖、湖南衡山、湖北的九宫山、河南的嵩山、山西的五台山、安徽的黄山、云南太华山等也较平地风能大，但风能范围一般仅限制在较小区域内。

（5）中国海上风能资源丰富，东部沿海水深 2~15 m 的海域面积辽阔，近海可利用的风能储量有 1 亿~2 亿 kW。海上风速高，很少有静风期，可以有效利用风电机组发电。海水表面粗糙度低，风速随高度的变化小，可以降低风电机组塔架高度。海上风的湍流强度低，没有复杂地形对空气的影响，可减少风电机组的疲劳载荷，延长使用寿命。一般估计海上风速比平原沿岸高 20%，发电量增加 70%，在陆上设计寿命 20 年的风电机组在海上可达 25~30 年，而且海上风电场距离电力负荷中心很近。海上风电具有风速高、风速稳定、不占用宝贵陆地资源的特点，随着海上风电场技术的发展成熟，经济上可行，将来必然会成为重要的可持续能源。

3.1.4 风能开发与利用的发展史

早在 3 000 多年前，人类就开始了对风的观察和记录。风能也人类最先利用的能源之一，如很早以前出现的风帆、风车、风磨、风筝，一直流传至今。对风能的开发与利用的发展史可以分为以下四个阶段。

1. 第一阶段：风能原始利用期

公元前我国劳动人民就开始利用风力提水、灌溉、磨面、舂米，用风帆推动船舶前进。埃及尼罗河上的风帆船、中国的木帆船也都有两三千年的历史记载。唐代有"乘风破浪会有时，直挂云帆济沧海"诗句,可见那时的风帆船已广泛用于江河航运。到了宋代我国就开始应用风车,当时流行的垂直轴风车一直沿用至今。

公元前2世纪古波斯人就利用垂直轴风车碾米。公元前10世纪中东地区也开始使用风车来提水。公元前13世纪风车技术传到欧洲,成为欧洲不可缺少的动力设备。18世纪荷兰利用近万座风车将海堤内的水排干,造出的良田相当于其国土面积的1/3,成为著名的风车之国。到了19世纪中晚期美国大规模开发当时荒凉的西部,为了解决人畜饮水问题,人们利用风车驱动活塞泵用于提水。

2. 第二阶段:风力发电开发摸索期

继第二次科技革命后,电力成为促进工业发展的主力,人们开始思考"如果将风能转化为电能传输,是不是可以规避电力分布不均匀的缺点,满足所有工业用电需求"。这时"风电"的概念被提出,拉开了风能利用的新帷幕。

1973年石油危机爆发以后,风力发电真正得到世界各国的重视。人们开始意识到化石能源终有一天会消耗殆尽,同时燃料燃烧引起的空气污染和气候变化问题得到了重视。风能作为一种取之不尽、用之不竭的清洁能源又重新回到了主流工业界,并得到了快速发展。风力发电机叶片不断加长,单机容量也不断增大,从20世纪80年代的100 kW,到20世纪90年代的200 kW,再到新世纪的MW级,目前最新的主流机组已经达到了GW级。我国风力发电的研究与世界基本同步,20世纪50年代起步风力发电技术,主要是小型风力发电场,且制造工艺和制造材料无法实现全部自主生产,风力发电机组制造、电力并网等关键技术还有赖于进口。20世纪70年代起,我国开始研究并网风电场,主要通过引入国外风力发电机组建设示范风电场。1986年5月,我国首个示范性风电场——马兰风电场在山东省荣成市建成并网发电,揭开了我国风力发电商业化运行的序幕。

3. 第三阶段:风力发电规模化发展期(陆上风电)

20世纪90年代,我国风力发电进入一个新的发展时期,进入逐步推广阶段,随即进入扩大建设规模阶段,风电场规模和电机容量不断增大。1996年开始,原经贸委和计委分别推出"双加工程""国债风电项目""乘风计划"等专项工程,选择典型风电场进行重点改造,进口600 kW风力发电机组133台,以技贸结合的方式,提升自主开发的能力。2003年,我国开始开展风力发电特许权招标,开启了风电产业化发展的进程。党的十六大以后,国家加大对风力发电产业的扶持力度,风力发电装备制造水平有了较大提高,政策环境和服务体系基本完备,具备了大规模发展的条件。2006年1月1日,《中华人民共和国可再生能源法》正式实施,风力发电迎来了飞速发展的历史机遇。2007年中国新增风力发电装机容量达到330万kW,超过过去20年的累计装机容量,并且中国风力发电公司后来居上,新增市场份额达到56%,首次超过外资企业。2006年到2009年,中国新增风力发电装机容量连年翻番,飞速增长。2010年,中国累计风力发电装机容量高达44.7 GW,中国正式超过美国,成为世界风力发电第一大国。2016年,中国累计风力发电并网装机总量1.49亿kW,当年发电2 410亿kW·h时,提供了全国4%的电力。2022年,中国累计风力发电装机容量约3.7亿kW,同比增长11.2%。经过几十年的现代化发展,风力发电以其技术可靠、成本低廉的优势,已被全球公认为最实用的可再生电力来源。

4. 第四阶段：风力发电蓬勃发展期（海上风力发电）

海上风力发电是利用海上风力资源发电的新型发电方式，具有利用小时数高、不产生温室气体排放、适宜规模化开发等特点，也引发了世界的关注。世界上已经有海上风电场的国家，包括中国、英国、德国、瑞典、法国等。在海上风电场的建设方面，德国的规划可谓气势宏伟，称得上是欧洲地区的主阵地。丹麦在风力发电领域占有领导地位，丹麦有世界上最大的海上风电场。中国首个海上风电场建设项目——广东南澳总投资达 2.4 亿元的海上 2 万 kW 风电场项目，于 2004 年批准立项。2005 年，河北省沧州市黄骅港开发区管委会与国华能源投资有限公司签署协议，合作建设总装机容量约 100 万 kW 的国内第一个大型海上风力发电场。2007 年 11 月 28 日，地处渤海辽东湾的中国首座海上风力发电站正式投入运营，标志着中国风力发电取得新突破。2010 年，我国自主研发的 3.6 MW 海上风力发电机组在东海大桥海上风电场成功安装，首台具有自主知识产权的 5 MW 风力发电机组投产，填补了我国海上风力发电制造的多项空白。2017 年，我国海上风力发电新增机组吊装容量首次突破 1 GW，新增装机容量同比增长接近 100%；新增并网发电容量 53 万 kW，累计并网容量达到 202 万 kW。国产大容量海上风力发电机组进入产业化应用时代，适用于海上的 3~5 MW 级风力发电机组已批量生产，并成为新建海上风力发电项目的主流机型；5~7 MW 风力发电机组也逐步试验并网运行，已安装的国产风力发电机组单机容量最大已经达到 6.7 MW；国产风力发电机组制造企业已普遍启动 7~10 MW 更大型风力发电机组的研发工作。世界首座分体式 220 kV 海上升压站在龙源盐城大丰海上风力发电项目成功吊装，三峡响水海上风力发电项目采用的可拆卸式稳桩平台浮吊吊打沉桩等施工工艺，解决了单桩垂直度需控制在千分之三以内的世界难题。据 2023 年中欧海上新能源发展合作论坛的相关报道，截止到 2023 年 9 月，中国海上风力发电累计并网装机约 3 189 万 kW，装机规模已连续两年稳居全球第一，超第 2 至 5 名国家海上风力发电并网总和。从整机制造、基础施工、风机吊装等关键生产制造与施工环节的产能方面，我国已经形成支撑年新增建成并网规模超过千万千瓦的海上风力发电产业链。

我国海风资源丰富，开发潜力大，在沿海各省份"十四五"规划中，海上风力发电都被列为重点发展对象。从全球海上风力发电项目开发趋势看，未来海上风力发电项目 LCOE（levelized cost of energy，平准化度电成本）将不断下降，单体风机容量正逐渐增大，站址的选择不断地向深远海迈进，离岸越远，传统固定式风机建设成本越高、运维风险越大等。为更好地适应深远海风力发电发展，漂浮式风机、柔性直流输电、无人化智能运维等技术装备正在逐步应用到新建项目中。为进一步提高风力发电场整体收益，海上风力发电＋农业、海上风力发电＋制氢、海上风力发电能源岛等多种业态被引入海上风力发电项目开发领域，实现了产业融合发展。

2022 年 1 月 28 日，国家发改委、能源局发布《加快建设全国统一电力市场体系的指导意见》，2022 年 3 月，两部委印发《"十四五"现代能源体系规划》。2022 年的政策正在为行业呈现出明确的发展路径和前景，从上游原材料、中游制造到下游市场，中国已经遥遥领先，并形成海陆并进、国际发展的宏伟格局。随着 5G 时代到来，人工智能、大数据的技术扩增，风力发电机组在逐步进行创新性技术应用，作为重工业产品，承担起新能源行业的重担。

3.2 风力发电原理与设备

风力发电是风能应用最广的技术,即把风能转变成机械动能,再把机械能转化为电能。风电产业也是我国的新兴产业之一,在政策和市场需求双重驱动下,全国风电产业实现了快速发展,已经成为我国新能源体系中的重要组成部分。这一节将介绍风力发电的特点、风力发电的原理以及风力发电机组装置。

3.2.1 风力发电特点及优势

1. 风力发电的特点

风力发电具有不稳定、不可控和随机性的特点。自然界的风能的产生会受到诸如温度、气压等各种因素的影响,这也导致了发电机的输入功率的不断变化。在风能不稳定的作用下,大直径风力涡轮机具有较大的惯性矩。为了使风轮始终与风向对齐以获得最大的功率,类似于风向标的尾舵通常安装在风轮的后部。

在风力涡轮机和发电机之间使用柔性连接。因为风能的不稳定性,风轮机转子的转速一般不会很高,并且齿轮箱用于变速器的柔性连接,解决了转子与发电机的转速大且不能和谐共转的问题。

2. 风力发电的优势

风力发电最明显的优势是资源丰富,作为一种可再生资源,不会枯竭,储量丰富,其充分开发产生的能量能大大满足人们的生活需求。风能作为一种清洁能源,其利用不需要煤炭等化石燃料,不会产生危害环境和人类生存的有害物质,具有很高的环境效益。与太阳能、核能和生物质能等发电方法相比,风能需要建造发电厂的周期短,对地理环境的要求相对较低。风能在发电中的应用具有很大的市场优势和竞争力。

3.2.2 风力发电原理

1. 风力发电工作原理

风力发电的原理是在风力带动下,风力机中的叶片转动形成机械能,推动发电机内部导线旋转并切割磁场运动,最后由磁生电将能量积累并以电能的形式保持恒定的电流输出。在这个过程中,能量之间相互转换,由风能转化为机械能,再转化为电能后并网供电。

在实际风力发电工作中,使用的相关设备装统称为风力发电机组,其装置原理如图 3-7 所示。风力发电机内主要依靠风轮装置中的叶片(桨叶)将风能转化为机械能,即在风力作用下,桨叶上会产生气动力,从而推动风轮转动,在相应控制系统的调节下,会促使发电机产生恒定转速,最终将机械能转变成电能,并将其输送到电网中。

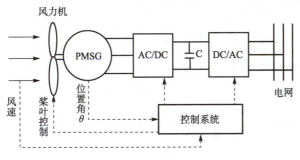

图 3-7　风力发电原理图

2. 风能转换基本原理

1）贝兹理论

1919 年德国的 A. 贝兹（Betz）首次提出了风力机风轮叶片接受风能的完整理论，也称为贝兹理论。该理论假定风轮是"理想"的，风轮可以全部接受风能。假定条件如下：①风轮没有锥角、倾角和偏角，全部接受风能（没有轮毂），叶片无限多；②气流通过风轮时没有阻力，空气流是连续的、均匀的、不可压缩的，风轮前后气流静压相等；③气流速度的方向始终是垂直叶片扫掠面的（或称平行风轮轴线的）方向；④作用在风轮上的推力是均匀的。风轮流动模型可简化成一个单元流管，如图 3-8 所示。

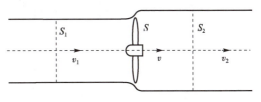

图 3-8　风轮流动模型

设风轮前方的风速为 v_1，v 是实际通过风轮的风速，v_2 是叶片扫掠后的风速，通过风轮叶片前风速面积为 S_1，叶片扫掠面的风速面积为 S 及扫掠后风速面积为 S_2。风吹到叶片上所做的功等于将风的动能转化为叶片转动的机械能，则必有 $v_1 > v_2$，$S_2 > S_1$，如图 3-8 所示。

假设空气是不可压缩的，由连续条件可得

$$S_1 v_1 = S_2 v_2 = Sv \tag{3-14}$$

根据动量定理，可知作用在叶片上的风力 F 在一小段时间 Δt 后的冲量，等于动量的变化量，可得

$$F\Delta t = m\Delta v = m(v_1 - v_2) = \rho S v \Delta t (v_1 - v_2) \tag{3-15}$$

$$F = \rho S v (v_1 - v_2) \tag{3-16}$$

式中，ρ 为空气的密度，kg/m^3；S 为叶片扫掠面的风速面积，m^2；v 为实际通过风轮的风速，m/s^2；v_1 为风轮前方的风速，m/s^2；v_2 为风轮后方的风速，m/s^2。

故风轮吸收的功率 P 为

$$P = Fv = \rho S v^2 (v_1 - v_2) \tag{3-17}$$

空气流单位时间内流经风轮前后的动能变化量为

$$\Delta W = \frac{1}{2}mv_1^2 - \frac{1}{2}mv_2^2 \tag{3-18}$$

而空气流的质量为 $m = \rho SV$，所以上式可改写成

$$\Delta W = \frac{1}{2}\rho SV(v_1^2 - v_2^2) \tag{3-19}$$

风轮机吸收的功率等动能变化量，所以

$$P = \Delta W$$

即

$$\rho SV^2(v_1 - v_2) = \frac{1}{2}\rho Sv(v_1^2 - v_2^2)$$

得到

$$v = \frac{1}{2}(v_1 + v_2) \tag{3-20}$$

将式（3-20）式代入式（3-16）和式（3-17）得到

$$F = \frac{1}{2}\rho S(v_1^2 - v_2^2) \tag{3-21}$$

$$P = \frac{1}{4}\rho S(v_1^2 - v_2^2) \cdot (v_1 + v_2) \tag{3-22}$$

v_1 为进入风轮机的风速，通常可测量出，认为其为某一个特定常数，故可写出 P 与 v_2 的函数关系式为

$$P = \frac{1}{4}\rho S(v_1^3 - v_2^2 v_1 + v_1^2 v_2 - v_2^3) \tag{3-23}$$

式（3-23）对 v_2 求偏导得

$$\frac{dP}{dV_2} = \frac{1}{4}\rho S(v_1^2 - 2v_2 v_1 - 3v_2^2) \tag{3-24}$$

令 $\frac{dP}{dv_2} = 0$，功率 P 的函数存在极大值，求得两个解：

$$v_2 = -v_1 （无解）$$

$$v_2 = \frac{1}{3}v_1 \tag{3-25}$$

将式（3-16）代入可得到风轮机最大功率

$$P_{max} = \frac{1}{4}\rho S \frac{8}{9} v_1^2 \cdot \frac{4}{3} v_1 = \frac{8}{27}\rho Sv_1^3 \tag{3-26}$$

风轮机的输入总功率为

$$P_{总} = \frac{1}{2}\rho Sv_1^3 \tag{3-27}$$

将式（3-26）除以式（3-27）得到风轮机最大理论效率为

$$\eta = \frac{P_{max}}{P_{总}} = \frac{16}{27} \approx 0.593 \tag{3-28}$$

上式即为贝茨理论的极限值。表明风力机从自然风中所能索取的能量是有限的，这个有限效率值就称为理论风能利用系数 $K = 0.593$。而风力机的实际风能利用系数往往更低，即 $K < 0.593$。其功率损失部分可以解释为留在尾流中的旋转动能。这样风力机实际能得到的有用功率输出是

$$P_{实际} = \frac{1}{2}\rho S v_1^3 K \tag{3-29}$$

2）叶素理论

叶素理论是 1889 年 Richard Froude 提出的，其概念是从叶素附近流动来分析叶片上的受力和功能交换。叶素为风轮叶片在风轮任意半径 r 处的一个基本单元，它是由 r 处翼型剖面延伸一小段厚度 dr 而形成的。如图 3-9 所示，R 为叶片轴长；l 为叶片 r 处的径长；β 为气流相对叶片表面夹角。叶素理论认为，叶片可分割成无限多个叶素，每个叶素都是叶片的一部分，每个叶素的厚度无限小，且假定所有叶素都是独立的，叶素之间不存在相互作用，通过各叶素的气流也不相互干扰。所以在分析叶素的空气动力学特征时就可以忽略叶片长度的影响。

根据空气动力学，当空气流过静止的叶片的情形时，叶片将受到空气力的作用如图 3-10 所示。

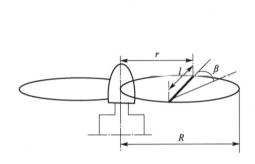

图 3-9　风轮叶片的叶素单元　　　图 3-10　静止叶片在空气中受到的空气动力

由于叶片上方和下方的气流速度不同（上方速度大于下方速度），因此叶片上、下方所受的压力也不同（下方压力大于上方压力），总的合力 F 即为叶片在流动空气中所受到的空气动力。此力可分解为两个分力：一个分力 F_l 与气流方向垂直，它使平板上升，称为升力；另一个分力 F_d 与气流方向相同，称为阻力。由空气动力学的基础知识可知，升力和阻力与叶片在气流方向的投影面积 S、空气密度 ρ 及气流速度 v 的二次方成比例，如果引入各自的比例系数，可以用下式来表示叶片受到的合力、升力和阻力：

$$F_t = \frac{1}{2}\rho K_t S v^2 \tag{3-30}$$

$$F_l = \frac{1}{2}\rho K_l S v^2 \tag{3-31}$$

$$F_d = \frac{1}{2}\rho K_d S v^2 \tag{3-32}$$

式中，K_t 为总的气动力系数；K_l 为升力系数；K_d 为阻力系数。升力系数与阻力系数之比称为升阻比，以 ε 表示，则

$$\varepsilon = \frac{K_l}{K_d} \tag{3-33}$$

为了使风力机很好地工作，就需要叶片工作时获得更大的升阻比 ε，使其能得到最大的升力和最小的阻力。

根据叶素理论，气流在每个叶素上的流动相互之间没有干扰，即叶素可以看成二维翼型，通过对叶素的受力分析求得作用在每个叶素上的力和转矩，再将所有微元转矩和力相加得到风力发电机叶片上的力和转矩。

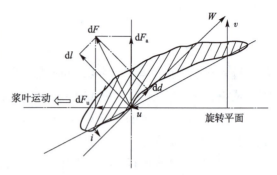

图3-11 叶素受力分析

在风轮半径 r 处取一长度为 dr 的叶素，其弦长为 l，桨距角为 β。如图3-11所示，假设风轮始终正对风向，吹过风轮的轴向风速为 v，风轮转速为 $u = \omega r$（ω 为风轮角速度），由于这里不是静止的叶片而是转动的叶片，所以气流相对于叶片的相对速度 w 为 $w = v - u$。

由叶片受力分析可知，叶素 dr 在相对速度为 w 的气流作用下，受到一个方向斜向上的气动力 dF 的作用。将 dF 沿与相对速度 w 垂直及平行的方向分解为升力 dl 和阻力 dd，当 dr 很小时，可以近似地将叶素面积看成弦长与叶素长度的乘积，即 $dS = ldr$，由式（3-31）和式（3-32）可得

$$dl = \frac{1}{2}\rho K_l l w^2 dr \tag{3-34}$$

$$dd = \frac{1}{2}\rho K_d l w^2 dr \tag{3-35}$$

式中，K_l 为升力系数；K_d 为阻力系数。气动力 dF 按垂直和平行于旋转平面方向可分解为 dF_a 和 dF_u，

$$dF_a = \frac{1}{2}\rho K_a l w^2 dr \tag{3-36}$$

$$dF_u = \frac{1}{2}\rho K_u l w^2 dr \tag{3-37}$$

式中，K_a、K_u 分别为法向力系数和切向力系数，即

$$K_a = K_l \cos I + K_d \sin I \tag{3-38}$$

$$K_u = K_l \sin I - K_d \cos I \tag{3-39}$$

风轮转矩 dT 由气动力 dF 在旋转平面上的分力 dF_u 产生，即

$$dT = r \cdot dF_u = r(d(l\sin I) - d(d\cos I)) \tag{3-40}$$

式中，I 为倾角，为桨距角 β 与攻角 i 之和。

将式（3-34）和式（3-35）代入式（3-40），令 $\varepsilon = K_l/K_d$，则得到叶素 dr 的转矩微元 dT，计算如下：

$$dT = \frac{1}{2}\rho r l w^2 K_l \cdot \sin I \left(1 - \frac{1}{\varepsilon}\cot I\right) dr \tag{3-41}$$

风轮的总转矩 T 是由风轮叶片所有叶素的转矩微元 dT 之和。根据 $P = T \cdot \omega$ 可以由总转矩得到风力机吸收的总的风能。

3) 涡流理论

以上两种理论均只考虑二维平面内的理想状态，实际风轮工作时，流场不是一个简单一维

流动，而是一个三维流场，如图 3-12 所示。这就需要了解另一种理论——涡流理论。

对于有限长的叶片，风在经过风轮时，叶片表面的气压差也会产生围绕叶片的涡流，这样在实际旋转风轮叶片后缘就会拖出尾流，对风速造成一定影响。因为存在尾流和涡流影响，风轮叶片下游存在着尾迹涡，它形成两个主要的涡区：一个在轮毂附近，一个在叶尖。当风轮旋转时，通过每个叶片尖部的气流的迹线为螺旋线，因此，每个叶片的尾迹涡形成了螺旋形。在轮毂附近也存在同样的情况，每个叶片都对轮毂涡流的形成产生一定的作用。为了确定速度场，可将各叶片的作用以一边界涡代替。由图 3-12 可知，由涡流引起的风速可看成是由中心涡（集中在转轴上）、边界涡（叶片）和螺旋涡（叶尖）叠加的结果。

基于涡流理论分析，对于叶片周边某一点的风速，可以认为是由非扰动的风速和由涡流系统产生的风速之和。涡流系统对风力发电机的影响可以分解为对风速和对风轮转速两方面。

假定涡流系统通过风轮的轴向速度为 v_a，旋转速度为 u_a。由于涡流形成的气流通过风轮的轴向速度 v_a 与风速方向相反，旋转速度 u_a 的方向与风轮转速方向相同，矢量图如图 3-13 所示。所以，在涡流系统影响下的风速由 v 变为 $v-v_a$，风轮转速由 u 变为 $u+u_a$。

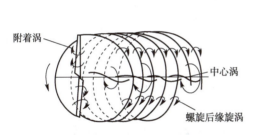

图 3-12　风速的涡流系统

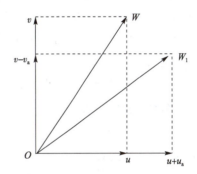

图 3-13　涡流影响下的速度矢量图

假定

$$v_a = av; \quad u_a = bu \tag{3-42}$$

式中，a、b 分别为轴向诱导速度系数和切向诱导速度系数，表示涡流对风速、风轮角速度的影响程度。

考虑涡流对风速的影响时，风速为 $v-v_a$，即 $(1-a)v$，风轮转速为 $u+u_a$，即 $(1+b)u$。因为相对风速 w 为风速和风轮转速的矢量和，倾角为相对风速与风轮转速间的夹角，则叶素理论中相对风速及对应倾角也发生相应变化：

$$w_1 = \sqrt{[(1-a)v]^2 + [(1+b)u]^2} \tag{3-43}$$

$$I_1 = \arctan\frac{(1-a)}{(1+b)}\frac{v}{u} \tag{3-44}$$

因此，在计算中如考虑涡流效应可根据式 (3-43) 和式 (3-44) 对叶素理论中的相对风速 w 及对应倾角 I 进行修正。

4）动量理论

1865 年 William Rankime 提出了动量理论，其主要是用来描述作用在风轮上的力与来流速度之间的关系。

风轮扫掠面上半径为 dR 的圆环微元体如图 3-14 所示。在风轮扫掠面内半径 R 处取一个圆环微元体,应用动量定理,作用在风轮$(R, R+\mathrm{d}R)$环形域上的冲量等于动量的变化量,所以得到

$$\mathrm{d}F \cdot \Delta t = m(v_1 - v_2) \tag{3-45}$$

根据 $m = \rho S v \Delta t$,所以作用在风轮的作用力为

$$\mathrm{d}F = \rho S v(v_1 - v_2) \tag{3-46}$$

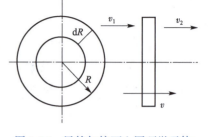

图 3-14 风轮扫掠面上圆环微元体

代入后得到

$$\mathrm{d}F = 4\pi \rho v_1^2 (1-a) a \mathrm{d}R \tag{3-47}$$

3.2.3 风力发电机组设备

1. 风力发电机组概念

无论何种风力发电形式,在风力发电系统中的主要设备是风力发电机组。早期研究中也称风力发电机组设备为风力机或风轮机,现在逐渐称为风力发电机组,简称风电机组。从能量转换的角度来看,风力发电机组由风力机和发电机两部分组成。

风力机主要指风轮部分,以风力作能源,将风力转化为机械能而做功的一种动力机,其作用是将风能转换为旋转机械能,俗称风动机、风力发动机或风车。发电机则将旋转机械能转换为电能。

2. 风力发电机组分类

风力发电机组有多种形式,按不同的分类方式可分成很多不同类型。

1) 按照风力机轴的空间位置分类

根据风力机轴的空间位置可将风力发电机组分为水平轴风力发电机组和垂直轴风力发电机组。

(1) 水平轴风力发电机组,即风轮围绕一个水平轴旋转,风轮的旋转平面与风向垂直,如图 3-15 所示。水平轴风力发电机启动容易,效率高。目前绝大多数成熟的风力发电机组都是水平轴。

(2) 垂直轴风力发电机组,风轮的旋转轴垂直于地面或气流方向,如图 3-16 所示。垂直轴风力发电机组的主要优点是可以接受来自任何方向的风,因而当风向改变时,无须对风,故不需要安装调向装置,结构简化。另外,齿轮箱和发电机可以安装在地面上,减轻风力发电机组的承重,且方便维护。但垂直轴风力发电机的效率一般较低。

图 3-15 水平轴风力发电机组　　　　　　　图 3-16 垂直轴风力发电机组

2）按照桨叶数量分类

根据风轮机中桨叶的数量可将风力发电机分为"单叶片""双叶片""三叶片""多叶片"型风力发电机。

风轮叶片的数目根据风力机的用途而定，用于风力发电的风力机叶片数一般取1~4片（多数为3片或2片）（见图3-17），而用于风力磨面、风力提水的风力机的叶片数较多，一般取为12~24片。风力机的风轮的转速与叶片的多少有关，叶片越多，转速越低。叶片数目少的风力机通常称为高速风力机，它在高速运行时有较高的风能利用系数，但启动风速较高，适用于发电。其中三叶片风轮由于稳定性好，在风力发电机组上得到了广泛的应用。叶片数多的风力机也称为低速风力机，它在低速运行时，有较大的转矩。它的启动力矩大、启动风速低，因此适用于磨面、提水。

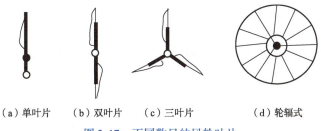

（a）单叶片　　（b）双叶片　　（c）三叶片　　（d）轮辐式

图3-17　不同数目的风轮叶片

3）按照风力发电机迎风的方向分类

根据风轮的迎风方式，即风-风轮-塔架三者相对位置的不同，可以将水平风力发电机组分为上风型水平轴风力发电机组和下风型水平轴风力发电机组。

风轮安装在塔架的上风位置迎风旋转的，即风首先通过风轮再穿过塔架，风轮总是面对来风方向，风轮在塔架前面，称为上风型风力发电机组，如图3-18（a）所示。风轮安装在塔架的下风位置，即风首先通过塔架再穿过风轮，风轮在塔架后面，称为下风型风力发电机组，如图3-18（b）所示。

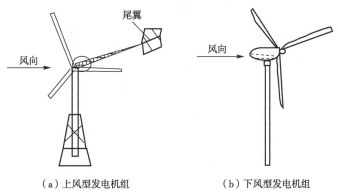

（a）上风型发电机组　　（b）下风型发电机组

图3-18　上风型、下风型发电机组

上风型风力发电机组必须有某种调向装置来保持风轮迎风，图3-18（a）中所示为风力发电机组的尾翼。下风型风力发电机组则能够自动对准风向，从而避免安装调向装置。但对于下风型风力发电机组，由于一部分空气通过塔架后再吹向风轮，塔架干扰了即将流经叶片的气流，形成塔影效应，使风力发电机功率输出性能有所降低。

4）按照风力发电机的输出容量分类

按照风力发电机的输出容量的不同，可将风力发电机分为小型、中型、大型、兆瓦级系列。

（1）小型风力发电机是指发电机容量为 0.1~1 kW 的风力发电机。

（2）中型风力发电机是指发电机容量为 1~100 kW 的风力发电机。

（3）大型风力发电机是指发电机容量为 100~1 000 kW 的风力发电机。

（4）兆瓦级风力发电机是指发电机容量为 1 000 kW 以上的风力发电机。

5）根据风轮与发电机之间的连接方式分类

根据风轮与发电机之间的连接方式可将风力发电机组分为直驱式风力发电机组和变速式风力发电机组。

带有增速齿轮箱的风力发电机组称为变速式风力发电机组。一般风轮的转速低，达不到发电机所要求的高转速，用齿轮箱来提高高速轴的转速。一般大、中型风力发电机组都有增速齿轮箱。

为了减少齿轮箱的传动损失和发生故障的概率，有的风力发电机组采用风轮直接驱动同步多极发电机，称为直驱式风力发电机组，又称无齿轮箱风力发电机组。其发电机转速与风轮转速相同，机组所承受的载荷较小，减轻了部件的重量。一般微、小型风力发电机组都是直驱的，没有齿轮箱。

6）根据叶片能否围绕其纵向轴线转动分类

根据叶片能否围绕其纵向轴线转动可分为定桨距式风力发电机组和变桨距式风力发电机组。

定桨距风轮叶片与轮毂固定连接，即当风速变化时，桨叶的迎风角度不能随之变化。在风轮转速恒定的条件下，风速增加超过额定风速时，如果风流与叶片分离，叶片将处于"失速"状态，风轮输出功率降低，发电机不会因超负荷而烧毁。结构简单，但是承受的载荷较大。

变桨距风力发电机组可以根据风速的大小和方向，调节气流对叶片的冲击攻角，主要是利用变桨距系统，即安装在轮毂内作为空气制动或通过改变叶片角度，使叶片攻角可以在一定范围（一般为 0°~90°）内变化，对机组运行进行功率控制的装置。在额定风速附近，变桨距系统依据风速变化随时调节桨距角，控制吸收的机械能，保证获取最大能量（与额定功率对应），并减少风力对风力机的冲击。当超过额定风速时，系统可以通过顺桨实现空气制动。在并网时还可以实现快速无冲击并网。变桨距控制与变速恒频技术配合，可大大提高整个风力发电系统的发电效率和电能质量。

7）根据风力发电机组的发电机类型分类

根据风力发电机组的发电机类型分类可分为异步型风力发电机和同步型风力发电机。异步型风力发电机按其转子结构不同又可分为笼型异步发电机、绕线式双馈异步发电机。同步型风力发电机按其产生旋转磁场的磁极的类型又可分为电励磁同步发电机、永磁同步发电机。

8）根据发电机组负载形式分类

根据发电机组负载形式可将风力发电机组分为并网型风力发电机组和离网型风力发电机组。

并网型风力发电机组必须和现有的大电网结合才能有效地工作，它的基本目的是向大电网输送电力，并网发电系统不需要蓄电池等储能装置，而是通过并网逆变器直接馈入电网。然后电力通过电网再输送给用户。

离网型风力发电机组则完全独立于现有电网,为没有常规电网供电的用户提供电力服务。离网发电系统需要蓄电池储能,当蓄电池已经充满,而又没有负载时,如在半夜时,系统所发的电能将被浪费。

3. 风力发电机组装置

水平轴式风力发电机是目前世界各国应用最广泛、技术也最成熟的一种形式。垂直轴风力发电机因其效率低、需启动设备,发展技术并不成熟、不完善,因而并未得到广泛应用。以下主要介绍水平轴风力发电机组的构成。

水平轴风力发电机主要由风轮(包括叶片和轮毂)、机舱、齿轮箱(有的风机没有)、发电机、调向装置、调速装置、制动装置、塔架等组成。典型风力发电机组结构如图3-19所示。

1) 风轮

风轮由轮毂和叶片组成。叶片根部安装在轮毂上,形成悬臂梁形式,如图3-20所示。

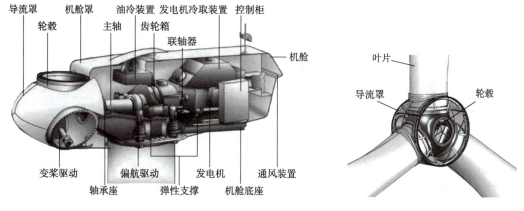

图3-19 风力发电机组结构　　图3-20 风轮结构

(1) 叶片。

叶片具有空气动力学形状,是使叶轮转动,将风能转化为机械能的主要构件。同时,叶片是决定风力发电机的风能转换效率、安全可靠运行的关键部件。为了使叶片各部分接收风能大体一致,叶片往往做成从叶根至叶尖渐缩的不同翼型,并且扭转一定的角度,这种叶片称为扭曲叶片,现代大中型风力发电机大多采用扭曲叶片。不同的叶片扭曲、翼型参数及叶片结构都直接影响叶片接受风能的效率和叶片的寿命。

叶片类型有很多种,根据不同的分类可以分成不同种类型。根据叶片的数量可分为单叶片、双叶片、三叶片以及多叶片;根据叶片的翼型形状可分为变截面叶片和等截面叶片这两种;根据叶片的材料及结构形式也可分为木制叶片、钢梁玻璃纤维蒙皮叶片、铝合金挤压成型叶片、玻璃钢叶片、碳纤维复合叶片和纳米材料叶片。

变截面叶片在其全长上各处的截面形状及面积都是不同的,等截面叶片则在其全长上各处的截面形状和面积都是相同的。变截面叶片设计的原理是在某一转速下通过改变叶片全长上各处的截面形状和面积,使叶片全长上的各处的攻角相同,这样的设计可使变截面叶片及其附近有最高的风能利用效率。而等截面叶片在可利用的风速范围内等截面叶片的风能利用效率几乎是一致的。等截面叶片的制造工艺远优于变截面叶片，特别是在发电机组功率较大时变截面叶片几乎是很难制作的。

叶片的材料是决定叶片性能的关键因素，下面介绍几种材料制作的叶片：

① 木制叶片。木制叶片不易做成扭曲型，多用于小型风力机。中型风力机可使用黏结剂粘合的胶合板，如图 3-21 所示。木制叶片应采用强度很高的整体木方作叶片纵梁来承担叶片在工作时所必须承担的力和力矩，而且木制叶片必须绝对防水，为此可在木材上涂敷玻璃纤维树脂或清漆等。

② 钢梁玻璃纤维蒙皮叶片。此类叶片采用钢管、D 形梁（D 形钢或 D 形玻璃）作纵梁，钢板作肋梁，内填泡沫塑料外覆玻璃纤维蒙皮的结构形式，往往在大型风力发电机上使用。叶片纵梁的钢管及 D 形梁从叶根至叶尖的截面应逐渐变小，以满足扭曲叶片的要求并减轻叶片重量，做成等强度梁，如图 3-22 所示。

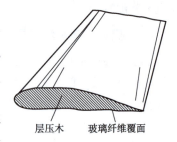

图 3-21 木制叶片的结构

③ 铝合金挤压成型叶片。铝合金材料可经拉伸和挤压后制成空心叶片，如图 3-23 所示。用铝合金挤压成型的叶片的每个截面都采用一个模具挤压成型，适宜做成等宽叶片，因而更适用于垂直轴风力发电机使用。此种叶片重量轻，制造工艺简单，可连续生产，又可按设计要求的扭曲进行扭曲加工，但不能做到从叶根至叶尖渐缩，另外，由于受压力机功率的限制，铝合金挤压叶片叶宽可达 40 cm。

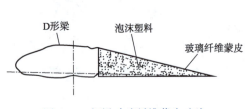

图 3-22 钢梁玻璃纤维蒙皮叶片

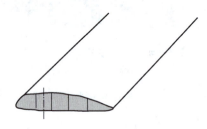

图 3-23 铝合金等弦长挤压成型叶片

④ 玻璃钢叶片。所谓玻璃钢（glass fiber reinforced plastic，GFRP）就是环氧树脂、酚醛树脂、不饱和树脂等塑料渗入长度不同的玻璃纤维而做成的增强塑料。根据所使用的树脂品种不同，分为聚酯玻璃钢、环氧玻璃钢、酚醛玻璃钢。玻璃钢质轻而硬，产品的比重是碳素钢的1/4，可是拉伸强度却接近，甚至超过碳素钢，而强度可以与高级合金钢相比；耐腐蚀性能好，对大气、水和一般浓度的酸、碱、盐以及多种油类和溶剂都有较好的抵抗能力；不导电，是优良的绝缘材料；具有持久的抗老化性能，可保持长久的光泽及持续的高强度，使用寿命在 20 年以上；除灵活的设计性能外，产品的颜色可以根据客户的要求进行定制，外形尺寸也可切割拼接成客户所需的尺寸；玻璃钢的质量还可以通过表面改性、上浆和涂覆加以改进，其单位成本较低。以上优点使得玻璃钢在叶片生产中得到了广泛应用。

⑤ 碳纤维复合叶片。一直以来玻璃钢以其低廉的价格，优良的性能占据着大型风力机叶片材料的统治地位。但随着风力发电产业的发展，叶片长度的增加，对材料的强度和刚度等性能提出了新的要求。减轻叶片的重量，又要满足强度与刚度要求，有效的办法是采用碳纤维复合材料

(carbon fiber reinforced plastic，CFRP)。研究表明，碳纤维复合材料的优点有：叶片刚度是玻璃钢复合叶片的 2~3 倍；减轻叶片重量；提高叶片抗疲劳性能；使风机的输出功率更平滑、更均衡，提高风能利用效率；可制造低风速叶片；利用导电性能避免雷击；具有振动阻尼特性；成型方便，可适应不同形状的叶片等。碳纤维复合材料的性能大大优于玻璃纤维复合材料，但价格昂贵，影响了它在风力发电上的大范围应用，但事实上，当叶片超过一定尺寸后，碳纤维叶片反而比玻璃纤维叶片便宜，因为材料用量、劳动力、运输和安装成本等都有所下降。由于现有一般材料不能很好地满足大功率风力发电装置的需求，而玻璃纤维复合材料性能已经趋于极限，因此，在发展更大功率风力发电装置时，采用性能更好的碳纤维复合材料势在必行。

⑥ 纳米材料叶片。纳米技术能够增加产品的抗冲击性、抗弯强度、防裂纹扩展性和导电性等多种功能，可以使新产品的发展成倍增加。碳纳米结构材料给叶片材料的发展提供了新的契机，为叶片的长度增加提供了更大空间，这项技术仍有待进一步研究。

(2) 轮毂。

风轮的轮毂是连接叶片与风轮主轴的重要部件，可将风轮的力和力矩传递到其他装置，因此叶片上的受力亦可以传递到机舱或塔架上。大部分的轮毂是由高强度的球墨铸铁制成，采用浇铸工艺或焊接工艺制备。轮毂主要有固定式和铰链式两种：

① 固定式轮毂的形状有球形和三角形两种，如图 3-24 所示。采用固定式轮毂的风轮中，悬臂叶片和主轴都固定在轮毂部件上，主轴轴线与其叶片长度方向的夹角固定不变。固定轮毂的安装、使用和维护比较简单，不存在铰链式轮毂中的磨损问题，是目前风力机上使用最广泛的轮毂。但该类型轮毂上的叶片全部受力和力矩都将经轮毂传递至后续部件，导致后续部件的机械承载大。

图 3-24　固定式轮毂

② 铰链式轮毂常用于单叶片和双叶片风轮，铰链轴线通过风轮的质心。这种铰链使两叶片之间固定连接，它们的轴向相对位置不变，但可绕铰链轴沿风轮拍向（俯仰方向）在设计位置作 ±(5°~10°) 的摆动（类似跷跷板）。当来流速度在风轮扫掠面上下有差别或阵风出现时，叶片上的载荷使得叶片离开设计位置，若位于上部的叶片向前，则下方的叶片将要向后。

叶片俯仰方向变化的角度也与风轮转速有关，转速越低，角度变化越大。具有这种铰链式轮毂的风轮具有阻尼器的作用。当来流速度变化时，叶片偏离原位置而做俯仰运动，其安装角也发生变化，一片风叶因安装角的变化升力下降，而另一片升力提高，从而产生反抗风况变化的阻尼作用。由于两叶片在旋转过程中驱动力矩的变化很大，因此风轮会产生很高的噪声。

2）机舱

机舱主要用来装载风轮转换过程中的全部机械和电气部件，如风轮轴承、传动系统、增速齿轮箱、转速与功率调节器、发电机、制动系统。其主要位于塔架上，通过轴承可随风转动，如图 3-25 所示。

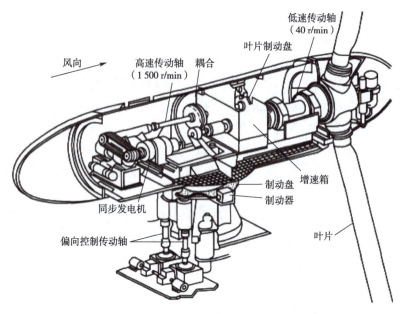

图 3-25　大型水平轴风电机机舱及其内各部件

设计机舱时,应解决好"高强度受力"和"减重节能"两个矛盾点,同时兼顾机舱内各部件紧凑安全、内部通风散热、检查维修以及节约成本等要求。机舱底盘主要是把风轮载荷转移到偏航轴承上,同时为齿轮箱和发电机提供支撑。按照材料制备方法可分为铸造机舱底盘、焊接机舱底盘;按照结构形状可分为梁式机舱底盘、框架式机舱底盘、箱式机舱底盘。

装配机舱时,风轮与负载各部件之间的联轴节要精确对中,各部分的力、力矩、振动均会反作用在机舱结构上,导致机舱结构出现微量的弹性变形,且这些载荷将传递施加主轴、轴承、机壳上。为减少这些载荷,延长风机使用寿命,建议采用弹性联轴节。

3)齿轮箱

由于叶片切向速度的制约,风轮转速通常较低,达不到发电机发电的转速要求,所以在风轮和发电机之间需要连接一个齿轮箱。通过齿轮箱的增速作用来达到发电机所需的工作转速,故也称为增速箱,风力发电机组中的齿轮箱如图 3-26 所示。通常小型风力发电机组不安装齿轮箱,直接把风轮轮毂与发电机轴相连接,这样做的目的一是减重、二是节约成本。

图 3-26　齿轮箱

齿轮箱的种类有很多种,按照传统类型可分为圆柱齿轮增速箱、行星增速箱以及它们互相组合起来的齿轮箱;按照传动的级数可分为单级和多级齿轮箱;按照转动的布置形式又可分为展开式、分流式、同轴式以及混合式等。

4) 发电机

发电机是风力发电机组的核心部件,主要由汽轮机、水轮机或内燃机驱动组成,其主要作用是将风轮机收集到的机械能转变成电能。根据电流类型可将发电机分为直流发电机和交流发电机。交流发电机又可分为同步发电机和异步发电机两种。常见的发电机外形如图 3-27 所示。

双馈发电机广泛应用在大中型风力发电机组中,一般采用 4 极或 6 极,2 MW 以下的发电机多采用 4 极,2 MW 以上的发电机多采用 6 极。4 极风力发电机结构如图 3-28 所示。

图 3-27　发电机外形

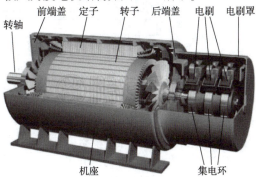

图 3-28　4 级风力发电机

5) 调向装置

水平轴式风力发电机通常需要根据风向调整叶轮,使其垂直于风向从而获得最大风能,而在发电机停机时,要使叶轮与风向平行,使其吸引能力最小,从而保护风力发电系统。在这个过程中就需要用到调向装置,也称偏航装置。

偏航装置主要有主动偏航和被动偏航两种。主动偏航是指采用电机来调整叶轮迎风方向,大型并网风力发电机常采用主动偏航。被动偏航是指凭借风力通过相关机构(尾翼、侧轮和下风向)来调整风轮的迎风向,小型风力发电机通常采用被动偏航。

电机调向系统主要由偏航电动机、减速器、调向齿轮、偏航调节系统、制动器、回转支撑和塔架等部分组成,如图 3-29 所示。偏航调节系统由风向标和系统调节软件组成。风向标根据不同的风向输出不同的脉冲输出信号;系统调节软件根据输出信号确定其偏航方向以及偏航角度,然后将偏航信号放大传送给偏航电动机,偏航电动机以此信号再通过电子电路及继电器控制和接通电动机正转或反转来实现调向。同时还需要安装减速器以满足调向所需要的速度,通过减速器转动风力机平台,直到对准风向为止。当机舱在同一方向偏航超过设定值时,则扭缆保护装置启动,自动执行解缆直到回到中心位置。

尾翼调向主要依靠尾翼受力进行调向,结构简单,调向可靠,制造容易,成本低。要获满意的调向结果,尾翼面积必须满足下式:

$$A' = 0.16A \frac{e}{l} \tag{3-48}$$

式中,A' 为尾翼面积;A 为风轮扫掠面积;e 为转向轴与风轮旋转平面间的距离;l 为尾翼中心到转向轴的距离(见图 3-30)。

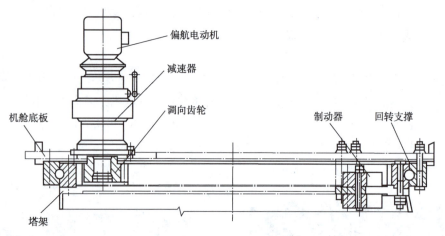

图 3-29　电机调向系统结构

侧轮调向主要是在机舱后边安装一个或两个低速侧风轮，且侧轮轴线与主轮轴线成一定角度，当风向偏离主轮轴线后，侧轮产生转矩，使主轮及机舱发生转动，实现调向直到主轮轴与风向重新平行为止。

下风向调向主要是针对下风型风力发电机，下风型风力发电机风轮能自然地对准风向，以达到调向的目的。但是变化莫测的风向易使风轮左右摇摆，因此

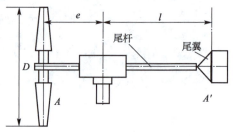

图 3-30　尾翼调向示意图

需要加装阻尼器，即在机舱下面的转盘上设置 2 对或 3 对对称的橡胶或尼龙摩擦块，摩擦块支座固定在塔架上。

6）调速装置

风力发电机还须配套有调速装置，用来调节、限制风轮的转速和功率。其主要目的包括：一是使风力机在大风、运行发生故障和过载荷时得到保护；二是风机运行时风速出现较大波动时，使风力机运行在其最佳功率系数所对应的叶尖速比值附近，保障风机获得较高的风能；三是保障风机产出稳定，为用户提供良好的能量。风力发电机组的调速方式主要有定桨距风力机的叶片失速调节、变桨距角控制、变速恒频风力发电机系统三种。

(1) 定桨距风力发电机组中风轮的桨叶与轮毂是固定的刚性连接，所以当风速变化时，桨叶的迎风角度不能随之变化。风力发电过程中，当气流经过上下翼面形状不同的叶片时，凸面使气流加速，压力低，凹面使气流减速，压力高，叶片产生由凹指向凸的升力。随风速的增加，气流在叶片上产生分离增加，分离区形成大的涡流，流动失去翼型效应，上下翼面压力差减小，致使阻力激增，升力减少，从而限制了功率的增加，这就称为叶片失效。为了调节失速，可将叶片的攻角设计成沿轴向由根部向叶尖逐渐减少，当风速增加时，叶片根部优先进入失效，且逐渐向叶尖处扩展。先失效部分功率减少，还未失效部分功率仍有增加，从而使整个叶片保持在额定功率附近，此为失效调节原理。

(2) 变桨距风力发电机组中风轮的叶片与轮毂通过轴承连接，需要功率调节时，叶片就相对轮毂转一个角度，即改变叶片的桨距角。变桨距风力机功率调节的原理是：风轮的桨叶在静止

时，叶尖桨距角（即叶尖翼型弦线与旋转切线方向的夹角）为 90°，这时气流对桨叶不产生转矩，整个桨叶实际上是一块阻尼板。当风速达到启动风速时，桨叶向 0°方向转动，直到气流对桨叶产生一定的攻角，风轮开始启动，此时风力发电机输出功还小，效率未达到最大；当风速增大，风力机功率增大到超过额定功率时，变桨距机构开始运行，叶片相对自身的轴线转动，叶片前缘（即叶片翼型的圆头部分）转向迎风方向，使得桨距角增大，攻角减小，升力也减小，实现了功率输出始终控制在额定功率值附近。当遇到大风或需气动刹车时，桨距角又重新回归 90°，这个过程称为顺桨。若转动过程是后缘（即叶片翼型的尖部）转向迎风方向，则称为主动失速变桨，而顺桨也是常见采用的刹车控制方法。

(3) 变速恒频风力发电系统是 20 世纪 70 年代中期以后逐渐发展起来，与恒速发电系统相比，它的优势在于：低风速时可以根据风速变化，保持最佳叶尖速比以获得运行最大风能，提高了风力机的运行效率；高风速时利用风轮转速的变化，储存或释放部分能量，提高传动系统的柔性，使功率输出更加平稳。

变速恒频风力发电机组的调节主要通过两个阶段来完成：一是在较低风速时，调节发电机转矩使转速跟随风速变化，以获得最佳叶尖速比，提高风力发电机的输出功率；二是在较高风速时，通过变桨距系统改变桨叶的桨距角来降低风力机获取的能量，使风力发电机组功率保持在额定值附近，并调节系统失效。

7) 制动装置

风力发电机组的制动装置主要是为了使风轮达到静止或空转状态，一般可以分为空气动力制动和机械制动两大类。空气动力制动方法主要有叶尖扰流器、扰流板、主动变桨距、自动偏航等几种。机械制动一般采用一个钢制刹车圆盘和布置在其四周的液压夹钳构成。液压夹钳固定，圆盘可以安装在齿轮箱的高速轴或低速轴上并随之一起转动。制动夹钳有一个预压的弹簧制动力，液压力通过油缸中的活塞将制动夹钳打开。需要制动时，释放液压力，进而释放预压的弹簧制动力，压制中间的钢制制动圆盘，从而使齿轮箱的高速轴或低速轴制动，即风轮制动。

IEC 61400-1 和 GL 标准要求风力发电机组至少有一套制动系统作用于风轮或低速轴上，而 DS472 进一步要求必须有一套空气动力制动系统。在实际应用中，空气动力制动和机械制动两种都要提供。因为空气动力制动并不能使风轮完全静止下来，只是使其转速限定在允许的范围内，而机械制动器的功能是使风轮静止，但制动效果不能完全满足要求。

8) 塔架

塔架是风力发电机组的主要承载部件，用来支撑整个风力发电机组的重量。随着风力发电机组容量不断增加，塔架高度也不断增加，塔架高度主要依据风轮的直径确定，同时还要兼顾实地情况。通常塔架离地面越高，风速越大，风轮机输出功率越大。另外高塔架使得风力发电叶片处于较平稳的气流中，能降低风力发电机的疲劳和磨损，因此塔架不宜过低。而塔架越高，其相应的制造、安装、运输等费用也都会有所提高。因此需要仔细考虑投资成本是否合理，经验证实，风轮直径在 25 m 以上的风力发电机组，其轮毂中心高与风轮直径的比约为 1∶1 较为适宜。

塔架的种类有很多种，按照塔架底部结构来分，可分为桁架型和圆锥形；按照有无拉索分，可分为无拉索的和有拉索的；按照固有频率来分，可分为成刚性塔、半刚性塔和柔塔。下面主要介绍桁架型和圆锥形两种塔架。

桁架型塔架通过角材组装而成，并利用螺栓将斜撑体连接到腿上，将腿都连接在一起，塔架呈方形，如图 3-31 所示，有 4 只腿，以便于斜撑体的连接。桁架型塔架制造简单、成本低、运输方便、塔身稳定，早期的风力发电机组中常常用桁架型塔架。但桁架型塔架外形不美观，通向塔顶的上下梯子不好安排，上下时安全性差。同时塔架腿张开的程度受叶尖旋转平面限制，为了不让叶尖与塔架冲突，常将塔架设计成"细腰"。

圆锥形塔架外形如图 3-32 所示，根据材料不同，可分为钢管型和钢筋混凝土型。相比桁架型塔架，圆锥形塔架的优点是美观大方，上下塔架安全可靠。故在当前风力发电机组中被大量使用。圆锥形塔架需在塔架根部安装一扇塔门，并在塔内壁设计供维修工人上下攀爬的梯子，同时在塔根部安放控制柜，机舱内发电机产生的电流通过电缆线进入控制柜。如果梯子是镶嵌固定在塔壁上，则塔门及梯子可能会降低塔架的强度。

图 3-31　桁架型塔架

图 3-32　圆锥形塔架

3.2.4　风电场选址

1. 宏观选址

所谓宏观选址是在研究国家和地区的风电发展规划的基础上，综合考察风资源、建设条件、安全要求、投资回报等因素后，选择一个最适合建设风电场的小区域的过程。此过程中主要参考 NB/T 10639—2021《风电场工程场址选择技术规范》。宏观选址的一般原则：

（1）风能资源丰富、风能质量好：平均风速高，风功率密度大，利用小时数高；风向稳定，风速变化小。

（2）满足国家产业政策和地方发展规划的要求：选址前统筹规划，需要确定地区的发展规划，是否与风电场项目的发展相吻合。

（3）满足电网连接与规划要求：全面研究电网构架和规划发展情况，根据电网容量、电压等级、负荷特性等，确定合理的风电场规模和开发时序。尽量选在符合电压等级的变电站或电网附近，减少送电损耗、降低成本。

（4）具备交通运输和施工安全的条件：应考虑设备运输、安装、运行、维护的要求，选在距离周边港口、公路和铁路等交通相对发达的区域。同时施工场地应满足设备和材料存放和大型组件吊装的要求。

（5）满足安全要求：需要全面考虑风电场建设和运行的安全问题，尽量选择在地质情况良好地段，远离强地震带等。同时还要考虑影响机组运行的因素如灾难性天气：台风、龙卷风、沙暴、雷电等。

（6）避开限制区域：选址时要尽可能地避开耕地、林地、牧场、重要矿藏、军事区域。还需要到相关部门逐一核查报备。

（7）满足环境保护要求：应注意与居民区、学校、企事业单位保持适当距离（单一机组距居民区 >200 m，大型风电场距居民区 >500 m），减少风机噪声对周边人类生活的影响；同时要避开珍稀植物生长地、动物筑巢区、鸟类飞行路线和候鸟迁移路线。

（8）满足项目投资回报要求：应在选址前做好项目的经济效益的估算，项目需要满足投资单位的收益要求，一般要求风电场资本金回报率不低于8%。

2. 微观选址

风电场的微观选址就是风电机组位置的选择，即在宏观选址下，确定风电场风电机组的布置方案，使得风电场获得较好的发电量，项目有较好的经济效益。主要参照 NB/T 10103—2018《风电场工程微观选址技术规范》，一般的选址原则包括：

（1）尽量集中布置，应遵循节约和集约用电、用海的原则，符合土地规划、海洋功能区划或与其兼容，满足资源开发利用、生态与环境保护的要求。

（2）风电机组布置应考虑风能资源、场地利用、集电线路、交通运输、施工安装和工程造价等因素，在符合安全要求的前提下提高发电量。

（3）风电机组的机位排列宜垂直于主风能方向；机组布置采用不等间距布置方案；同时要依据平均风速、极端风速、湍流强度、入流角、风切变指数等参数进行综合分析，符合风电机组安全性要求；与相邻风电场电机组的相互影响应符合风电机组安全性和尾流影响的要求；风电场整体平均尾流损失宜小于8%，单台风电机组的尾流损失宜控制在15%以内；风电场选址宜有一定备选机位。

（4）视觉上尽量美观，在与主风能方向平行的方向成列，垂直方向成行，行间平行，列距相同，行距大于列距的发电量较高，但是等距分布在视觉上效果更好，因此在追求经济效益和美观上，需要一定的平衡。

（5）风电场工程微观选址成果应经建设方、设计方及风电机组制造商三方确认。

要开发建设一个风力发电场，前期需要经过编写项目建设书、可行性研究报告以及审批等几个阶段。其中可行性研究中需要包括项目必要性、风能资源和地质情况调查分析，以及对机组选型、发电量估算、接入系统方案、工程管理、施工组织、土木工程设计、环境影响评价、工程概算、财务评价及资金来源等做出分析和评价。

3.3　风能与低碳经济

3.3.1　低碳经济的概念

低碳经济，最早出现在2003年英国能源白皮书《我们能源的未来：创建低碳经济》。它是一种以低能耗、低排放为基础的经济体系，主要包括低碳能源系统、低碳技术和低碳产业体系三部分：低碳能源系统主要是发展清洁能源来取代煤炭、石油天然气等化石能源，清洁能源有风能、太阳能、核能、地热能和生物质能等；低碳技术主要有清洁煤技术、CO_2 捕捉利用及储存技术（CCUS）等；低碳产业体系主要有火电减排、工业节能减排、节能建筑、新能源汽车、循环经济等。

从经济学角度出发，低碳经济发展模式（见图3-33）就是在可持续发展理念的宏观指导下，通过发展"碳中和"微观技术，提高能源生产利用效率、降低煤炭石油天然气等高碳能源的消耗，积极开发 CO_2 捕集利用封存的技术，从而降低大气中 CO_2 浓度，实现节能减排，达到经济社会发展与生态环境保护的双赢目标。

从静态和动态视觉评价来看，静态下不同主体经济中碳含量大小不同，含量低的其低碳经济更优；动态下同一主体在不同时间内经济中的碳含量不同，通常随着经济发展其碳含量是下降的。总之，低碳经济是能源安全高效清洁低碳利用、产业结构优化、制度及观念创新的综合结果，利于实现经济社会的绿色低碳转型和可持续发展。

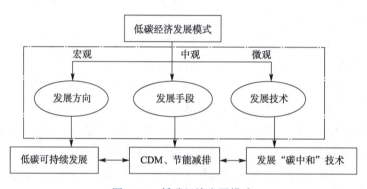

图3-33　低碳经济发展模式

3.3.2　低碳经济与新能源关联性

低碳的经济环境和新能源领域之间有着千丝万缕的联系，低碳能源是低碳社会经济发展的新动力。一方面，新能源技术推动了社会生产力的发展，从而提高了低碳经济的发展速度；另一方面，低碳经济也为新能源领域的发展提供了一定的平台环境优势。由此可见，新能源技术和低碳经济之间是彼此密切联系，相互促进，共同发展的。

发展新能源是实现低碳经济的重要举措，主要表现如下：（1）新能源减少 CO_2 的排放，利用新能源技术如水能、核能、风能、太阳能等过程中均无 CO_2 排放，有利于低碳减排；（2）开发利用新能源可减少人类对传统不可再生能源如化石能源的依赖；（3）发展新能源也可通过新技术制造生物燃料，增加粮食耕种，将粮食危机防患于未然；（4）发展新能源提供了新的经济增长点。

3.3.3　低碳经济环境下风能发展

在低碳经济背景下，大力开发利用新型能源势在必行。在这种背景下，新能源技术也得到了较快的发展，如光伏发电技术、风能技术、海洋能技术、地热能技术等，这些新能源技术也为新能源开发利用提供了技术支持。风能技术就是运用风能来满足生产所需能量的一种新能源技术。风能是由地表热运动、空气流动而产生的一种能量,其本质属于太阳能,资源十分丰富,分布广泛。通过风能技术既可利用发电设备转化为其他能源,也可利用能源的聚集结构,从而实现能量收集利用,是替代煤炭等非可再生能源的第一选择,能有效地缓和温室效应,实现低碳目标。

风能资源的利用主要以发电为主,风力发电是通过风吹动叶片带动发电机进行发电,风机可大可小,发电过程中零排放、无污染。我国的一些沿海岛屿和西北地区建立了很多大型风力发电厂,同时作为一种分布式能源,有的家庭安装一些微型风能发电设备,不仅能够满足家庭用电需求、节约开支,还可以起到保护环境的作用。风力发电有很多优点,但是风力发电在应用过程也仍存在一些不足,比如风速、风向不太稳定,易受温度、地形的影响,容易出现电能的幅值和相位不稳定的现象,并网后可能会对整个系统的稳定性造成影响。因此要想风力发电更加稳定,仍需进一步研究开发风力发电的新技术,加快对风能新能源发电技术设备的研发,更好地提高风能的使用效率。

3.4　风能产业与政策

随着全球对能源安全、生态环境、气候变化等问题的逐渐重视,加快发展风能产业已成为国际社会推动能源转型发展、应对全球气候变化的普遍共识和一致行动。目前,世界风力发电发展十分迅速,风力发电已经成为技术最成熟、最具有大规模开发和商业化发展条件的可再生能源发电方式之一。据2022年全球风能理事会的数据统计,中国是世界上排名第一的风力发电国家,也是世界上规模最大的风能市场,推广风力发电也已成为推动我国能源转型的核心内容和应对气候变化的重要途径,风能产业建设是融入经济、政治、文化和社会建设的庞大而复杂的系统性工程,风能产业的快速发展也离不开政府政策的支持。

3.4.1　风力发电产业链

风力发电产业链如图3-34所示,主要是由上游、中游、下游产业群三部分组成。

1. 上游产业群

风力发电产业上游原材料群主要包括零部件和风机整机两部分,主要是风叶、机舱底座、齿轮箱、机舱罩、散热器、发电机、轮毂、偏航轴承、偏航减速箱、塔架、电控系统的研发、设计、制造产业。

2. 中游产业群

中游风电场建设和运营产业群,主要包括风电场的测风选址、项目方案设计、方案评估、项目融资及相关投资风险控制、风电场建设和风电场运营和维护等环节。风电场建设的开发成本,主要包括机组、基础与建筑、电力工程、安装费用等几项,其中机组成本占总成本的60%~70%。

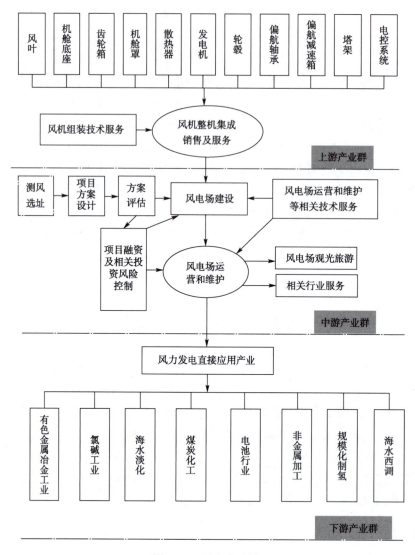

图 3-34　风电产业链

3. 下游产业群

风力发电的下游产业群主要是风力发电能源的直接应用,利用风力发电可较好适应风力发电波动和随机特性,应用于高耗能、无污染的绿色工业当中,这些产业主要有：以电解铝为重点的有色金属冶金工业、氯碱工业、海水淡化、煤炭化工、电池行业、非金属加工、规模化制氢制氧和海水西调等。

3.4.2　风能产业相关政策

2020 年 12 月,习近平总书记在气候雄心峰会上提出到 2030 年我国"风电、太阳能发电总装机容量将达到 12 亿千瓦以上"。在此背景下,我国专门制定了一系列风能产业的相关政策,主要围绕以下四点进行：

一是对弃风限电和消纳问题,针对新能源发电的消纳利用,多部委陆续出台《可再生能源发电全额保障性收购管理办法》《解决弃水弃风弃光问题实施方案》等多项政策。2021 年 2 月，《国家发展改革委国家能源局关于推进电力源网荷储一体化和多能互补发展的指导意见》提出了为实现"二氧化碳排放力争于 2030 年前达到峰值，努力争取 2060 年前实现碳中和"的目标，着力构建清洁低碳、安全高效的能源体系，提升能源清洁利用水平和电力系统运行效率，推进源网荷储一体化和多能互补，推进增量"风光水（储）一体化"，探索增量"风光储一体化"，严控增量"风光火（储）一体化"。加快配电网改造和智能化升级，发展以消纳新能源为主的微电网、局域网，提高配电网的承载力和灵活性。按照"风光储""风光水储"一体化开发利用模式，探索建设百分之百纯可再生能源的新型跨区域输电通道，最大化促进新能源电力的跨省区消纳，实现全局资源优化配置。

二是风电发展导向性政策，主要针对分散式风电和海上风电。2018 年 3 月国家能源局发布《关于印发 2018 年能源工作指导意见的通知》，强调要推动分散式风电、低风速风电、海上风电项目建设。同年 4 月国家能源局又在《分散式风电项目开发建设暂行管理办法》中指出，分散式风电项目申请核准时可在"自发自用、余电上网"或"全额上网"中选择一种模式，以推动分散式风电建设。在政府政策引领下，各省也出台相应政策，如 2023 年 9 月，浙江省经济和信息化厅发布《浙江省推动新能源制造业高质量发展实施意见（2023—2025 年）》，意见指出，推进海上风电规模化发展，积极推进在建项目建设，着力打造 3 个以上百万千瓦级海上风电基地。2023 年 9 月，广西壮族自治区印发《完善广西能源绿色低碳转型体制机制和政策措施的实施方案》的通知，指出符合条件的海上风电等可再生能源和新型储能项目可按规定申请减免海域使用金。鼓励在风电等新能源开发建设中推广应用节地技术和节地模式。

三是针对电价补贴的政策，风力发电价格的制定可以在发电成本加还本息的基础之上，获取合理的利润收入，全网负责其超出电网电价部分的平摊任务。推动补贴退坡和平价上网同时进行，逐步实现由差价补贴模式向定额补贴与绿色证书收入相结合的新型机制转变。我国针对风力发电和太阳能发电的补贴主要包括电价补贴和税收补贴。电价补贴根据资源禀赋、上网条件和发电方式不同，执行不同的补贴价格，如 2023 年 8 月浙江省平湖市发布《关于促进平湖市能源绿色低碳发展的若干政策意见（试行）》提出，对新增分散式风机项目，自并网发电之日起实行三年发电量补助，每年按实际发电量给予 0.15 元/$(kW·h)$ 电价补助。

四是针对环境保护的政策，2018 年国家林业和草原局发布的《在国家级自然保护区修筑设施审批管理暂行办法》指出，禁止在国家级自然保护区修筑光伏发电、风力发电、火力发电等项目的设施。2019 年国家林业和草原局发布的《关于规范风电场项目建设使用林地的通知》，重点指出风电场建设中土地林地等使用要求和注意事项等。

拓展阅读　我国首个超高海拔风力发电项目——西藏措美哲古风电场

海拔 5 158 m 的世界最高风电项目——西藏措美哲古风电场首批机组于 2021 年 12 月 22 日并网发电（见图 3-35），创造了高原风电建设史上的奇迹。

哲古镇，并非常人想去就能去的——这里缺氧、寒冷、紫外线强。平均海拔近 5 100 m 的措美县哲古镇，雪山湖谷纵横，大小山脉连绵起伏。这里常年气温 8.2 ℃，极端最低气温 -18.2 ℃，冰雹频发，气候条件十分恶劣。但这里的风力资源极为丰富，是天然的风能发电宝库。

西藏措美县哲古分散式风力发电项目，位于喜马拉雅山北麓西藏自治区山南市措美县哲古镇，是迄今为止世界海拔最高的风电场，平均海拔高度为 5 000~5 065 m。该项目由三峡集团投资、中国电建成都院 EPC 总承包建设、水电五局参建，总装机容量为 22 MW，项目包含：5 台单机容量为 2.2 MW 的直驱机组，5 台单机容量为 2.2 MW 的双馈机组，配套建设 1 座 110 kV 升压站。

该风电场理论年发电量约为 10 077 万 kW·h，年上网电量约为 5 904 万 kW·h，总投资约 2.2 亿元。

西藏措美哲古风电场分为两期。其中，一期工程总装机容量为 22 MW，已于 2021 年 12 月完成全容量并网发电（见图 3-36），截至 2023 年 5 月，发电量已经突破 1 亿 4 千万 kW·h。二期总装机容量为 50.6 MW，经过一年多的建设，于 2023 年 10 月 4 日完成全容量并网发电。一二期全容量并网发电之后，预计年发电量超过 2.6 亿 kW·h，相当于减少排放 CO_2 21.63 万 t，节约标准煤 7.93 万 t。

西藏措美哲古风电项目建成投产，也为后续超高海拔地区"基地化、规模化、集中连片"风力发电开发奠定基础，填补了超高海拔地区风力发电开发建设的行业空白。哲古风电三期也在规划论证中，未来计划将措美哲古风电项目打造成为一个超过百万千瓦的清洁能源基地，为西藏电网输出更多清洁能源。

图 3-35　西藏措美哲古风电场

图 3-36　西藏措美哲古风电场（一期）

思 考 题

1. 风是如何形成的？风力与风能如何计算？
2. 写出平均风速度的表达式，简述风速与地形高度的关系。
3. 试说明风力发电的工作原理。
4. 试推导风能转换原理中贝茨（Betz）理论，风电机理论最大工作效率。
5. 简述风力发电机组的主要类型。
6. 风力发电机组主要包括哪些设备？
7. 叶片有哪些种类？

第 4 章

氢 能

学习目标

1. 了解氢的基本知识，掌握氢能的基本概念。
2. 掌握不同的氢燃料电池结构及工艺特点，了解现有工艺的缺陷及主要研究方向。
3. 掌握不同的制氢工艺及技术原理，了解不同制氢工艺的优势和劣势。
4. 了解氢能产业发展现状、政策，以及对我国实现双碳目标的作用。

学习重点

1. 氢燃料电池的工作原理及结构。
2. 不同制氢工艺的原理。

学习难点

1. 氢燃料电池结构优化。
2. 制氢工艺的改进。

氢能逐渐成为不少国家实现碳中和目标，保证能源安全的一个重要战略选择，我国也于 2022 年提出氢能发展的中长期目标。本章从氢能的基本概念出发，介绍了氢能的生产及应用技术，并进一步扩展至相关的氢能产业及政策。

4.1 氢能概况

氢是人类利用的最轻元素，氢气是世界上已知的密度最小的气体。氢在地球上主要以水、碳氢化合物和各类有机化合物等化合态的形式存在。长期以来，氢气作为工业原料和燃料剂被利用，广泛应用于化工、冶金等行业。我国已经成为世界最大的制氢国，年制氢产量约 3 300 万 t。

当今世界依然严重依赖化石燃料，日益增长的能源需求带来的环境污染日益严重，对洁净新能源和可再生能源的开发成为 21 世纪人类面临的首要问题。与传统燃料相比，氢气不仅具有热值高、能量密度大、来源广泛等优势，而且燃料或反应后生成的水不会造成环境污染，实现零碳排放，是我国碳中和目标下理想的"清洁能源"，氢能开发与利用已成为国家能源体系中的重要组成部分。但氢存在的形态多样且密度较低，必须通过制氢技术使其成为能量密度更高的二次能源载体，才能应用于当今文明社会。

我国具有化石燃料制氢的产业基础，但氢气作为清洁燃料，采用的制氢技术必须清洁、高效、无碳化。制氢技术随着制氢原料的不同及能源结构的变化在不断发展，制氢原料逐渐从含碳量高的化石能源（如煤炭）转向含碳量低的化石能源（如天然气、页岩气等）。目前制氢原料向可再生能源（如太阳能、生物质能、风能等）逐渐增加的方向发展，逐渐减少化石能源的利用。因此，利用可再生能源替代化石燃料的制氢技术，也是将来清洁、高效制氢方法的发展趋势。

氢能是利用氢气燃烧产生的热能和化学反应转化为电能来实现能源供应，是清洁、高效、可再生的能源之一。氢燃料热能是利用氢和氧化剂发生反应释放出热能的形式，如在热力发动机中充当燃料产生机械功。氢燃料电池则是利用氢和氧化剂在催化剂作用下获取电能，如通过燃料电池进行化学反应，直接产生电能。

4.1.1 氢的燃烧性能

氢气与氧气燃烧产生的热量及反应方程式为：

$$H_2(g) + \frac{1}{2}O_2(g) \rightarrow H_2O(l) \quad \Delta H_{298\,k}^{\ominus} = -285.8 \text{ kJ} \cdot \text{mol}^{-1} \quad (4-1)$$

氢气的物理、化学性质与天然气（甲烷）有着十分显著的差异，表4-1为常温常压下氢气的燃烧特性与天然气的燃烧特性的对比。氢气的点火温度与天然气相似，但最低点火能只有天然气的7%，这意味着氢气的自动点火时间要远低于天然气，具有更高的自燃以及爆炸风险。

表4-1 常温常压下氢气与天然气燃烧特性对比

指　　标	氢　气	天然气
可燃范围（当量比）/%	0.1~0.8	0.4~1.5
可燃范围（体积分数）/%	4~75	5~15
最小点火能/MJ	0.02	0.28
点火温度/K	858	810
质量扩散系数/（cm$^2 \cdot$s^{-1}）	0.61	0.16
最大层流火焰速度/（m$\cdot$s^{-1}）	2.8	0.35
绝热火焰温度/K	2 390	2 226
最小猝熄距离/mm	0.64	2.03

理论上氢气的燃烧如式（4-1），燃烧无副产物生成，但实际上氢气的绝热火焰温度较高，且火焰形状也更加紧凑，因此更容易在实际的燃烧过程中出现超过2 000 ℃以上的局部高温，在超过1 000 ℃的氢气燃烧火焰周围，氢气和氧气会反应产生氮氧化物而造成污染，其反应方程式为：

$$O + N_2 \rightarrow N + NO \quad (4-2)$$

$$N + O_2 \rightarrow O + NO \quad (4-3)$$

$$N + OH \rightarrow H + NO \quad (4-4)$$

氮氧化物的生成具有高度的温度敏感性，反应温度在1 400 ℃时会形成大量的氮氧化物，而温度低于800 ℃时污染物生成有限，一般在使用过程中通过调节氢气和空气的比例来抑制氮氧化物的生成。通过催化剂进行催化燃烧，可以更有效地避免污染物的生成，因为氢催化燃烧可以将燃烧温度控制在NO_x生成温度之下，从而抑制氮氧化物的生成。

4.1.2 电能

氢气和氧气分别作为燃料和氧化剂，发生电化学反应生成水，其工作原理类似于电解水的逆反应过程，以碱性氢氧燃料电池为例，其反应方程为：

阳极反应：$H_2 + 2OH^- \rightarrow 2H_2O + 2e^-$　　标准电极电位为0.828 V　　(4-5)

阴极反应：$\frac{1}{2}O_2 + H_2O + 2e^- \rightarrow 2OH^-$　　标准电极电位为 -0.401 V　　(4-6)

总反应：$\frac{1}{2}O_2 + H_2 \rightarrow H_2O$　　理论电动势为1.229 V　　(4-7)

4.2 氢燃料电池及其应用

氢燃料电池就是利用氢气和氧气的反应产生电能的装置，采用的是一种环保、高效的能源转换技术。目前，氢燃料电池已经在汽车、航天航海、军事防卫等领域得到了广泛的应用，并成为未来清洁能源发展的重要方向之一。

4.2.1 氢燃料电池的分类

氢燃料电池基本由阳极、阴极、电解质和外电路组成。其根据供氢原料、电解质类型及工作原理的不同存在多种形式。通常燃料电池可以依据其工作温度、燃料来源、电解质类型以及工作原理分类。

1. 按照基本工作温度分类

燃料电池可分为低温燃料电池（low-temperature fuel cell）、中温燃料电池（medium-temperature fuel cell）及高温燃料电池（high-temperature fuel cell）三种类型。低温型电池工作温度一般在100 ℃以内，如质子交换膜燃料电池（proton exchange membrane fuel cell，PEMFC）、碱性燃料电池（alkaline fuel cell，AFC）等；中温型电池工作温度一般为100~300 ℃，如磷酸型燃料电池（phosphoric acid fuel cell，PAFC）等；高温型电池工作温度一般在500 ℃以上，如熔融碳酸盐燃料电池（molten carbonate fuel cell，MCFC）或固体氧化物燃料电池（solid oxide fuel cell，SOFC）等。

2. 按照燃料的来源分类

燃料电池也可分为三类：第一类是直接式燃料电池，即其燃料直接使用氢气，简称直接式燃料电池；第二类是间接式燃料电池，与第一类电池不同，其是通过某种方式将甲烷、甲醇或其他烃类化合物转变成氢或富含氢的混合气后再供给燃料电池，简称间接式燃料电池；第三类是再生式燃料电池，是将燃料电池生成的水经适当方法分解成氢气和氧气，再重新输送给燃料电池使用，简称再生燃料电池。

3. 按照电解质种类分类

燃料电池可分为碱性燃料电池（AFC）、磷酸燃料电池（PAFC）、质子交换膜燃料电池（PEMFC）、熔融碳酸盐燃料电池（MCFC）和固体氧化物燃料电池（SOFC）等。

4. 按工作原理分类

燃料电池可分为直接氢燃料电池和间接氢燃料电池。直接氢燃料电池主要包括碱性燃料电池、磷酸燃料电池、质子交换膜燃料电池、熔融碳酸盐燃料电池、固体氧化物燃料电池等，其技术参数见表 4-2。间接氢燃料电池指以甲醇为原料的燃料电池，也称为直接甲醇燃料电池。

表 4-2 各种直接氢燃料电池的技术参数

燃料电池的类型	碱性燃料电池	磷酸燃料电池	质子交换膜燃料电池	熔融碳酸盐燃料电池	固体氧化物燃料电池
简称	AFC	PAFC	PEMFC	MCFC	SOFC
电解质	氢氧化钾	磷酸	含氟质子膜	碳酸锂/碳酸钾	钇掺杂氧化锆
电解质形态	液体	液体	固体	液体	固体
阳极	Pt/Ni	Pt/C	Pt/C	Ni/Al、Ni/Cr	Ni/YSZ
阴极	Pt/Ag	Pt/C	Pt/C	Li/NiO	Sr/LaMnO$_2$
工作温度/℃	50~200	150~220	60~80	~650	900~1 050
启动时间	几分钟	几分钟	少于 5 s	高于 10 min	高于 10 min
应用	航天、机动车	洁净电站、轻便电源	机动车、洁净电站、潜艇、航天	洁净电站	洁净电站、联合循环发电

4.2.2 氢燃料电池的原理与结构

1. 碱性燃料电池结构及工作原理

碱性燃料电池是燃料电池系统中最早开发并成功获得应用的，其工作原理是把氢气和氧气分别供给电池的阳极和阴极，氢气在阳极的催化剂作用下发生氧化，生成水并释放电子，电子则经外电路到达阴极，在阴极与氧及水接触后反应形成氢氧根离子，最后水蒸气及热能由出口离开，氢氧根离子经由氢氧化钾电解质流回阳极，完成整个电路。

浓 KOH 溶液既可作为电解液，又可作为冷却剂，它起到从阴极到阳极传递 OH^- 的作用。NaOH 和 KOH 溶液，以其成本低，易溶解，腐蚀性低，而成为首选电解质。导电离子为 OH^-，燃料为氢，碱性染料电池结构及其原理如图 4-1 所示。

电池含有阳、阴两个电极，分别浸满电解质溶液，而两个电极间则由具有渗透性的薄膜构成。氢气由阳极进入供给燃料，氧气（或空气）由阴极进入电池。具体反应方

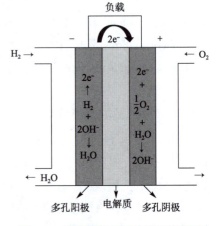

图 4-1 碱性燃料电池结构及其原理

程式如下：

阳极反应： $$H_2 + 2OH^- \rightarrow 2H_2O + 2e^- \tag{4-8}$$

阴极反应： $$\frac{1}{2}O_2 + H_2O + 2e^- \rightarrow 2OH^- \tag{4-9}$$

总反应： $$H_2 + \frac{1}{2}O_2 \rightarrow H_2O \tag{4-10}$$

一般在80℃环境下工作性能相对较好，具有启动响应非常迅速的特点，但其能量密度较低。AFC电解质为碱性，故在实际工作中，氧化剂必须使用纯氧。若氧化剂采用空气，实际寿命会因空气中的CO_2大大降低，大幅度增加商业应用成本。AFC目前也只是在军用领域上得到应用，商业应用率不高。

2. 磷酸燃料电池的工作原理及管理系统研究

磷酸燃料电池具有原材料丰富、技术简单及成本低等优点，是当前商业化发展得最快的一种燃料电池。这种电池使用分散在碳化硅基质中的液体磷酸为电解质，以贵金属铂催化的气体扩散电极为正、负极，属于中温型燃料电池。其工作温度相较于碱性燃料电池和质子交换膜燃料电池的工作温度要高一些，为150~200℃。氢燃料被供应到阳极，气体分子在电极表面发生氧化反应，产生电子和质子。电子穿过外部电路到达阴极，磷酸作为良好的离子导体，将质子带到阴极侧。被送到阴极的空气或氧气在电极上发生氧化还原反应，消耗电子和质子。磷酸燃料电池结构及其原理如图4-2所示。

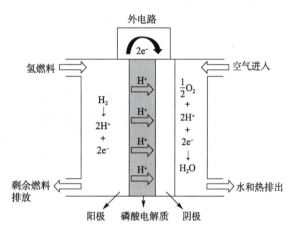

图4-2 磷酸燃料电池结构及其原理

阳极反应： $$H_2 \rightarrow 2H^+ + 2e^- \tag{4-11}$$

阴极反应： $$\frac{1}{2}O_2 + 2H^+ + 2e^- \rightarrow H_2O \tag{4-12}$$

总反应： $$\frac{1}{2}O_2 + H_2 \rightarrow H_2O \tag{4-13}$$

磷酸燃料电池的电极反应都有气体参加，自空气中的氧气从阴极板一侧进入燃料电池单体，燃料气体氢气则从阳极板一侧进入单体。由于二者的爆炸极限范围极大，因此二者并不能直接接触进行反应，而是通过电解质的作用发生电化学反应。为提高气体在电解质溶液中较低溶解度情况下的电流密度，电极采用多孔结构来增大电极的比表面积，使气体先扩散入电极的气孔，溶入电解质再扩散到液-固界面进行电化学反应，因此，这种电极称为气体扩散电极。

由于磷酸燃料电池诸多的特性和优点，已在有机电合成、新型绿色能源和各种交通工具的动力等方面得到广泛应用。

3. 质子交换膜燃料电池结构及工作原理

质子交换膜燃料电池使用具有特殊官能基团的聚合物膜作为电池的质子交换膜传递质子，以氢气（或甲醇）为燃料，氧气作为氧化剂，选用铂/碳作为电池的催化剂。电池结构及其原理、质子交换膜电池组成分别如图4-3、图4-4所示，由阴阳双极板（bipolar plate，BP）、气体扩散层（gas diffusion layer，GDL）、催化层（catalyst layer，CL）、质子交换膜（proton exchange membrane，PEM）构成。

（1）质子交换膜是一种选择透过性膜，为氢离子提供传输通道的同时隔离两端的反应气体。为了电池的有效运行，质子交换膜应具备以下特点：①高质子电导率；②不渗透气体；③可以实现水的平衡运输；④较高的热稳定性和化学稳定性。

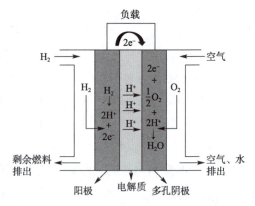

图4-3　质子交换膜电池结构及其原理

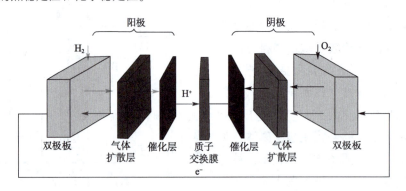

图4-4　质子交换膜电池组成

（2）催化层是气体氧化还原反应的场所，主要由催化剂和黏结剂组成。催化剂可以降低气体反应所需的活化能，加快电化学反应速率。常用的催化剂是铂碳（Pt/C）电催化剂，将铂分散在碳载体上制备而成。常用的碳载体有石墨、炭黑和活性炭。

（3）扩散层处于催化层和极板之间的微孔层，是电池中气体传输分配的通道，是电子在电极与催化层间输送的通道，具有收集电流以及支撑电池的作用及一定的抗压强度。从气体扩散的角度考虑，扩散层越薄越好，但考虑到催化层的支撑和强度的要求，扩散层需要有一定的厚度。

（4）在电池组堆的过程中，阴阳两极的极板通常合在一起形成双极板。双极板是电池中较厚的部件，在电池重量和生产成本中均占较大比例。双极板起到分隔氧化剂与还原剂、收集电流和传导反应的热量等作用，其质量高低影响电池的输出功率和使用寿命。因此双极板材料应具有良好的导电性、导热性及耐腐蚀性等特点，并满足低成本、易加工、体积小和接触电阻低等实用要求。

燃料气体H_2在压力作用下到达阳极侧，再通过气体扩散至阳极催化层，在催化剂活性位点上发生氧化反应，生成质子和电子。质子由质子交换膜传导至阴极催化层中，然后与扩散至阴

极催化层中的 O_2 和外电路中的电子发生电化学反应生成水,水经过电池中的水管理系统排出。质子交换膜燃料电池阴阳两极的电极反应和电池总反应如下:

电池的阳极侧氢气发生氧化反应: $H_2 \rightarrow 2H^+ + 2e^-$ (4-14)

电池的阴极侧氧气和质子发生还原反应: $\frac{1}{2}O_2 + 2H^+ + 2e^- \rightarrow H_2O$ (4-15)

总反应: $\frac{1}{2}O_2 + H_2 \rightarrow H_2O$ (4-16)

质子交换膜燃料电池具有常温下快速启动、低噪声、低排放、高比功率和高电流密度等优点,不仅可以满足新能源电动汽车的高功率需求,而且适用于低功率的便携式电子设备。质子交换膜燃料电池的性能是影响工程实践的重要因素,并受操作条件、流场设计等方面的较大影响。

4. 熔融碳酸盐燃料电池结构及工作原理

熔融碳酸盐燃料电池由阳极、阴极、介于两电极之间的电解质和隔膜构成,在600~650 ℃使用氢气和氧气作为燃料工作,在生成水的同时生成电和热。电池电极的厚度通常为几百毫米(熔融碳酸盐燃料电池结构及原理如图4-5所示),其中,阳极一般采用多孔镍基合金材料(如Ni-Al、Ni-Cr),阴极一般采用锂化的镍氧化物材料($Li_x Ni_{1-x} O$),这些电极材料在电池工作时也作为催化剂参与电池内部的电化学反应。电池的电解质一般为熔融碳酸钾和碳酸锂混合物(K_2CO_3、Li_2CO_3),它们在电池的工作温度下变为熔融态。隔膜采用多孔 $LiAlO_2$ 膜,用于承载熔融态的电解质,构成电池的电介质层。电介质层的厚度接近电极层厚度,其可以作为碳酸根离子的良导体将碳酸根离子由阴极传输至阳极。对于不带电荷的分子,如氢分子和氧分子,电介质层将成为绝缘体阻止它们通过。熔融碳酸盐燃料电池工作时,阳极通入氢气与碳酸根离子反应生成二氧化碳、水与电子,即:

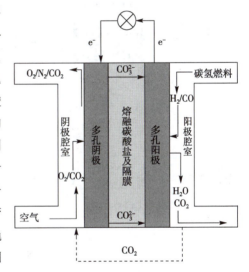

图4-5 熔融碳酸盐电池结构及原理

$$H_2 + CO_3^{2-} \rightarrow CO_2 + H_2O + 2e^- \quad (4-17)$$

阴极通入氧气和二氧化碳同电子反应生成碳酸根离子

$$\frac{1}{2}O_2 + CO_2 + 2e^- \rightarrow CO_3^{2-} \quad (4-18)$$

总反应: $\frac{1}{2}O_2 + H_2 \rightarrow H_2O$ (4-19)

这些电化学反应会释放大量的能量,其中电子从阳极通过外电路到达阴极向外做电功,另一部分则以热能的形式传输出去。熔融碳酸盐燃料电池除具有燃料电池本身的特点外,还具有独特的优点:①在熔融碳酸盐燃料电池工作温度下,燃料重整可在电池堆内部进行;②电池堆反应产生的高温余热可被用来压缩反应气体来提高电池性能,或用于燃料吸热重组反应,也可以与汽轮组合发电;③不需要昂贵的贵金属做催化剂,制作成本低;④结构简单紧凑,组装方便;

⑤熔融碳酸盐燃料电池本体的发电效率高达 50%～60%，组成联合循环发电效率可达到 60%～70%，若电热两方面都利用起来，效率可以提高到约 80%。

5. 固体氧化物燃料电池结构及工作原理

固体氧化物燃料电池（SOFC）主要由阴极（空气极）、阳极（燃料极）及致密的固体氧化物电解质叠加组成，形状如"三明治"结构。其中，具有适当气孔率的阴极和阳极主要负责气体的吸附-解离，催化燃料气体，导通电子，降低燃料输送、尾气排放的阻力。而中间的陶瓷固体氧化物电解质在微观结构上需足够致密，以将两侧的燃料与氧化剂隔绝，避免两种气体在工作温度下发生反应，其次电解质材料需具备较高的离子导电性，能使电极催化产生的载流子定向并快速地迁移至对侧电极。根据电解质材料传导的载流子可以将固体氧化物燃料电池分为氧离子导体基固体氧化物燃料电池（O-SOFC）和质子导体基固体氧化物燃料电池（H-SOFC），图 4-6 所示为固体氧化物燃料电池工作原理示意图。

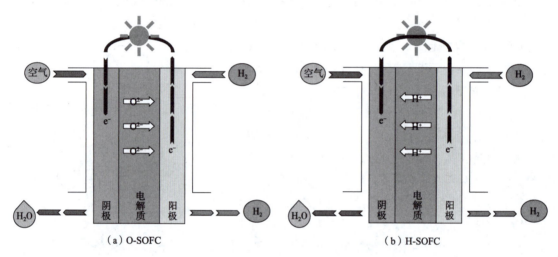

图 4-6　固体氧化物燃料电池工作原理

O-SOFC 工作时在其阳极侧通入氢气作为燃料气体，在阴极侧通入空气。在高温环境下，阳极材料吸附 H_2 并催化裂解，失去电子被氧化成氢离子（H^+）；阴极材料吸附空气中的 O_2 并催化解离，获得电子被还原成氧离子（O^{2-}），O^{2-} 在电解质两侧的电位差及氧浓度梯度驱动力的推动下，通过具有氧离子传导性的电解质迁移至阳极，与阳极上的 H^+ 发生反应生成水，电子则从阳极通过外电路传输至阴极，形成了闭合回路。SOFC 的工作原理是：阴极侧的 O^{2-} 通过电解质传输至阳极侧，并与燃料气体发生反应，将燃料的化学能转换为电能，并向外释放热能。O-SOFC 运行时发生的化学反应如下：

阳极： $$H_2 + O^{2-} \rightarrow H_2O + 2e^- \tag{4-20}$$

阴极： $$\frac{1}{2}O_2 + 2e^- \rightarrow O^{2-} \tag{4-21}$$

总反应： $$\frac{1}{2}O_2 + H_2 \rightarrow H_2O \tag{4-22}$$

H-SOFC 工作时在其阳极侧通入氢气，在阳极材料的催化作用下失去电子被氧化成 H^+。H^+ 在氢浓度梯度的驱动下通过具有质子传导性的电解质传递到阴极侧。电子在电势差的驱使下通过外电路传输至阴极；O_2在阴极材料表面上的活性位点发生吸附与解离反应被还原为O^{2-}，与H^+反应生成水，最终化学能转换为电能，并向外释放热能。H-SOFC 运行时发生的化学反应如下：

阳极： $$H_2 \rightarrow 2H^+ + 2e^- \tag{4-23}$$

阴极： $$\frac{1}{2}O_2 + 2H^+ + 2e^- \rightarrow H_2O \tag{4-24}$$

总反应 $$\frac{1}{2}O_2 + H_2 \rightarrow H_2O \tag{4-25}$$

对比 O-SOFC 和 H-SOFC 的反应原理，O-SOFC 工作时反应产物水在电池阳极侧产生，会稀释阳极侧的燃料气体，引起浓差极化，因此需要安装冷凝器对阳极侧的气体循环进行处理，将水蒸气与燃气分隔开来，这不但提高了运行成本，而且对电池系统整体效率有负面影响。H-SOFC 工作时反应产物水在电池阴极侧，不会稀释燃料气体，理论上可以获得更高的燃料利用率及能斯特电势，并且便于燃料气体的直接循环使用，更有利于商业化。

4.3 制氢技术

氢能源产业链复杂，主要包括氢能端和应用端。氢能端主要分为制氢和储运，而制氢技术是产业发展基础，是实现氢能最终应用非常重要的一环。在产业链的结构成本中制氢端占比最高，因此制氢技术的发展对氢能产业的发展至关重要。中国在 2019 年以前，氢能产业发展还处于萌芽阶段，产业生产成本、创新能力、技术装备水平、产业资金及政策等仍在探索与尝试。2019 年 3 月，氢能首次被写进《政府工作报告》，要求"推进充电、加氢等设施建设"，由此引发资本市场关注。氢气制备生产工业雄厚的中国，2020 年至 2022 年氢气年产量平均增速超 20%，氢气产量位于世界第一。

制氢技术主要指以含氢的天然或合成的化合物质为原料，通过化学的过程生成氢气的各种方法和技术。根据原料来源不同，制氢技术可分为灰氢、蓝氢及绿氢。灰氢以传统化石燃料为原料制取氢气，是用于大规模制氢的高碳且较为成熟的技术，经济效益较高，但存在能耗高、二氧化碳排放量大等问题；蓝氢是在灰氢的基础上，利用碳捕捉、碳利用和储存（CCUS）技术来避免二氧化碳直接排放到大气中的技术，是灰氢过渡到绿氢的重要阶段，其经济效益和环境效益均处于中等水平；绿氢是通过使用可再生能源（如太阳能、风能等）及核能驱动水电解反应生产氢气，全生产周期内不产生温室气体及其他污染物，具有较高的能源效益和环境友好性，对温室气体的减排具有非常重要的意义。但目前技术仍在发展阶段，尚未成熟，成本相对较高。

4.3.1 煤制氢

煤制氢技术是我国发展较久、工艺较为成熟的技术。当前这种技术中主要有三种工艺：煤焦化、煤气化和煤的超临界水气化。

1. 煤焦化制氢

煤焦化制氢是在 900~1 000 ℃的隔离空气条件下的焦化装置中，由煤生产焦炭，副产品为焦炉煤气。据国家统计局数据显示，2022年全国焦炭产量约4.73亿t，而1t焦炭的生产大约产生430 m³的焦炉煤气。焦炉煤气主要成分为氢气（55%~60%）、甲烷（23%~27%），以及少量的一氧化碳（5%~8%）、烷烃（2%~4%）、二氧化碳（1.5%~3%）、氮气（3%~7%）和氧气（0.3%~0.8%）。煤焦化制氢则是利用焦化过程中产生的副产气体制氢，焦炉煤气中含有约60%的氢气，目前工业上主要是通过物理分离法制氢：变压吸附制氢、膜分离制氢、深冷法分离制氢。

（1）变压吸附的原理是利用吸附剂对不同气体的吸附能力随压力变化的特性，升压时吸附剂吸附杂质组分，降压时杂质组分被脱附，吸附剂再生，整个过程中H_2几乎不会被吸附，实现快速连续分离H_2的目的。具体的工艺流程如图4-7所示。

图4-7 变压吸附制氢工艺流程

第1道工艺为压缩炼焦厂产生的焦炉煤气，压力由5~12 kPa提升至变压吸附所需压力0.6~1.8 MPa；第2道工艺为预处理与净化，焦炉煤气经冷却进入预净化装置，预脱除有机物、硫化氢、氨等杂质。再通过变温吸附（TSA）工艺进一步脱除易使吸附剂中毒的组分，如焦油、萘、硫化物；第3道工艺为变压吸附，也是整个工艺的核心，用于除去H_2以外的绝大部分杂质气体；第4道工艺为H_2精制，进一步分离H_2中含有的少量O_2和水分，通过该工艺生产的氢气纯度可达99.999%。

煤焦化制取氢的工艺核心是变压吸附氢气分离提纯，吸附剂的选择需要依据焦炉煤气组成有针对性地进行选择，从吸附塔底部到吸附塔顶部一般依次选用氧化铝、活性炭、分子筛和沸石。吸附塔底部选用氧化铝，其物理性质表现为高孔隙率的球状颗粒，具有机械强度高、无毒等特点，对水亲和性强，主要用于深度吸附微量水分；吸附塔中部选用对有机物有较强亲和力的活性炭，为毛细孔结构，用于吸附分离萘和各类烃；吸附塔顶部选用分子筛，立方体骨架结构，比表面积大、孔隙均匀，主要用于吸附甲烷、氮气、二氧化碳；吸附塔最上层使用沸石，净化H_2中存在的CO等杂质。

（2）膜分离制氢原理如图4-8所示，该技术借助隔离膜两侧的压力差迫使氢分子选择性透过隔膜，从而富集在一侧收集，杂质气体则停留在初始侧，达到分离H_2的目的。膜分离效果与3个参数有关：膜两侧各气体组分的分压差、膜面积、膜选择性。理论上压差越大，H_2分离纯度越高，最终达到上限值，但压力增加会导致相应能耗大幅提升。气体的相对渗透速度为：H_2O > H_2 > He > H_2S > CO_2 > O_2 > Ar > CO > CH_4 > N_2。经过冷凝除水后焦炉煤气中的H_2优先穿过膜，在低压侧形成富氢。与变压吸附相比，膜分离技术获得的H_2纯度较低，只有80%~90%，H_2收率为50%~85%。

（3）深冷法分离制氢又称低温精馏法制氢，利用不同气体的沸点差异，通过降温使除H_2外其他气体组分液化，从而达到分离目的。焦炉煤气中各气体组分的沸点如图4-9所示，H_2的沸点为-252.6 ℃，远低于其他组分气体，通过逐级降温操作，杂质气体在不同阶段冷凝分离，该技术的工作压力在 2.0~4.0 MPa，随操作压力提升，温度降低。而压力越高，相应能耗越高，H_2 损失随之增加。这种技术分离得到的 H_2 纯度并不高，约为 83%~88%，通常与变压吸附联用进行深度提纯。

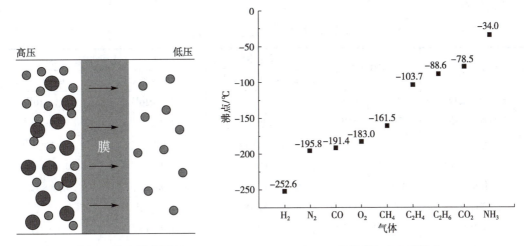

图 4-8　膜法 H_2 分离技术原理　　　　图 4-9　焦炉煤气各组分沸点

2. 煤气化制氢

煤气化制氢的主要原理是将煤和水蒸气或氧气，在高温、高压条件下，反应生成 H_2 和 CO，之后 CO 继续与水气反应，获得 H_2 和 CO_2。煤气化制氢工艺流程如图 4-10 所示，主要有两种技术路线，即内部供热制氢和外部供热制氢。

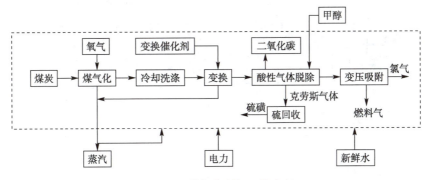

图 4-10　煤气化制氢工艺流程

内部供热是通过燃烧一部分煤来提供自身反应需要的热量实现煤的气化反应，这部分燃烧的煤约占总煤量的 1/4，降低了煤的利用率。同时该体系还需通入大量的氧气，不仅增加了工艺的复杂程度，降低了生产的安全性，而且产生了大量 CO_2 气体，增加了后续气体处理量。该工艺的优点主要体现在技术成熟。目前大多数气化方式都是采用这种方法，已经形成产业化和规模化。

外部供热则是通过外部间接提供体系反应需要的热量来实现煤的气化反应，该工艺没有燃料内部体系的煤，可以提高系统煤炭的转化率。该方法不需要氧气参与，并且体系自身不需要氧气，只有水蒸气和煤反应，产生 CO 和 O_2，之后 CO 通过水煤气变换反应转化成 H_2 和 CO_2，使得复杂的工艺得以简化。该工艺的关键是如何实现热量有效地供给反应体系中的煤炭和水蒸气，使反应顺利进行，以及如何实现工艺的规模化和工业化。

煤气化制氢发生的主要化学反应见表4-3，反应炉内进行气化反应，变换系统发生CO的水-气体变换反应。

表 4-3 煤气化制氢主要化学反应

反应类型	反应方程	反应热/($kJ \cdot kg^{-1} \cdot mol^{-1}$)	平衡常数 800 ℃	平衡常数 1 300 ℃
燃烧异构反应	$C + O_2 = CO_2$	-406 430	1.8×10^{17}	1.5×10^{13}
部分燃料燃烧	$2C + O_2 = 2CO$	-246 372	1.4×10^{17}	4.56×10^{15}
碳与水蒸气	$C + H_2O = CO + H_2$	+118 577	0.807	1.01×10^2
碳与二氧化碳反应	$C + CO_2 = 2CO$	+160 896	0.775	3.04×10^2
氢化反应	$C + 2H_2 = CH_4$	-83 800	0.446	1.08×10^2
氢气燃烧反应	$2H_2 + O_2 = 2H_2O$	-482 185	2.2×10^{17}	4.4×10^{11}
一氧化碳燃烧反应	$2CO + O_2 = 2CO_2$	-567 326	2.4×10^{15}	4.9×10^{10}
水-气体反应	$CO + H_2O = CO_2 + H_2$	-42 361	1.04	0.333
甲烷化反应	$CO + 3H_2 = CH_4 + H_2O$	-206 664	0.577	1.77×10^{-4}

煤气化制氢系统由气化炉和变换器等构成，气化反应的外供热方式有多种方式，可以直接供给气化炉炉体，也可以将热量由气化剂或其他载体带入，根据供热方式的不同，可形成不同的系统。图4-11就是其中的一个系统案例。

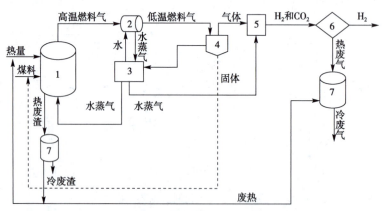

1—气化炉；2—热回收换热器；3—废热锅炉；4—三相分离器；
5—变化器；6—变压吸附装置；7—废热回收器。

图 4-11 煤气化制氢系统

煤料和水蒸气在外部供热的条件下，在气化炉内发生气化反应，反应产物经热回收转换器到达三相分离器，分离出的气体组分H_2和CO经变换器得到H_2和CO_2；分离出的固体组分主要是未反应的煤料，送回气化炉；分离出的液体组分主要是水，重新用于制备水蒸气。需要注意的是最终变压吸附提纯过程，该部分直接关系着最终制氢产物的纯度。为了保证气化反应能够发生，并且充分利用废热提升系统整体的热利用效率，系统设计了多处废热回收器将过程产生的热回收再利用。

3. 煤的超临界水气化制氢

超临界水（supercritical water，SCW）是指温度高于 647 K、压力大于 22.12 MPa 特殊状态的水，该状态下的水能够溶解大多数有机物，具有低黏度和高扩散性，在临界点附近密度急剧减小，是一种良好的反应介质。超临界水气化技术（SCWG）就是利用超临界水特殊物理、化学性质，在不加氧化剂的前提下，使有机物在超临界水均相条件下发生水解、热解等反应，生成以氢气为主的可燃性气态产品的技术。因此煤的超临界水气化制氢就是利用超临界水的性质，使煤在气化炉中转化为 H_2 和 CO_2，并且气化过程中煤所含的硫和各种金属及无机矿物质成分，因无燃烧等过程所必然伴生的高温氧化环境而不被氧化，在反应器内随着气化进程不断深入而逐步沉积于反应炉底部，最终以灰渣形式排出，根除了硫化物和氮氧化物等气体污染物和粉尘颗粒物的生成和排放。煤超临界水气化制备氢气主要进行的化学反如下：

蒸汽重整： $\quad C + H_2O \rightarrow CO + H_2$ (4-26)

水气转化： $\quad CO + H_2O \rightarrow CO_2 + H_2$ (4-27)

甲烷化： $\quad CO + 3H_2 \rightarrow CH_4 + H_2O$ (4-28)

同其他煤制氢方法相比，超临界水气化制氢有着以下优点：

（1）转换完全：超临界水制氢能够将煤炭中的氢全部转化为氢气，同比条件下制氢效率更高。

（2）污染较小：超临界水气化过程中，硫、氮等元素将会以沉淀物形式存在，不会额外产生空气污染物。

（3）工艺简单：煤的超临界水气化过程能够直接生成高压氢气，可以直接用在工业反应之中，节约操作步骤，降低生产成本。

（4）能量可控易回收：超临界水气化过程释放的热量可以回收用来发电。

（5）对煤炭种类要求较低：对于大部分的煤炭来说，均能满足其制氢要求。

4.3.2 天然气制氢

天然气制氢作为一种较为普遍的制氢技术，很早就发展成为工业中主流的氢气制备技术，在制氢技术中占据主导地位。天然气的主要成分为甲烷（CH_4），是各类化合物中氢原子质量占比最大的化合物，同时由于化学结构稳定，主要通过水蒸气、氧气与甲烷反应，先生成合成气，再经过化学转化与分离制取氢气。天然气制氢技术包括蒸汽重整技术（SMR）、部分氧化重整技术、自热重整技术、CH_4/CO_2 重整技术以及近年来热门的催化裂解技术。

在众多工艺中，天然气水蒸气重整反应是采用最多且技术最成熟的工艺，其工艺流程如图 4-12 所示。加氢脱硫步骤是使有机硫加氢反应转化为 H_2S，采用氧化锌（ZnO）与 H_2S 反应生成 ZnS 以深度除 S。因为在预重整和蒸汽重整步骤中使用的催化剂（Ni/Al_2O_3）和中温水气变化的催化剂（Fe_3O_4/Cr_2O_3 或 $ZnO/ZnAl_2O_4$）易被硫化物中毒失活，因此需要在预重整之前深度脱除天然气中的硫化物，保护下游过程的催化剂，维持整个制氢体系长周期稳定运行。

预重整过程是将 C^{2+} 饱和烃转化为 C 和 H_2，避免过高的进料温度导致 C^{2+} 热分解积炭，使预重整后的 C 和 H_2 可以预热到更高温度。预重整还可以进一步脱除原料中的微量硫，保护后续催化剂。此外，预重整的部分原料为合成气（CO 和 H_2），可降低后续高温蒸汽重整的负荷，提高整个装置的生产能力。

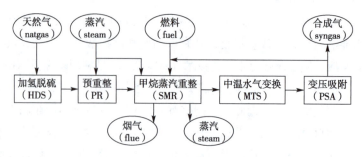

图 4-12 甲烷蒸汽重整制氢工艺流程

甲烷蒸汽重整是甲烷蒸汽重整制氢工艺的核心部分，其反应是烃类物质与水蒸气在催化剂作用下发生重整反应，生成 CO、CO_2、H_2 等气体，具体反应过程如下：

甲烷蒸汽重整主要反应：

$$CH_4 + H_2O \rightarrow 3H_2 + CO \quad (\Delta H_{298k} = 206.29 \text{ kJ/mol}) \quad (4\text{-}29)$$

$$CH_4 + 2H_2O \rightarrow 4H_2 + CO_2 \quad (\Delta H_{298k} = 164.9 \text{ kJ/mol}) \quad (4\text{-}30)$$

$$CO + H_2O \rightarrow H_2 + CO_2 \quad (\Delta H_{298k} = -41.9 \text{ kJ/mol}) \quad (4\text{-}31)$$

甲烷蒸汽重整积炭副反应：

$$CH_4 \rightarrow C + 2H_2 \quad (\Delta H_{298k} = 74.9 \text{ kJ/mol}) \quad (4\text{-}32)$$

$$2CO \rightarrow C + CO_2 \quad (\Delta H_{298k} = -172.4 \text{ kJ/mol}) \quad (4\text{-}33)$$

$$CO + H_2 \rightarrow C + H_2O \quad (\Delta H_{298k} = -175.3 \text{ kJ/mol}) \quad (4\text{-}34)$$

中温水气变换是将蒸汽重整后混合气中存在的 CO 尽可能多地转化为 H_2 和 CO_2，提高氢气产率。最后通过变压吸附提纯 H_2。

部分氧化重整制氢是 CH_4 与 O_2 发生部分氧化反应生成 CO 与 H_2，该反应为放热反应，不需要提供额外的能量。不采用催化剂时，其反应温度在 800~950 ℃，这对反应炉的质量要求很高，并且反应过程中需要通入 O_2，需要额外配备空分系统，增加了投资成本。由于该技术生成的混合气中含有较多 CO，一般需要在后端加入水蒸气进行高温变换与低温变换反应生成 CO_2 和 H_2。部分氧化重整制氢的反应式如下：

$$CH_4 + \frac{1}{2}O_2 \rightarrow CO + 2H_2 \quad (\Delta H_{298k} = -18 \text{ kJ/mol}) \quad (4\text{-}35)$$

该方法产氢率不及蒸汽重整技术，目前还处于研究阶段。

自热重整技术则是结合蒸汽重整技术和部分氧化技术，通过调整 CH_4、H_2O 和 O_2 的投料比，实现部分氧化反应释放的热量提供给需要吸热的 CH_4 自热重整，从而实现整个系统的能量平衡。具体的反应如式 (4-36)。该体系由于反应过程复杂，也没有实际工程应用案例，目前该技术研究主要集中在抗积碳催化剂、H_2O/CH_4 及 O_2/CH_4 配比、不同的反应条件和 H_2 提纯等方面。

$$2CH_4 + H_2O + O_2 \leftrightarrow CO + 5H_2 + CO_2 \quad (4\text{-}36)$$

CH_4/CO_2 重整制氢主要有干重整和自热重整两种技术。干重整技术利用 CH_4 和 CO_2 在高温下反应生成 CO 与 H_2，该反应为强吸热反应，温度越高，反应物产率越高，但高温下甲烷的裂解和 CO 的歧化反应容易造成催化剂积炭失活，影响反应进程。具体反应式如下：

$$CH_4 + CO_2 \rightarrow 2CO + 2H_2 \quad (\Delta H_{298k} = 247 \text{ kJ/mol}) \quad (4-37)$$

CH_4/CO_2 自热重整技术与 CH_4 自热重整技术类似,通过在反应原料中引入 O_2,CH_4 首先发生氧化反应释放热量提供给 CH_4/CO_2 自热重整,从而实现整个系统的能量平衡。

余长春团队通过 1 000 h 沼气干重整转化工业侧线技术验证试验,证明了干重整催化剂和工艺技术的可靠性,达到了很高的干重整转化技术指标:CH_4 转化率 95% 以上,CO_2 转化率 92% 以上,产品干气中 CO、H_2、CH_4 和 CO_2 的含量分别约为 49%、46%、1.5% 及 2.5%。中科院上海高等研究院及山西潞安矿业集团建成了国际首套万立方纳米/小时级规模甲烷二氧化碳自热重整制合成气工业侧线装置并稳定运行。

催化裂解制氢技术是在催化剂的作用下甲烷直接裂解生成碳和氢气,具体反应式如下:

$$CH_4 \rightarrow C + 2H_2 \quad (\Delta H_{298k} = 75 \text{ kJ/mol}) \quad (4-38)$$

由于产物中不存在 CO 和 CO_2 气体,因此后续 H_2 纯化过程相较于以上几种技术也更为简单,因此该方法有望代替传统制氢工艺。但在无催化剂的条件下,CH_4 裂解所需温度超过 1 500 ℃,这对反应材料的要求非常高,因此需要合适的催化剂来降低裂解温度,但产物碳的存在会覆盖活性剂表面,使催化剂中毒失活,所以开发一种合适的催化剂是该技术商业化的一个重要方向。

4.3.3 工业副产氢

工业副产氢指在某些化学工业生产过程中,副产出 H_2,通过变压吸附等技术将 H_2 分离提纯的制氢技术。工业副产氢主要存在于煤炭企业(焦炉煤气)、氯碱工业、炼油厂副产氢、冶金工业副产氢这四种工业,目前我国工业副产氢的产量较大,但存在副产纯度不高、杂质较多的问题,所以工业副产氢的主要研究方向是对于不同工业副产氢的提纯技术的改进,降低提纯成本,提高 H_2 产率。

我国工业副产氢具有以下三点优势:①副产氢产能整体靠近能源负荷中心,有效降低氢能储运成本;②我国具备良好的副产氢产业基础;③极低的碳排放量以及丙烷脱氢和乙烷裂解。副产制氢具备发展潜力,可缓解氢能源需求压力。

4.3.4 甲醇制氢

甲醇具有原料丰富、可再生、燃烧产物污染少、安全性好、廉价等优点,是未来最有希望的替代燃料之一,同时,甲醇本身高氢含量、低含碳量的优点使得甲醇制氢成为一种非常有前途的制氢方式。甲醇制氢的常用方法主要有三种:甲醇裂解制氢(decomposition of methanol,DM)、甲醇部分氧化重整制氢(partial oxidation of methanol,POM)以及甲醇水蒸气重整制氢(steam reforming of methanol,SRM)。

1. 甲醇裂解制氢

甲醇裂解技术是将甲醇和水在特定温度、压力下汽化,然后在催化剂的作用下裂解生成 H_2、CO_2 及少量 CO 和 CH_4 的混合气,最后将混合气通过变压吸附工艺提纯 H_2。具体反应式如下:

$$\text{主要反应:} \quad CH_3OH \rightarrow CO + 2H_2 \quad (\Delta H_{298k} = -90.7 \text{ kJ/mol}) \quad (4-39)$$

$$CO + H_2O \rightarrow CO_2 + H_2 \quad (\Delta H_{298k} = 41.2 \text{ kJ/mol}) \quad (4-40)$$

副反应：
$$2CH_3OH \rightarrow CH_3OCH_3 + H_2O \quad (\Delta H_{298k} = 24.9 \text{ kJ/mol}) \quad (4\text{-}41)$$

$$CO + 3H_2 \rightarrow CH_4 + H_2O \quad (\Delta H_{298k} = 206.3 \text{ kJ/mol}) \quad (4\text{-}42)$$

该技术裂解的主要产物为 CO 和 H_2，其中 CO 的含量较高（体积分数大于30%），增加了后续气体分离成本，其次在研究过程中发现反应过程中会伴随生成少量的副产物 CH_3OCH_3 和 CH_4，但副产物数量较少且环保性高。影响该工艺的主要因素在实际应用环节：①水与甲醇的配比：在裂解制氢工艺中，采用过量水的投入可以提高甲醇转化率，但会带来能耗、成本的增加，所以必须严格控制水醇比；②压力：反应时的压力主要影响裂解反应速率和蒸汽消耗量；③催化剂：一般来说，催化剂的活性及稳定性是影响反应速率的关键。

甲醇裂解制氢相较于传统制氢工艺技术而言，有三方面优势：①成本优势：该工艺技术成本及能耗低；②原料优势：该技术所使用的主要原料为甲醇，在常压下为稳定的液体，储存、运输都比较方便；③纯度优势：甲醇的纯度高，使用前不需要净化处理就可以直接参与反应，且反应流程较传统制氢工艺简单。

2. 甲醇水蒸气重整制氢

甲醇水蒸气重整制氢工艺是将甲醇和水按一定比例混合后汽化，在一定压力、温度和催化剂作用下转化生成 H_2、CO_2 及少量 CO 和 CH_4 的混合气。具体反应式如下：

$$CH_3OH + H_2O \rightarrow CO_2 + 3H_2 \quad (\Delta H_{298k} = 50.7 \text{ kJ/mol}) \quad (4\text{-}43)$$

由于最终产物中含有 CO 副产物，因此甲醇水蒸气重整制氢反应机理目前主要存在两种观点：分解-变换机理和重整-逆变换机理。分解-变换观点认为先发生 CH_3OH 分解反应生成 CO 和 H_2，然后发生变换反应生成 CO_2，具体反应过程如下：

$$CH_3OH \rightarrow CO + 2H_2 \quad (4\text{-}44)$$

$$CO + H_2O \rightarrow CO_2 + H_2 \quad (4\text{-}45)$$

重整-逆变换观点认为先发生 CH_3OH 重整反应生成 H_2、CO_2，然后发生逆变换反应生成 CO，反应机理如下：

$$CH_3OH + H_2O \rightarrow CO_2 + 3H_2 \quad (4\text{-}46)$$

$$CO_2 + H_2 \rightarrow CO + H_2O \quad (4\text{-}47)$$

相较于甲醇裂解制氢工艺，甲醇水蒸气重整制氢技术存在以下缺点：①整体反应为强吸热反应，需要外部供应大量的热；②反应体系受热质传输的限制，该反应的动态响应比较慢，影响实际生产效率。相较于甲醇裂解制氢工艺，甲醇水蒸气重整制氢技术的优势主要在于：条件相对温和，反应温度一般低于 573 K，产物中 H_2 含量高、CO 含量（体积分数低于2%）低，可选催化剂种类多，价格便宜。

3. 甲醇部分氧化重整制氢

甲醇部分氧化反应释放热量，与吸热的甲醇蒸气重整制氢反应耦合，也称为甲醇自热重整制氢。该技术发生的反应数量相对较多，包括甲醇分解反应、水煤气转换反应、蒸气重整反应和部分氧化反应，具体反应如下：

$$CH_3OH + \frac{1}{2}O_2 \rightarrow CO_2 + 2H_2 \quad (\Delta H_{298k} = -192 \text{ kJ/mol}) \quad (4\text{-}48)$$

$$CH_3OH + H_2O \rightarrow CO_2 + 3H_2 \quad (\Delta H_{298k} = 49 \text{ kJ/mol}) \quad (4\text{-}49)$$

$$CH_3OH \rightarrow CO + 2H_2 \quad (\Delta H_{298k} = 91 \text{ kJ/mol}) \quad (4\text{-}50)$$

$$CO + H_2O \rightarrow CO_2 + H_2 \quad (\Delta H_{298k} = -41 \text{ kJ/mol}) \quad (4\text{-}51)$$

与前两种工艺相比，该技术不需要外部供热，可以降低能耗，但是甲醇部分氧化制氢技术的成熟度不高，甲醇氧化是强放热过程，反应器内温度上升快，容易导致飞温现象，同时催化剂也容易因温度失控导致烧结失活。反应后尾气温度也比较高，H_2 含量低，所以未能实现规模化应用。

4.3.5 电解水制氢

1. 电解水制氢原理

目前"绿氢"制取的主要方式为电解水制氢，原理是在直流电作用下，通过电化学反应将水电解为 H_2 和 O_2，由两个半反应组成，阳极的析氧反应（oxygen evolution reaction，OER）和阴极的析氢反应（hydrogen evolution reaction，HER）。传统的电解水装置如图 4-13 所示，主要包含电解液、阴极（cathode）、阳极（anode）以及隔膜这几部分，其中电解液通常依据 pH 的差异分为酸性、中性以及碱性电解质溶液；隔膜主要有质子交换膜、阴离子交换膜、双极性膜等。

HER 是一个双电子转移过程，在不同电解液中 HER 的反应机理不尽相同，具体如下：

（1）沃尔墨过程（Bolmer step）。

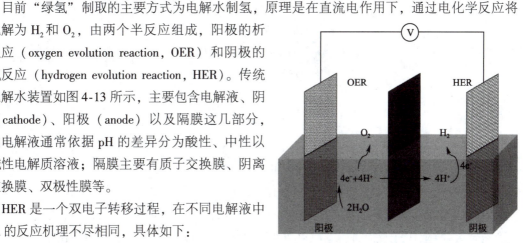

图 4-13 电解水装置示意图

$$H^+ + e^- \rightarrow H^* \quad (酸性电解液) \quad (4\text{-}52)$$

$$H_2O + e^- \rightarrow H^* + OH^- \quad (中性或碱性电解液) \quad (4\text{-}53)$$

注：* 代表吸附的原子或基团。

（2）海洛夫斯基过程（Heyrovsky step）。

$$H^* + H^+ + e^- \rightarrow H_2 \quad (酸性电解液) \quad (4\text{-}54)$$

$$H^* + H_2O + e^- \rightarrow H_2 + OH^- \quad (中性或碱性电解液) \quad (4\text{-}55)$$

（3）塔菲尔过程（Tafel step）。

$$H^* + H^* \rightarrow H_2 \quad (全 pH 范围) \quad (4\text{-}56)$$

在酸性环境中，游离氢原子丰富，单个的游离氢质子（H^+）迁移到电极表面的催化活性位点进行 Volmer 反应，电化学还原生成吸附氢原子（H^*）。其次是吸附氢原子结合质子和电子（Heyrovsky 过程）或者两个吸附氢原子直接结合（Tafel 过程）后脱附形成 H_2。但在碱性环境中缺少 H^+，所以首先要经过水的解离形成 H^+ 和 OH^-，然后再经过上述步骤生成 H_2。H^* 的吸附自由能（ΔG_{H*}）被认为是描述 HER 性能的重要参数，当 $\Delta G_{H*} > 0$ 时，Volmer 反应容易发生，但氢原子脱附生成 H_2 的过程缓慢；当 $\Delta G_{H*} < 0$ 时，Volmer 反应速率慢，生成吸附氢原子的能力减弱，影响整体 H_2 的析出速率。因此，高活性的 HER 催化剂应具有更优的 ΔG_{H*}，即越接近于

零,氢原子的吸附和脱附能力都处于一个较高的水平,越有利于 H_2 析出。然而在碱性环境中,除了衡量 H^* 的吸脱附能力,还需要衡量催化剂的水吸附能和活化能。较低的水吸附能,代表水分子在催化剂表面有很好的亲和力,这样有利于后续反应的进行;较小的水活化能预示着水解离过程速率很快。因此,在碱性环境中,理想的催化剂不但应具有接近零的 ΔG_{H^*},还需具备合适的水吸附能及活化能。

OER 是一个四电子的转移过程,它的动力学过程相对缓慢,整个反应机理比 HER 更复杂。OER 过程涉及三种不同的中间产物(OH^*、O^*、OOH^*)的吸附以及 O_2 的脱附。在不同 pH 环境中,OER 经历的过程也不一样,具体如下:

酸性或中性环境中:

$$H_2O \rightarrow OH^* + H^+ + e^- \tag{4-57}$$

$$OH^* \rightarrow O^* + H^+ + e^- \tag{4-58}$$

$$O^* + H_2O \rightarrow OOH^* + H^+ + e^- \tag{4-59}$$

$$OOH^* \rightarrow O_2 + H^+ + e^- \tag{4-60}$$

碱性环境中:

$$OH^- \rightarrow OH^* + e^- \tag{4-61}$$

$$OH^* + OH^- \rightarrow O^* + H_2O + e^- \tag{4-62}$$

$$O^* + OH^- \rightarrow OOH^* + e^- \tag{4-63}$$

$$OOH^* + OH^- \rightarrow O_2 + H_2O + e^- \tag{4-64}$$

在碱性溶液环境中,中间产物与催化活性位点结合能的大小决定了反应进行的速率,结合能太强或太弱都不利于反应进行。而在酸性和中性溶液环境下,OH^- 较少,需由水分子电解生成,还需考虑 OH^- 的生成速率对整个过程的影响。

理想状态下,驱动水电解的电势为 1.23 V,但在实际水分解过程中,所需的电压要大于理论电压。这是因为除了基本理论电压以外,实际过程中由于电极极化、浓差极化和溶液电阻等都会增加反应过程的壁垒,需要额外的电压来驱动水电解。

$$E_{op} = 1.23 + \eta_c + \eta_a + \eta_o$$

式中,η_c 和 η_a 分别表示阴极和阳极的过电势;η_o 表示其他因素导致的过电势。因此需要选用具有良好催化性能的材料来降低反应势垒,其他因素导致的过电势一般通过优化电解系统的结构来降低。

2. 电解水制氢技术

目前电解水制氢技术主要有碱性(alkaline,ALK)电解水、质子交换膜(proton exchange membrane,PEM)电解水、阴离子交换膜(anion exchange membrane,AEM)电解水和固体氧化物(solid oxide electrolysis cell,SOEC)电解水技术。

1)碱性电解水技术

碱性电解水技术成熟,成本较低,操作简单,在 20 世纪中期就实现工业应用,运行寿命可达 15 年,一般以 KOH 或 NaOH(质量分数25%~30%)的水溶液为电解质,镍基材料为电极,石棉布或聚酯系材料等作为隔膜构成。其工作原理是水分子在阴极分解为氢离子和氢氧根离子,氢离子得到电子生成氢原子,并进一步生成氢分子,氢氧根离子则在两电极间的电场力作用下穿过多孔隔膜,在阳极侧失去电子生成水分子和氧分子。由于电解出的气体会带有碱液,需要对产出的气体进行脱碱雾处理。其工作温度为 40~80 ℃,工作压力为 1~3 MPa,能源效率为 59%~70%,电流密度约为 0.25 A/cm^2,制氢能耗为 4.5~5.5 kW·h。

碱性电解水制氢技术的主要缺点是电解效率低,电源波动适应性差,同时碱液存在一定的腐蚀性。此外,碱液易与空气中的 CO_2 反应生成难溶碳酸盐,堵塞隔膜孔道,阻碍物料传递,大大降低电解性能。此外,为防止 H_2、O_2 穿过多孔的石棉隔膜,阳极和阴极两侧上的压力必须均衡,因此电解槽关闭或者启动速度慢,难以快速调节制氢速度,导致碱性电解槽难以与具有快速波动特性的风光等可再生能源直接配合使用。

2) 质子交换膜电解水技术

PEM 电解槽是 PEM 电解水制氢装置的核心部分,电解槽的最基本组成单位是电解池,一个电解槽包含数十甚至上百个电解池。电解池主要由膜电极、双极板和密封圈、防护片、端板等组成。其中膜电极由质子交换膜、阴阳极催化剂层和阴阳极多孔传输层构成,具体结构如图 4-14 所示。电解槽有单极、双极两种形式,双极结构使用串联形式,一个电解池的阳极背面与另一个电解池的阴极背面通过双极板连接;单极结构使用并联形式,形成槽式布置。PEM 电解槽使用双极设计,可以在跨膜的高压差下操作。

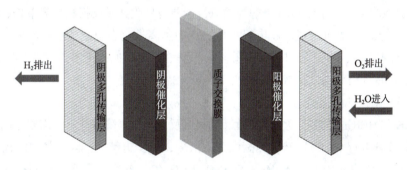

图 4-14 膜电极结构组成示意图

其工作原理是水在阳极被分解成氧气、质子和电子,质子通过质子交换膜进入阴极。电子从阳极经过外电路到阴极,在阴极侧两个质子和电子重新结合生成氢气。

(1) 质子交换膜。质子交换膜是 PEM 电解槽的核心零部件之一,主要作用是充当质子交换的通道及防止阴阳极产生的 H_2 和 O_2 互相接触,并为催化剂涂层提供支撑。因此,质子交换膜需要具备极高的质子传导率和气密性,极低的电子传导率。质子交换膜在现阶段主要使用全氟磺酸膜,占主要市场份额的是 Nafion 膜,因此对质子交换膜的改进研究也主要集中在 Nafion 膜。

(2) 电极催化剂。阴、阳极催化剂是电化学反应的场所,尤其是阳极处于强酸环境,过电位很高,因此催化剂需要具备良好的耐腐蚀性、催化活性、电子传导率和孔隙率等特点,才能确保 PEM 电解槽稳定运行。目前阴极 HER 反应的催化剂主要采用铂碳催化剂。阳极 OER 反应过电位远高于 HER 反应,因而对阳极催化剂的研究可以有效提高电解水制氢效率。阳极催化剂主要有 Ir、Ru 贵金属/氧化物及以它们掺杂改性的多元氧化物和多孔纳米新型结构等材料。与 IrO_2

相比，RuO_2 的活性更高，但在阳极过电位下很容形成 RuO_4，溶解在溶液中导致稳定性降低。IrO_2 虽然活性较低但是在酸性环境中稳定性更好，但铱资源的稀缺性使得成本高，因此研制高活性、高稳定性的低铱和非铱催化剂是目前主要的研究方向之一。

（3）多孔传输层。多孔传输层又称气体扩散层或集流器，是夹在阴阳极和双极板之间的多孔层。主要作用是连接双极板和催化剂层，确保气体和水在双极板和催化剂层之间的传输，并提供电子传输通道。因此，气体传输层必须具有适当的孔隙率和孔径、良好的导电性和稳定性，才能满足相应的功能。

（4）双极板。双极板属于外部组件，不但是整个电池的机械支撑，也是汇流气体及传导电子的重要通道。双极板主要作用是将多片膜电极串联起来，在反应池内与集流体配合使用，将电子传输到外电路，并将反应产生的气体和未电解的水及时排出电解池外。因此，双极板需要具备较高的机械稳定性、化学稳定性、低氢渗透性和高导电性，目前双极板主要分为石墨双极板、金属双极板及复合材料双极板。

相较于 ALK 电解水技术，PEM 电解水制氢优势主要在于：①使用纯水电解，避免了潜在的环境污染，对环境友好；②质子交换膜电阻及气体渗透率低，使其电流密度、工作效率及气体纯度高；③动态响应速度快，适应可再生能源发电的波动性。

3）阴离子交换膜电解水技术

AEM 电解池的核心组件与 PEM 电解池类似，主要包括阴离子交换膜、离聚物、两个过渡金属催化电极组以及上述部分组成的膜电极组件。其中阴离子交换膜是核心组成部分，其主要作用是将 OH^- 从阴极传导到阳极，并且阻挡电子和气体在两电极间的传递，上述组件通过与极板、气体扩散层、垫片等组件通过密封组装形成完整的 AEM 电解槽。

（1）阴极和阳极催化剂。

由于 OER 和 HER 过程反应动力学惰性，为增强反应活性，降低能耗，需要在两电极上负载催化剂，以此降低电解水的过电势，提高电解水效率，减少电解水能耗。其中阴极（HER）催化剂常用的是 Pt/C、Cu-Co-O_x、Ni-Mo、Ni/CeO_2-La_2O_3/C、Ni 和石墨烯等；阳极（OER）催化剂常用的是 IrO_2、Ni、Ni-Fe 合金、石墨烯、$Pb_2Ru_2O_{6.5}$、$Cu_{0.7}CO_{2.3}O_4$ 等。其中，镍基等非贵金属材料作为阳极催化剂时，在反应过程中容易溶解和脱落，影响电解系统的稳定性。因此，优质催化剂的开发仍然是 AEM 电解水技术的核心。

（2）阴离子交换膜和离聚物。

阴离子交换膜和离聚物是由带有固定阳离子基团的聚合物主链组成，这些阳离子基团的存在，可以选择性传递阴离子。大多数基团由三烷基季铵盐组成，通过苯基亚甲基连接到聚合物主链上，如聚苯乙烯、聚砜、聚醚砜或聚氧化亚苯等。高效的阴离子交换膜应具备较高的机械强度、热和化学稳定性、离子导电性以及阻挡电子和气体的传递等作用，但由于阴离子交换膜传递的 OH^- 比质子交换膜传递的 H^+ 体积大，因此与质子交换膜相比，其离子传导率较低，通过增加离子交换容量可以提高 OH^- 扩散速率，但这会导致交换膜的吸水率升高，从而影响机械稳定性，因此需要平衡膜的离子传导率和机械稳定性两者之间的关系。同时，阴离子交换膜的热稳定性有限，对 AEM 电解系统的稳定性以及操作温度限制有着重要的影响。开发具有高离子电导率、稳定官能团和耐久性高的离聚物，提升阴离子交换膜的耐久性和稳定性，有效地集成到 AEM 电解体系中是提升电解水效率的关键。

(3) 膜电极组件。

膜电极主要包括阴离子交换膜、离聚物、阳极和阴极催化剂层,采用催化剂涂层隔膜或催化剂涂层基底两种方式制备。催化剂涂层隔膜法是将催化剂和离聚物的混合物制备成浆料,利用喷涂、旋涂等方法涂在阴离子交换膜的两侧并干燥,然后把它们放在气体扩散层之间进行机械或热压组装。催化剂涂层基底法是将催化剂浆料直接沉积在气体扩散层上,然后烧结形成电极,阴离子交换膜被封装在气体扩散层或电极之间形成膜电极组件。

在 AEM 电解系统中,用过渡金属催化剂代替贵金属作为催化剂,阴离子交换膜相较于 PEM 电解槽的 Nafion 膜价格更低,可以有效降低电解水成本。同时可以使用蒸馏水或稀碱性溶液代替高浓度的 KOH 溶液作为电解质,没有腐蚀性液体电解质,使 AEM 电解槽具有无泄漏、体积稳定、易于处理、小尺寸和质量好等优点。但该技术开发研究大部分仅限于实验室规模,已商业化的 AEM 电解槽仍有很大的改进空间。

4) 固体氧化物电解水技术 (SOEC)

固体氧化物电解池的电解原理如图 4-15 所示,中间是致密的电解质层,两端为多孔阴电极层和阳电极层。在电解池外部施加一定电压时,氢电极处的水分解为 H_2 和 O^{2-},O^{2-} 穿过电解质层到达氧电极后,在催化剂作用下失去电子生成 O_2。

电解质的作用是隔开氢气和氧气,并传导氧离子或质子,因此电解质材料需要具备高离子电导率

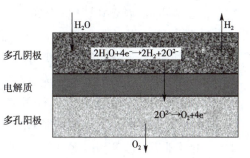

图 4-15 固体氧化物电解池原理

和低电子电导性能,目前研究较多的电解质材料主要是致密的 ABO_3(A = Ba, Sr, Ca;B = Ce, Zr)钙钛矿类陶瓷。

阴极是原料水分解的场所,并提供电子传导通道。因此阴极材料需要具备良好的电子导电率、氧离子导电率和催化活性,并在还原性气氛中有良好的化学稳定性。阴极材料通常选用金属陶瓷复合材料,由于镍的成本较低,对水的分解反应具有良好的催化活性,镍-氧化钇稳定氧化锆(Ni-YSZ)制造的金属陶瓷复合材料成为最常用的阴极材料。使用 YSZ 和镍作为阴极材料,可以使阴极的热膨胀系数接近以 YSZ 为主要材料的电解质,保持固体氧化物的机械稳定性。

阳极是产生氧气的场所,阳极材料必须要在高温氧化的环境下保持稳定。为了确保氧气的顺利生成,阳极材料必须具备优良的电子导电率、氧离子导电率和催化活性。因此阳极材料一般采用多孔结构,便于氧气的流通,为了保持高温下的机械稳定,阳极材料的热膨胀系数也必须和电解质相匹配。掺杂锶的锰酸镧(LSM)的材料催化活性高,和 YSZ 材料的热膨胀系数接近,是阳极材料中最具代表性的材料之一。

与碱性电解水和质子交换膜电解水技术相比,固体氧化物电解水技术系统结构简单,制氢效率高,同时 SOEC 可以在较高的温度(500~850℃)下工作,利用热能可以显著降低分解水所需的电能,降低制氢成本。因此 SOEC 可与核能结合,利用核能余热蒸汽进行电解制氢,提高核电利用率;也可以布置于合成氨工厂,利用余热与清洁电力制氢,替代传统的化石燃料重整制

氢，降低碳排放；或者布置在钢铁厂就地制氢，替代焦炭进行氢冶金。

但目前固体氧化物电解水制氢需要采用贵金属作为催化剂，成本较高，启动速度慢，其次存在电堆衰减、系统构建与系统安全等问题需要解决，该技术处于研发示范阶段，尚未商业化。

4.4 氢能与低碳经济

氢能除了具备高效、低碳、清洁这些优点之外，还有着广泛的应用场景，如应用于能源、交通、工业、建筑等领域。

为贯彻国家《氢能产业发展中长期规划（2021—2035年）》，北京、重庆、广东、河南、陕西等地发布了氢能发展规划。据中国氢能联盟预计，在2030年碳达峰下，我国氢气年需求量将达到3 715万t，在终端能源消费中占比约为5%，可再生氢产量约500万t/年。在2060年碳中和情景下，我国氢气的年需求量将增至1.3亿t左右，在终端能源消费中占比约为20%。

然而，对于氢能的大规模应用，还有许多关键技术需要解决。随着氢能不断发展，产业链也在日益完善，主要可分为上游制氢端、中游储运端、下游应用端，氢能利用流程如图4-16所示。相较于风能、太阳能和锂电池产业，氢能产业链的深度和广度更高，商业化前景广阔。目前，我国氢能的利用还处在萌芽阶段，以交通运输和氢燃料电池汽车产业的热度最高。具有相关氢能产业政策的省区市几乎都以燃料电池汽车及其产业链作为氢能发展的重点与主导方向。今后一段时间，我国将以交通运输领域作为应用市场发展的突破口，逐步向

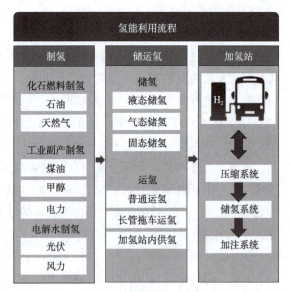

图4-16　氢能利用流程

储能、工业和建筑领域氢能应用等方向发展。而通过氢能项目不断落地，很容易形成产业聚集区，围绕氢能产业聚集区，还可以衍生许多配套产业，带动地方就业及经济良性发展。

4.5 氢能产业与政策

我国自21世纪初期便开始规划氢能与燃料电池汽车产业，出台的"十五"国家高技术研究发展计划（863计划）"电动汽车重大专项"、《国家"十一五"科学技术发展规划》《"十二五"国家战略性新兴产业发展规划》《"十三五"国家战略性新兴产业发展规划》等文件先后将燃料电池汽车及氢能作为重点技术创新任务，极大推动了相关产业发展。2019年3月，氢能被首次写入《政府工作报告》，明确加强加氢设施建设。2019年底，《能源统计报表制度》首次将氢气纳入年度能源统计。2020年4月，《中华人民共和国能源法（征求意见稿）》首次将氢能列为能源范畴。国家层面相关政策支持层层递进，初步形成了以支持氢燃料电池汽车为主，覆盖技术研

发、投资鼓励、准入管理等领域的政策体系，也极大推动了我国氢能标准体系建设。

4.5.1 双碳下的氢能政策

2023 年 4 月 21 日，国家发改委、国家能源局、国家标准委、生态环境部等十一部门印发《碳达峰碳中和标准体系建设指南》，其中指出：氢能领域重点完善全产业链技术标准，加快制修订氢燃料品质和氢能检测等基础通用标准，氢和氢气系统安全、风险评估标准，氢密封、临氢材料、氢气泄漏检测和防爆抑爆、氢气安全泄放标准、供氢母站、油气氢电综合能源站安全等氢能安全标准，电解水制氢系统及其关键零部件标准，炼厂氢制备及检测标准，氢液化装备与液氢储存容器、高压气态氢运输、纯氢/掺氢管道等氢储输标准，加氢站系统及其关键技术和设备标准，燃料电池、冶金等领域氢能应用技术标准。

2022 年 10 月 9 日，国家能源局关于印发《能源碳达峰碳中和标准化提升行动计划》的通知，其中指出：进一步推动氢能产业发展标准化管理，加快完善氢能标准顶层设计和标准体系。开展氢制备、氢储存、氢输运、氢加注、氢能多元化应用等技术标准研制，支撑氢能"制储输用"全产业链发展。

2022 年 8 月 1 日，工信部、国家发展改革委、生态环境部印发《工业领域碳达峰实施方案》，其中氢能方面指出：推进氢能制储输运销用全链条发展；鼓励有条件的地区利用可再生能源制氢；研究实施氢冶金行动计划；突破推广一批高效储能、能源电子、氢能、碳捕集利用封存、温和条件二氧化碳资源化利用等关键核心技术；开展电动重卡、氢燃料汽车研发及示范应用。加快充电桩建设及换电模式创新，构建便利高效适度超前的充电网络体系；加强船用混合动力、LNG 动力、电池动力、氨燃料、氢燃料等低碳清洁能源装备研发。

2022 年 7 月 13 日，住房和城乡建设部、国家发展改革委发布关于印发《城乡建设领域碳达峰实施方案》，其中指出：根据既有能源基础设施和经济承受能力，因地制宜探索氢燃料电池分布式热电联供。

2022 年 6 月 24 日，科技部等九部门发布关于印发《科技支撑碳达峰碳中和实施方案（2022—2030 年）》的通知，其中指出：研发可再生能源高效低成本制氢技术、大规模物理储氢和化学储氢技术、大规模及长距离管道输氢技术、氢能安全技术等；探索研发新型制氢和储氢技术。

2022 年 5 月 30 日，财政部印发《财政支持做好碳达峰碳中和工作的意见》，意见提出：大力支持发展新能源汽车，完善充换电基础设施支持政策，稳妥推动燃料电池汽车示范应用工作。

2022 年 5 月 8 日，教育部印发《加强碳达峰碳中和高等教育人才培养体系建设工作方案》，文件提出：加快储能和氢能相关学科专业建设，以大规模可再生能源消纳为目标，推动高校加快储能和氢能领域人才培养，服务大容量、长周期储能需求，实现全链条覆盖。

2021 年 12 月 8 日，国家发改委发布了《贯彻落实碳达峰碳中和目标要求 推动数据中心和 5G 等新型基础设施绿色高质量发展实施方案》，其中指出：支持模块化氢电池和太阳能板房等在小型或边缘数据中心的规模化推广应用。结合储能、氢能等新技术，提升可再生能源在数据中心能源供应中的比重。

4.5.2 氢能产业

1. 氢制取

我国煤化工行业发展成熟,基于当前煤制氢技术产量大、产能分布广,且利用变压吸附技术达到高纯氢品质,成本约在 6.77~12.14 元/kg;天然气制氢主要集中在西部盆地等天然气资源较为丰富的地区,主要采用蒸汽重整制氢方式,成本约在 7.51~24.32 元/kg;工业副产氢目前大多被下游产业消化,根据行业不同制氢成本略有差异,约在 1.10~2.30 元/kg;电解水制氢主要包括碱性电解水技术路线及质子交换膜电解水技术路线,成本分别约为 21.6 元/kg、31.7 元/kg,其中碱性电解水制氢已可实现兆瓦级制氢应用,质子交换膜电解水制氢由于技术短板及经济效益限制,尚未实现规模化应用。

2. 氢储存

储氢主要包括高压气态、低温液态及吸附等物理方式,固体合金储氢和有机液态储氢等化学方式,其中高压气态和低温液态储氢技术已在全球范围内形成商业化路线。我国目前广泛采用高压气态储氢方式,该技术成熟度高、初始投资成本低;低温液态储氢技术尽管在国外储氢环节已占比高达 70%,但由于液化过程能耗高、容器性能要求高等因素,导致成本居高不下,在我国仅少量应用于航空航天领域;而液氨/甲醇储氢、氢化物吸附储氢等技术目前尚处于实验阶段,距离商业化、规模化应用尚有距离。

3. 氢应用

氢目前在我国仍然主要作为工业原料而非能源使用,主要集中在化工、石油炼制、冶金等工业领域,其中合成氨需求量 1080 万 t/a,占比 32.3%,生产甲醇需求量 910 万 t/a,占比 27.2%,石油炼化与煤化工需求量 820 万 t/a,占比 20.5%。近年来发展较快的交通领域尽管相对工业用氢总体需求量较小,但处于快速发展期。氢燃料电池汽车方面,目前主要采用质子交换膜燃料电池技术,我国以商用车为应用突破点,积极开展试点示范,而国外大多以乘用车为主,并行开展商用车示范。

> **拓展阅读** "氢装"上阵——助力实现"双碳"目标

党的二十大报告指出:"实现碳达峰碳中和是一场广泛而深刻的经济社会系统性变革。立足我国能源资源禀赋,坚持先立后破,有计划分步骤实施碳达峰行动。"自"碳达峰碳中和"目标提出以来,中国持续推进产业结构和能源结构调整,大力发展可再生能源,努力兼顾经济发展和绿色转型同步进行。而氢能作为一种清洁高效、灵活且可储可输的二次能源,是推动传统化石能源清洁高效利用和支撑可再生能源大规模发展的理想媒介。

氢能发展在我国处于产业导入阶段,各领域的应用正经历"从 0 到 1"的突破期,各地陆续发布氢能发展及相关应用的规划,参与氢能板块的公司数量也在快速增加,这也涌现出许多令人振奋的事迹。

1. 华电重工的氢能技术研发

面对碱性电解水制氢设备"卡脖子"难题,中国华电氢能技术研究中心常务副主任白建明带领团队广泛调研、大胆创新、攻坚克难，不断完善攻关思路，经过十余年奋斗，最终取得 MW 级碱性电解槽整堆与制氢系统设计的突破，相较传统电解槽，其运行电流密度提高约 30%，整体重量减少近 10%，直流能耗指标小于 4.6 kW·h 每标方氢气，性能达到国内一流水准，为新型制氢装备的大规模工程化产业应用提供了借鉴，为能源安全事业做出了非常大的贡献。

2. 大国工匠——柴茂荣

2014 年 12 月，第一台搭载氢能燃料电池的汽车在日本问世，引起了国内外对氢动能车的广泛关注。2017 年，时任科技部部长万钢访问日本，作为在日优秀华人代表的柴茂荣陪同参观了日本的氢燃料电池汽车。

万钢深知柴茂荣在氢能技术领域的成就，专门提到中国要大力发展新能源，并盛情邀请他回国。柴茂荣说："我是中国人，国家有需要，我义不容辞。"没有任何迟疑，柴茂荣就做出回国的决定。但身为氢能技术的顶级专家，其回国之路注定坎坷，公司为用尽各种理由留住他。为了尽快回国，他被迫辗转入职日本某大学，后以出差的形式返回国内。离开日本时，他只带了一箱随身衣物，任何资料和书籍都没让带。

回国后，柴茂荣加入国家电投集团，成为氢能燃料电池的技术负责人。彼时，国内氢能技术的研究尚未见起色，缺乏核心零部件和原材料，为了拉近与国外的技术差距，加快研制速度，柴茂荣把家安在离公司仅 500 m 的地方，每天第一个到，最后一个离开。除了吃饭睡觉，他把所有时间和精力都扑在了工作上。

不负众望，2019 年，第一台发动机样机制作完成。2020 年，改进型发动机"氢腾"正式发布，同年开始建设生产线。2021 年 4 月，"氢腾"亮相博鳌论坛，在平均 36 ℃ 的高温高湿环境下，出色地完成了各项运载任务。如今，氢腾已实现量产，产能稳定，日产量达 10 台。而氢腾出色的性能数据均达到国际先进水平。

思 考 题

1. 请简要描述氢燃料电池的分类，并描述不同氢燃料电池的工作原理及基本结构。
2. 催化剂是氢燃料电池中重要的组成之一，请分析催化剂在其中主要起到什么作用。
3. 制氢技术的种类有很多，请依据制氢的机理描述"灰氢"、"蓝氢"及"绿氢"的区别。
4. 请描述天然气制氢的原理及工艺路线。
5. 电解水制氢可以实现零碳排放量，其中存在多种制氢工艺，哪种工艺可以很好地与风、光等新能源发电结合？

第 5 章

生物质能

学习目标

1. 了解生物质能的概况,掌握生物质能的特点及分类。
2. 掌握生物质能转化技术原理与工艺,了解现有的生物质能转化技术主要研究方向。
3. 了解生物质能产业发展现状、政策。

学习重点

1. 生物质能的特点及分类。
2. 生物质能转化技术原理与工艺。

学习难点

1. 生物质能转化技术工艺流程。
2. 生物质能转化技术今后的研究方向。

生物质能是可再生能源的重要组成部分。其高效开发利用,对解决能源、生态环境问题将起到十分积极的作用。本章以生物质能概况为起点,从生物质资源和生物质能转化利用技术及应用等方面展开,并结合低碳经济及其产业发展政策对生物质能进行介绍。

5.1 生物质能概况

生物质能作为人类一直赖以生存的重要能源,它居于世界能源消费总量第四位,仅次于煤炭、石油和天然气。在国务院印发的《2030年前碳达峰行动方案》中提出,加快构建清洁低碳安全高效的能源体系,因地制宜发展生物质发电、生物质能清洁供暖和生物天然气。国家发展改革委、国家能源局等部门联合印发的《"十四五"可再生能源发展规划》中也提出稳步推进生物质能多元化开发。可见加快发展生物质能产业是我国今后规划中构筑产业体系新支柱的具体要求。生物质能产业在多年的发展中也逐步趋于成熟,产业链后端应用广泛,在推进我国碳达峰碳中和、实现能源绿色低碳转型、构建新兴产业体系、聚焦产业促进乡村发展等方面发挥着重要作用。

利用自然界的植物、动物粪便及城乡有机废物转化成的能源称为生物质能。生物质能是以固体、液体、气体多种形态对能源作出贡献的非化石能源；是唯一可实现发电、非电利用多种形式的能源，同时是可以提供稳定、连续供应的能源，在一定程度上弥补了太阳能、风能供能不稳定的问题。

5.1.1 生物质能的特点及分类

生物质能可通过热化学转换技术将固体生物质转换成可燃气体、焦油等，可通过生物化学转换技术使生物质在微生物的发酵作用下转换成沼气、酒精等，可通过压块细密成型技术将生物质压缩成高密度固体燃料等。

1. 生物质能的特点

生物质能具有五大特性：

（1）可再生性。生物质能与风能、太阳能等同属可再生能源，资源丰富，可永续利用。

（2）低污染性。生物质中的硫、氮含量低，燃烧时生成的 SO_x、NO_x 较少；由于生物质在生长时需要的二氧化碳相当于它排放的二氧化碳的量，因此在大气中的二氧化碳净排放量近似于零，可有效地减轻温室效应。

（3）广泛分布性。生物质在自然界中分布非常广泛。缺乏煤炭的地域，可充分利用生物质能。

（4）总量丰富。生物质能是世界第四大能源，仅次于煤炭、石油和天然气。根据生物学家估算，地球陆地每年生产 1 000 亿~1 250 亿 t 生物质；海洋年生产 500 亿 t 生物质。生物质能源的年生产量远远超过全世界总能源需求量，相当于世界总能耗的 10 倍。

（5）广泛应用性。生物质能源可以以沼气、压缩成型固体燃料、气化生产燃气、气化发电、生产燃料酒精、热裂解生产生物柴油等形式存在，应用在各个领域。

2. 生物质能的分类

依据来源的不同，可以将能够利用的生物质能源分为农业生物质资源、林业生物质资源、畜禽粪便、生活污水和工业有机废水、城市固体有机废弃物和沼气六大类。

1）农业生物质资源

农业生物质资源包括农业生产过程中的废弃物、农业加工业的废弃物和能源植物。农业生产过程中的废弃物，如农作物在收获时残留在农田内的农作物秸秆（玉米秸秆、高粱秸秆、麦秸、稻秸、豆秸和棉秸等）；农业加工业的废弃物，如农业生产过程中剩余的稻壳等；能源植物泛指用以提供能源的植物，通常包括草本能源作物、油料作物、制取碳氢化合物植物和水生植物等。

2）林业生物质资源

林业生物质资源是指森林生长和林业生产过程中提供的生物质资源，包括薪炭林、在森林抚育和间伐作业中的零散木材、残留的树枝和树叶等；木材采运和加工过程中的枝丫、梢头、木屑、板皮和截头等；林业副产品的废弃物，如果壳和果核等。

3）畜禽粪便

畜禽粪便是畜禽排泄物的总称，是畜禽排出的粪便、尿及其垫草的混合物，是其他形态生物质（如粮食、作物秸秆和牧草等）的转化形式。在我国畜禽主要包括猪、牛和鸡等，其资源和畜牧业生产有关。可根据这些畜禽的品种、体重、粪便排泄量等因素，估算出畜禽粪便的资源实物量。

4）生活污水和工业有机废水

生活污水主要包括农村和城镇居民生活、商业和服务业的各种排水（如冷却水、洗浴排水、洗衣排水、厨房排水、粪便污水等）。工业有机废水主要是乙醇、酿酒、制糖、食品、制药、造纸及屠宰等行业生产过程中排出的废水等，其中含有机物。

5）城市固体有机废弃物

城市固体有机废弃物主要包括城镇居民生活垃圾、商业、服务业垃圾等。其组成成分比较复杂，受当地居民平均生活水平、能源消费结构、城镇建设、自然条件、传统习惯及季节变化等因素的影响。

6）沼气

沼气是有机物质（如人畜粪便、秸秆、污水等）在厌氧条件下，经过微生物的发酵作用而生成的一种混合气体，主要成分是甲烷（CH_4）。由于这种气体最先是在沼泽中发现的，所以称为沼气。通常可以供农家用来做饭、照明。

5.1.2 生物质能发展状况及目标

1. 生物质能发展状况

地球上每年因进行光合作用而产生的生物质就有近 2 000 亿 t，在 20 世纪 70 年代爆发全球性的石油危机后，以生物质能源为代表的清洁能源在全球范围内受到重视，但是如此巨量的生物质作为能源的利用量却还不足 1%，因此生物质能仍具有很大的发展潜力。尤其在发达国家，生物质能被赋予重要能源战略定位。与风能、太阳能等其他可再生能源相比，生物质能通过发电、供热、供气等方式，在工业、农业、交通、生活等多个领域发挥着重要作用。全球各国通过制定相应政策法规推动生物质能综合发展，美国、巴西、德国等国家发展进程较快。

美国主要从减少对石油进口的依赖、促进环境可持续发展和经济发展、为农业经济创造新的就业机会以及开发新产业和新技术，形成多样化的能源和产品供给等方面来推动生物质资源研究。美国尤其重视发展生物液体燃料，是世界上较早发展燃料乙醇的国家，已成为世界上主要燃料乙醇的生产国和消费国。其生产的燃料乙醇主要以玉米为原料，占其主要燃料原料的 40%，因为其玉米种植规模化程度高、技术先进。与乙醇产业相比，美国生物柴油的发展较晚，始于 20 世纪 90 年代，主要原料为大豆。

巴西也是燃料乙醇的生产大国，但燃料乙醇主要的生产原料为甘蔗，该国甘蔗的种植和燃料乙醇的生产产生了大量的甘蔗渣，利用甘蔗渣发电是巴西生物质发电的主要利用形式。

德国通过《可再生能源法》的颁布，确立可再生能源的电网优先权并提供上网电价补贴，以此推动了陆上风电、光伏发电和生物质发电的快速增长，使得德国在欧洲生物质发电装机容量上处于领先地位。同时德国也注重沼气资源的开发，2020 年沼气发电装机容量约为 750 万 kW，发电量约为 330 亿 kW·h。在德国，几乎每一个电力消费者都通过支付可再生能源附加费来资助可再生能源。

在欧洲其他国家，尤其是北欧国家，生物质供热已经成为地区供热的主要方式。北欧的林业资源丰富，生物质能供热主要是以热电联产的形式开展。

我国在生物质能源发展方面也陆续出台了一系列相关政策，逐步形成了相对完善的体系。2006 年，我国正式实施可再生能源法，明确把生物质能纳入立法调节范围，使生物质能开发利用有了立法保障。2007 年，我国颁布《可再生能源中长期发展规划》，对生物质发电、燃料乙醇、生物柴油、生物质固体成型燃料等提出明确的规模化发展目标。2021 年，国务院印发的《2030 年前碳达峰行动方案》提出重点实施"碳达峰十大行动"，明确提出加快生物质能、太阳能等可再生能源在农业生产和农村生活中的应用。2022 年，《"十四五"可再生能源发展规划》再次强调稳步发展生物质发电、积极发展生物质能清洁供暖、加快发展生物天然气和大力发展非粮生物质液体燃料。在各类相关政策支持下，经过多年发展，我国生物质能产业已初具规模。当前，我国生物质能的利用方式主要为生物质发电、生物天然气、生物质清洁供热、生物液体燃料、热解气化等形式，其中发电仍是最主要的利用形式。截至 2022 年底，我国生物质发电装机容量累计约 4 132 万 kW，其中，垃圾焚烧发电装机容量约 2 386 万 kW；农林生物质发电装机容量约 1 623 万 kW；沼气发电装机容量约 122 万 kW。非电利用领域，在生物质清洁供热方面，成型燃料年利用量约 2 000 万 t，工业供气和民用供热量约 18 亿 GJ；在生物天然气方面，生物天然气年产量约 3 亿 m²；生物液体燃料方面，年产生物燃料乙醇约 350 万 t，年产生物柴油约 200 万 t。

2. 生物质能发展目标

我国提出先立后破，建立新型能源体系，基本内容是建立以可再生能源等非化石能源为主体的能源体系。生物质能是可再生能源，是碳中和能源，是本地化的资源、符合未来新型能源体系建设几乎所有要求的能源。多年来，我国生物质能产业获得了巨大发展，与其他国家相比，我国生物质能产业已居前列。但与其他可再生能源相比，生物质能表现出明显的差距。随着碳达峰碳中和目标的实施，我国能源结构的调整速度和能源革命的深度会不断深入，生物质能作为重要的零碳可再生能源，稳步推进其多元化开发，优化生物质发电的开发布局，积极发展生物质能清洁供暖，促进生物天然气和液体燃料产业化发展，以提质增效为主线，以改革创新为动力，是共同促进生物质能行业有序、健康、高质量发展的方向。

5.2 生物质资源

自古以来生物质能源就是人类赖以生存的能源，它是太阳能以化学能形式储存在生物质中的能量形式，以生物质为载体，直接或间接地来源于绿色植物的光合作用，可转化为常规的固态、液态和气态燃料，替代煤炭、石油和天然气等化石燃料，具有环境友好和可再生双重属性，取之不尽，用之不竭。生物质能源在人类社会历史的发展进程中始终发挥着极其重要的作用。

5.2.1 生物质的组成

生物质在自然界中分布广泛，是多种复杂的高分子有机化合物组成的复合体，组成成分多种多样，主要有纤维素、半纤维素、木质素、灰分以及少量淀粉、蛋白质、脂类等，包括农作物、林产物、海产物、植物油料、动物代谢物以及农林废弃物等。从能源利用的角度来看，利用潜力较大的是由纤维素、半纤维素组成的全纤维素类生物质。上述组成成分由于化学结构的不同，其反应特性也不同，选择相应的能量转化方式也不同。典型生物质部分材料的组成成分见表 5-1。

表 5-1　典型生物质部分材料的主要组成成分（空气干燥基）　　　　（单位:%）

种类	纤维素	半纤维素	木质素	灰分
玉米秸秆	32.9	32.5	4.6	7.0
稻秆	29.5	41.1	5.1	2.5
稻壳	23.9	37.2	12.8	7.6
麦秸	43.2	22.4	9.5	6.4
高粱秸	42.2	31.6	7.6	6.0
甘蔗渣	38.1	38.5	20.2	1.6
毛竹	35.8	17.3	19.6	1.1
烟叶	39.0	5.1	6.5	5.7

1. 纤维素

纤维素是一种由葡萄糖分子组成的多糖，是植物细胞壁的主要成分。世界上最丰富的天然有机物，麻、麦秆、稻草、甘蔗渣等，都是纤维素的主要来源。纤维素可由利用水、大气和土地等通过光合作用，在农林业生产过程中产生的秸秆、树木等而来。纤维素类生物质水解成糖再通过化学或生化法转化成燃料酒精、糠醛、乙酰丙酸等液体燃料和化学品。此外，纤维素还可以用于生产纸张、纤维板、纤维素酸等产品。

2. 半纤维素

半纤维素是由几种不同类型单糖组成的异质多聚体，是木糖、甘露糖、葡萄糖等构成的一类多糖化合物。不同植物中半纤维素的含量和结构不同。植物的木质化部分大量存在半纤维素，如秸秆、种皮、坚果壳及玉米穗等，半纤维素含量根据植物种类、部位和老幼程度而有所不同，如针叶材含 15%~20%，阔叶材和禾本科草类含 15%~35%。半纤维素可以通过热解或气化等方式转化为生物质燃料，如生物煤、生物气等。此外，半纤维素还可以用于生产半纤维素酸、半纤维素醇等高附加值化学品。

3. 木质素

木质素是植物细胞壁次生代谢产物之一，也是一种复杂的天然高分子化合物。在植物界中的木质素含量仅次于纤维素和半纤维素，广泛存在于维管束植物（如裸子植物、被子植物）中，是裸子植物和被子植物所特有的化学成分。木质素在酸中十分稳定，在碱和氧化剂中的稳定性比纤维素稍差。木质素能溶于亚硫酸和硫酸中，可利用这一特性将木质素和其他成分分开，分离后的木质素为无定形的褐色物质。

4. 淀粉

淀粉是由 D-葡萄糖分子聚合而成的化合物，以颗粒状态存在细胞中，通常为粉末状白色颗粒。淀粉是植物体中贮存的养分，主要存在于植物的种子和块茎中。

5. 蛋白质

蛋白质是由多种氨基酸组成，分子量很大，氨基酸主要由碳、氢、氧三种元素组成，另外还有氮和硫。蛋白质是生命的物质基础，也是构成细胞质的重要物质。

6. 脂类

脂类是指不溶于水而溶于非极性溶剂的有机化合物，是细胞中单位体积含能量最高的物质，碳、氢、氧是其主要化学元素，有的脂类还含有磷和氮。植物种子会储存脂肪于子叶或胚乳中以供自身使用，是植物油的主要来源。

7. 灰分

除以上组成外，生物质中还含有一定量的水分和灰分。灰分主要是磷、钾、硅、铝、钙、铁等元素的氧化物，在纤维素类生物质中，稻草与稻壳灰分含量相对较多（超过10%），而其他纤维素生物质灰分含量基本上小于3%。

5.2.2 生物质资源的分布

植物进行光合作用所消耗的能量只占地球所接收太阳总辐射量的0.2%，所以只有少部分的太阳能转化为生物质。世界全部生物质存量约为1.9万亿t，陆地与海洋合计平均最低更替率为11年，可以估算出每年新产生的生物质约为1 700亿t，折算成标准煤850亿t或油当量600亿t。生物质产量与气候、温度、降水量、土壤、海陆位置等多种原因密切相关。例如，热带雨林是地球上生物质生产率最高的生态系统类型，因为其温度相对较高、降水量相对较大，从而生物质产量也就更高。虽然陆地面积仅相当于地球总面积的29%，但陆地的生物质产量占地球全部生物质产量比重的68%，远高于海洋所占比重。森林每年所产生的生物质约占全球陆地生物质年产量的2/3，其次是草原和草地，约占1/5，而耕地上所生产的生物质仅占8%。

我国生物质资源受到耕地短缺的制约，主要以各类剩余物和废弃物为主（被动型生物质资源），主要包括农业废弃物、林业废弃物、生活垃圾、污水污泥等。据统计我国2020年度主要生物质资源年产生量约为34.94亿t，生物质资源作为能源利用的开发潜力为4.6亿t标准煤。其中，秸秆理论资源量约为8.29亿t，可收集资源量约为6.94亿t；畜禽粪污（不含清洗废水）总量达到18.68亿t；可利用的林业剩余物总量3.5亿t，能源化利用量为960.4万t；生活/厨余垃圾清运量为3.1亿t，其中垃圾焚烧量为1.43亿t；废弃油脂年产量约为1 055.1万t，能源化利用量约52.76万t；污水污泥产生量干重1 447万t，能源化利用量约114.69万t。

我国秸秆资源主要分布在东北、河南、四川等产粮大省，资源总量前五分别是黑龙江、河南、吉林、四川、湖南，占全国总量的59.9%。近年来我国粮食产量总体保持1%的平稳上涨趋势，预计未来秸秆资源总量也将保持平稳上升，预计2030年秸秆产生量约为9.16亿t，秸秆可收集资源量约为7.67亿t；2060年秸秆产生量约为12.34亿t，秸秆可收集资源量约为10亿t。

畜禽粪便资源集中在重点养殖区域，资源总量前五分别是山东、河南、四川、河北、江苏，占全国总量的37.7%。根据目前情况，未来肉蛋奶消费市场将预计趋于饱和，畜禽粪便资源量保持在相对固定区间内，畜禽粪便资源量将保持0.6%的较低增长趋势。预计2030年畜禽粪便资源总量约为19.83亿t；2060年畜禽粪便资源总量约为23.73亿t。

林业剩余物资源集中在我国南方山区，资源总量前五分别是广西、云南、福建、广东、湖南，占全国总量的 39.9%。根据相关数据分析，我国林业采伐总资源量将保持约 2% 的增长，预计未来林业剩余物资源量也将随之持续增加。预计 2030 年林业剩余物总量约为 4.27 亿 t，到 2060 年，林业剩余物总量约为 7.73 亿 t。

生活垃圾资源集中在东部人口稠密地区，资源总量前五分别是广东、山东、江苏、浙江、河南，占全国总量的 36.5%。近年来，我国垃圾清运量增长率约为 3%，其中厨余垃圾清运量持续保持 3.6% 增长。由于垃圾分类工作持续推进，湿垃圾从生活垃圾中分离出来，厨余垃圾比重将逐步提高。随着我国城市化进程的不断推进，人民生活水平的不断提高，垃圾产生量会逐年提升，保持稳步增长。预计到 2045 年我国垃圾清运量将达到饱和，到 2060 年我国生活垃圾产生潜力峰值约为 10.05 亿 t。生活垃圾清运量预计 2030 年将达到约 4.04 亿 t，2060 年将达到约 5.86 亿 t。

污水污泥资源集中在城市化程度较高区域，资源总量前五分别是北京、广东、浙江、江苏、山东，占全国总量的 44.3%。随着我国社会经济发展，居民生活水平逐步提高，生活用水量需求加大，使得生活污水处理率不断提高，同时生活污水污泥产生量也不断增加。我国生活污水污泥产生量增长率约为 5%~8%。预计 2030 年污水污泥产生干重约为 3 094.96 万 t，至 2060 年污水污泥产生干重约为 1.4 亿 t。

5.3 生物质能的转化利用技术

生物质能的转化利用技术通常是指把生物质能通过一定方法转变成使用起来更为方便和干净的燃料物质或能源产品的技术统称。生物质能主要转化利用技术有以下四类：物理法、热化学法、生物化学法和化学法，如图 5-1 所示，不同的利用方式具有各自的技术特点。

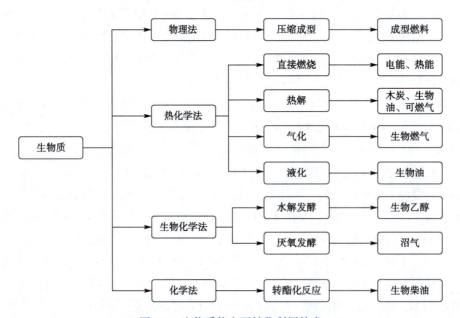

图 5-1 生物质能主要转化利用技术

5.3.1 物理法

利用生物质材料的力传导性极差，通过缩短力传导距离和对其加剪切力，使被木质素包裹的纤维素分子团错位、变形、延展，同时借助于木质素的黏结性，在较小压力和较低温度下，使其相邻相嵌重新组合成型。利用这种物理法，将经过粉碎后的农林废弃物采用机械加压方式压缩成具有一定形状、密度较大的固体燃料的技术，被称为生物质成型燃料技术，生物质成型燃料工艺根据是否向原料中添加黏结剂可以分为加黏结剂成型和不加黏结剂成型两种，根据原料热处理方式不同又可以分为常温压缩成型、热压成型和炭化成型三种。

将生物质压缩成型不仅提高了它的能量、密度，还减小了它的体积，使之便于运输和存储，同时还提升了生物质直接燃烧效能，使之能够替代煤炭用作锅炉燃料，或作为居民采暖和炊事燃料使用。

5.3.2 热化学法

1. 直接燃烧技术

生物质的直接燃烧是其最原始、最实用的利用方式。传统的燃烧利用方式技术相对落后，热能转换效率较低。随着社会发展和科技进步，燃烧用生物质的设施和方法在不断改进和提高。现代的生物质直接燃烧技术主要有生物质直接燃烧流化床技术和生物质直接燃烧层燃技术，产生的能量主要用于发电或集中供热。

2. 热解技术

热解技术是指通过热解的方法将生物质转化为生物油、生物质炭和可燃气的技术。通过改变热解反应条件（如温度、压力和滞留时间等）可以改变三种产物的比例。根据反应温度和加热速率的不同，生物质热解工艺可分成慢速、常规、快速热解等工艺。慢速热解主要用来生产木炭，低温和长期的慢速热解使得炭产量最大可达30%；中等温度及中等反应速率的常规热解可制成相同比例的气体、液体和固体产品；快速热解工艺是使生物质在超高加热速率、超短产物停留时间及适中的热解温度和隔绝空气的条件下，使其中的有机高聚物分子迅速断裂为短链分子，使焦炭和产物气降到最低限度，从而最大限度获得液体产品的工艺。

3. 气化技术

气化技术是在高温的条件下，以氧气、水蒸气或氢气等作为气化剂，通过热化学反应将生物质中可燃部分转化为可燃气（主要为CO、H_2和CH_4等）的技术。气化技术可将生物质转化为高品质的气态燃料，直接应用作为锅炉燃料或发电；该燃料也可作为合成气进行间接液化以生产甲醇、二甲醚等液体燃料或化工产品。

4. 液化技术

生物质液化技术是通过一系列化学加工过程把固态的生物质转化成液体燃料的清洁利用技术。根据化学加工过程的不同，液化可分为直接液化和间接液化。直接液化是在高压和一定温度下使生物质与氢气发生反应，直接转化为液体燃料的热化学反应过程；间接液化是指将由生物质气化得到的合成气，再经催化合成为液体燃料（甲醇或二甲醚等）。

5.3.3 生物化学法

1. 生物乙醇技术

乙醇是一种优质的液体燃料，主要由 C、H、O 三种元素组成的有机化合物，不含硫及灰分，是最易工业化的一种民用燃料和内燃机燃料，也是最具发展潜力的一种替代石油燃料。生物质可以通过生物转化的方法制备乙醇。比如利用淀粉类或糖类生物质通过发酵的方式制备燃料乙醇，这种技术已经相当成熟。

2. 沼气技术

沼气一般含甲烷50%～70%，其余为二氧化碳和少量的氮气、氢气和硫化氢等。沼气发酵的过程，实质上是微生物的物质代谢和能量转化过程，微生物在分解代谢过程中获得能量和物质，以满足自身生长繁殖，同时将大部分物质转化为甲烷和二氧化碳。

5.3.4 化学法

植物油直接用作内燃机的燃料用会使设备出现故障，因为其黏度高、挥发性差，所以需要对其进行酯化处理，使其在性质上更接近柴油，成为较理想的柴油代用燃料。生物柴油制备主要以化学法为主，在酸性、碱性或生物酶等催化剂作用下，植物油（或动物油）与甲醇或乙醇进行交换反应，生成相应的脂肪酸甲酯或乙酯燃料油。

5.4 生物质能源的应用

生物质能是国际公认的零碳可再生能源，生物质能通过发电、供热、供气等方式被利用，广泛应用于工业、农业、交通、生活等多个领域。

5.4.1 生物天然气

通过技术改进和现代化的装置设备，利用大中型生物天然气工程来提高生物质的转换率，以生物质来生产生物天然气是补充我国常规天然气不足的重要途径。生物天然气是生物质燃气经重整、分离、提纯等处理后得到的，主要成分为甲烷，且符合天然气国家强制标准（GB 17820—2018）规定的气体。

生物质燃气是指以生物质为原料，通过微生物或热化学途径转化而来的燃气，包括沼气和生物质气化气。沼气是指利用厌氧消化将有机垃圾、废弃农作物及人畜粪便等生物质转化为燃料气体，其主要成分为甲烷。生物质气化气是一种利用热化学途径将生物质转化为燃料气体的途径，在高温条件下使生物质发生不完全燃烧和热解，产生可燃气体，主要成分为一氧化碳、氢气以及甲烷。

1. 生物质燃气的制备方法

生物质燃气的生产主要包括热化学和生物转化两种方法。前者是生物质在高温缺氧条件下，发生不完全燃烧和热解，从而产生可燃气体，主要成分是 CO、H_2、N_2 等；后者是生物质在厌氧条件下,利用厌氧菌将生物质转化为沼气,主要成分是 CH_4 和 CO_2。

1) 热化学法制备生物质燃气

热化学法制备生物质气化气的基本原理是在不完全燃烧和添加气化剂(空气、氧气或水蒸气)条件下,将生物质原料加热,使较高分子质量的有机碳氢化合物链裂解,变成较低分子质量的 CO、H_2、CH_4 等可燃性气体,其产品主要是可燃性气体与氮气等的混合气体。此方法获得的生物质气化气中主要副产物为焦油,需要对其净化消除,所以去除焦油是热化学法制备生物质燃气净化的主要目标。去除焦油的方法有三种:湿法、干法及裂解法。

此种方法的主要原料为农作物和农业有机残余物、林木和森林工业残余,在我国主要是森林采伐和木材加工剩余的各种树丫、树皮、刨花、锯屑等;农业残余物包括各种秸秆、稻壳、蔗渣等;人畜粪便、工业有机废水,如酿酒厂的酒糟废水及固体废弃物,垃圾和造纸厂的筛选废料等。

2) 生物法制备生物质燃气

生物途径获得沼气是指在厌氧条件下,依靠厌氧微生物的协同作用使生物质中的碳水化合物、蛋白质和脂肪转化成甲烷、二氧化碳、氢及其他产物,即可将生物质转化为燃气。沼气发酵过程可分为三个阶段:水解阶段、酸化阶段和产甲烷阶段。

发酵得到的沼气中含有大量杂质,因此沼气的浓缩、净化工艺是提升沼气品质的重要环节。经过纯化后,使沼气中甲烷含量达到 97% 以上,这种高甲烷含量的沼气才被归为生物质天然气。净化后的沼气才能并入天然气网,才能用于热电联产或用作汽车燃料。发酵得到的原始沼气中二氧化碳含量占比 20% 以上,且还混有硫化氢、水分、卤化物等杂质成分,影响其品质。因此,也需将沼气进行净化,去除其中的二氧化碳及其杂质,来获得高品质的生物质燃气。去除二氧化碳的方法有水洗、聚乙二醇洗涤、变压吸附和膜分离;脱硫的方法有生物脱硫、湿法脱硫和干法脱硫;脱水可采用冷凝和吸附干燥的方法。

2. 生物天然气的发展趋势

我国是农林大国,有良好的生物质天然气发展基础,可利用的农作物有秸秆、林木废弃物等,原料非常丰富,据统计每年可收集农作物秸秆量约 9 亿 t,规模化畜禽养殖场每年产生污粪约 20.5 亿 t,年产出餐厨垃圾约 2.5 亿 t。具备规模化、产业化开发利用的资源优势条件。

生物天然气在我国发展已经十余年,2015 年以前行业发展比较缓慢。2015 年以来,随着我国环保趋严,以及"煤改气"、城市化进程加快,加大了对天然气的消费需求。国家加快了生物天然气开发利用政策支持。2018 年,国家能源局首次将生物天然气纳入能源发展战略及天然气产供储销体系,同时锁定了"2030 年产量超过 300 亿立方米"的目标。

2021 年,国家发改委等九部门联合印发《"十四五"可再生能源发展规划》,明确提出要加快发展生物天然气。在粮食主产区、林业"三剩物"富集区、畜禽养殖集中区等种植养殖大县,以县域为单元建立产业体系,积极开展生物天然气示范。统筹规划建设年产千万立方米级的生物天然气工程,形成并入城市燃气管网以及车辆用气、锅炉燃料、发电等多元应用模式。

当前,国家已先后支持 80 多个规模化生物天然气生产试点和 1 400 多个规模化大型沼气工程的建设,受制于一些因素影响,还需要有长足的发展。制约行业发展的因素:原料收运缺乏稳定性。在原料收运方面,生物天然气原料分布较为分散,畜禽粪便尚未建立"谁排污、谁付费"

"谁处理、谁受益"的有偿处理机制，农作物秸秆收储运模式也尚不完善，缺乏专业收储运团队，给原料收集，特别是大幅降低原料成本带来阻碍。原料成本一般占生物质能企业运营总成本60%左右，企业需要付出相对高昂的原料费用，建立经济可承受的原料收集保障模式有待探索。另外，尽管发酵后残余的沼渣沼液能起到改良土壤的作用，但处理其中残留抗生素的成本问题还未有效解决，在固废处理要求日渐严格的当下，这成为生物天然气使用端亟须解决的问题之一。

我国生物天然气产业尚处于机遇发展期，一方面，可从城镇、乡村布局规划着手，完善有机废弃物、畜禽粪便配套处理场所，研究适合发展的区域，同时依靠市场消费推动技术进步。另一方面，可鼓励就地消纳，多元综合利用。实现原料就近处理，如沼渣、沼液肥就地利用，生物天然气就近并入管网或就地消纳，使其成为区域清洁能源供给与有机农业发展的重要组成部分。也可推进供气、供热、供冷、供电等集成化一体化经营，培育发展市场新需求和新价值。

5.4.2 生物柴油

生物柴油是指植物油（如菜籽油、大豆油、花生油、玉米油、棉籽油等）、动物油（如鱼油、猪油、牛油、羊油等）、废弃油脂或微生物油脂与甲醇或乙醇经酯转化而形成的脂肪酸甲酯或脂肪酸乙酯。生物柴油具有良好的生物降解性，其降解速度比石化柴油快四倍，在淡水环境中，经过28天，生物柴油就能降解77%～89%，而石化柴油只能降解18%。此外，与石化柴油相比，生物柴油具有更好的润滑性能，所以将生物柴油添加到传统柴油燃料中后，燃料油的润滑性得到显著改善。大力发展生物柴油对经济可持续发展、推进能源替代、减轻环境压力、控制城市大气污染具有重要的战略意义。

1. 生物柴油的制备方法

生物柴油的制备方法有物理法和化学法，物理法包括直接混合法和微乳液法；化学法包括高温热裂解法和酯交换法。

1）直接混合法

在不改变原料结构的情况下，将植物油、柴油、降凝剂和添加剂按一定比例直接混合，从而以此降低植物油黏度，得到生物柴油。该方法虽工艺简单，但由于动植物油和柴油分子结构不同，含有大量不饱和键，容易被氧化发生聚合，这些聚合物不能充分燃烧而易形成积炭；同时此方法获得的油脂黏度、闪点和酸值偏高，热值低，低温启动性差，在油脂使用过程中会引起雾化不良、燃烧不完全、喷嘴堵塞等问题，并可能对发动机造成损伤。

2）微乳液法

微乳液法生产生物柴油是利用低黏度乳化剂，将植物油稀释，降低其黏度，并改善其雾化性，从而满足其作为燃料使用的要求。用此法生产的生物柴油的使用受到环境限制，因为环境温度的变化可能引发破乳现象。此外，发动机长期使用植物油乳化燃料会出现积碳、引擎积污、活塞环黏结或润滑油增稠等现象，使发动机不能正常工作从而限制了其广泛的使用。

3）高温热裂解法

在高温和催化剂的共同作用下，动植物油脂在空气或氮气中快速裂解，得到的产品与普通柴油性质相近，但高温裂化的工艺流程比较复杂，需要投入大量能量，设备成本费用也比较高。

另外，残炭、灰分等相对较高，不能满足生物柴油工业化生产的需求。

4）酯交换法

酯交换法是目前工业生产生物柴油的主要方法，即用各种动植物油脂与甲醇等低碳醇类物质在催化剂作用下反应而生成。酯交换法包括：酸或碱催化法、生物酶法、工程微藻法和超临界法。

（1）酸或碱催化法。油脂在酸或碱的催化条件下与低碳醇进行酯化和酯交换反应，反应后除去下层粗甘油，粗甘油经回收后具有较高的附加值；上层经洗涤、干燥即得生物柴油。固体酸或碱催化剂具有反应活性高、对反应设备腐蚀性小、可循环使用等特点。但当原料中含有大量游离脂肪酸和水分时，碱性催化剂会发生溶解现象，导致催化剂损失并污染产物。

（2）生物酶法。以酶为催化剂，使动、植物油脂与低碳醇发生酯交换反应。生物酶法条件温和、醇用量少、游离脂肪酸和水的含量对反应无影响、无污染排放。但生产成本较高。对于酶催化法而言，通过诱变及基因工程技术构建高活性、高耐毒性的脂肪酶是未来酶催化技术能推广使用的关键。通过固定化酶技术提高脂肪酶稳定性、延长酶的使用寿命也是研究的重点方向。

（3）工程微藻法。先通过基因工程技术构建微藻生产油脂，再进行酯交换反应。微藻生产能力高、用海水作为天然培养基可节约农业资源；比陆生植物单产油脂高出几十倍；利用生物微藻为原来生产的生物柴油不含硫，燃烧时产生有毒害气体，排入环境中也可被微生物降解，不污染环境，发展富含油质的微藻或者"工程微藻"是生产生物柴油的一大趋势。用"工程微藻"生产柴油也具有重要经济意义和生态意义。

（4）超临界法。超临界酯交换工艺主要指超临界甲醇工艺，即在甲醇的超临界状态下，无须催化剂进行酯交换反应制备生物柴油的一种方法。超临界甲醇可以溶解油脂，使反应在均相下进行，速度超常；同时超临界甲醇法对原料要求不高，具有无须催化剂、收率高、后处理简单等优点。

2. 生物柴油的发展趋势

根据 2022 年相关统计，从消费量来看，全球最大的生物柴油消费地区是欧盟，占全球生物柴油总消费的 34.65%，其次是美国、印度尼西亚、巴西、泰国、阿根廷、中国，占比分别是 20.72%、17.32%、12.31%、3.61%、1.13%、1.06%。

全球范围内主要以棕榈油、大豆油、菜籽油和废弃油脂作为原材料，各国根据国情筛选出了合适的生物柴油原料。全球生物柴油主要生产国原材料中：棕榈油占比 33%，是印度尼西亚、马来西亚等东南亚热带国家的主要原料油；大豆油占比 27%，是美国、巴西、阿根廷等国家的主要原料油；菜籽油占比 16%，是欧盟国家主要使用的原料油；废弃油脂占比 15%，中国生物柴油主要采用废弃油脂作为原料。生物柴油行业发展迅速，技术创新主要是围绕弃废油脂纯化、提高转酯率和高标准产品收得率、节能减排、开发烃基生物柴油等进行研发。

目前，我国生物柴油行业产能利用率较低。由于人口、饮食习惯、粮食战略等因素，我国生产的生物柴油主要以餐饮废弃油脂为原料，很多生物柴油企业无法以持续稳定和具备竞争力的价格获取足够的原材料用于生产，如何以低廉的价格获取更多的废弃油脂原材料是中国生物柴油企业所面临的核心难题。

我国目前生物柴油行业还处于发展阶段，国内生物柴油产品的消费市场主要是内销和出口，但以出口为主。未来在环保、减排等政策的辅助下，我国生物柴油市场规模将持续增大。2020年我国出台一系列规划，第一次明确提出了限制塑料制品的具体要求和既定目标，并把塑料制品这一大类正式作为禁止、限制的主体。在此背景之下，塑料行业环保趋严、环保化大势所趋。生物柴油可以作为环氧类、聚酯类等环保型增塑剂的原料，下游产品可以在玩具、医药及医疗材料、食品包装、供水管道、家庭装饰材料等环保要求较高的领域替代邻苯类增塑剂，市场规模和市场份额将会不断上升。随着环保型增塑剂应用规模不断扩大，生物柴油的市场需求将会持续增加，发展前景较大。

5.4.3 生物燃料乙醇

生物燃料乙醇的开发应用可追溯到100多年前，但由于当时石油燃料的出现及其价格低廉等原因，燃料乙醇应用的发展停滞不前，而现在它已成为最具有潜力和竞争力的一种石油替代能源，它既能缓解石油资源的短缺，又有利于大气环境的改善。

1. 生物燃料乙醇的制备方法

依据生产原料的不同，燃料乙醇生产技术主要分为三代。第一代燃料乙醇技术以玉米、小麦等粮食作物为生产原料；第二代燃料乙醇技术以非粮作物为生产原料；第三代燃料乙醇技术是以木质纤维素作为原料来进行乙醇生产。第三代生物乙醇技术的开发是当前生物能源开发的攻关重点。木质纤维素主要来源于植物细胞的细胞壁，由纤维素、半纤维素、木质素三种成分组成，在植物的不同组织中三种成分间的比例会存在差异。

利用木质纤维素制备燃料乙醇主要分为三个环节：第一阶段是木质纤维素的预处理，由于天然纤维素的结构致密，必须经过预处理使其降解成为小分子糖才能被微生物发酵，预处理过程中，通过物理法、化学法、物理化学法或生物法将纤维素聚合物降解为小分子糖；第二阶段是乙醇的生成，微生物（一般采用酵母）厌氧发酵将小分子糖转化为乙醇；第三阶段是乙醇的脱水，通过将乙醇蒸馏回收、脱水处理后，得到无水燃料乙醇。

1) 木质纤维素的预处理

木质纤维素预处理方法主要有：物理法、化学法及物理化学法和生物法。

（1）物理法。对植物纤维原料预处理的物理方法通常有：机械粉碎、微波处理、高能辐射和高温分解等方法，最常用的方法是机械粉碎法，物理法处理纤维原料后，纤维原料结构变松散，表面积增大。

（2）化学法。将木质纤维素浸泡于酸或碱或有机溶剂预处理剂中，可使其吸胀，结晶结构被破坏，木质纤维素最终降解为能被微生物利用的底物。

（3）物理化学法。木质素的物理化学预处理法有两种：一种是蒸气爆破法，此法是指木质纤维素在高压水蒸气中短暂加热，然后快速卸压，从而使原料经历爆发性减压过程。在爆破过程中，高压蒸气渗入纤维内部，膨胀气体造成纤维机械断裂；同时物料内的高压液态水迅速爆沸，对外做功，加剧了纤维素内部氢键的破坏，造成其有序结构的变化。另一种是氨纤维爆破法，氨纤维爆破法与蒸气爆破预处理类似，即利用氨水预浸原料，然后再用蒸气爆破处理。该法可去除部分半纤维素与木质素，降低纤维素的结晶性，不产生对微生物有抑制作用的物质。氨纤维爆破法存在的主要问题是需要对氨水回收利用，投资成本较高。

(4）生物法。木质素的生物预处理法有两种：一种是微生物降解法，即利用微生物对木质纤维素进行降解，在自然界中可分解木质素的天然微生物大多为真菌类，主要包括白腐菌、褐腐菌和软腐菌。白腐菌是降解木质纤维素效率最高效的菌种，能够分泌木质素过氧化物酶、漆酶、锰过氧化物酶，能高效地将木质素分解。褐腐菌是降解木材能力极强的一类担子菌，能将木质纤维素迅速解聚。第二种是生物酶法，此法是指利用能降解纤维素的纤维素酶对木质纤维素进行降解，从而获得小分子糖的过程。所谓纤维素酶是指可以将纤维素分解成寡糖或单糖的酶蛋白质。

2）乙醇的生成

木质纤维素经预处理后，纤维素的晶体结构被破坏，并水解为葡萄糖，通过进一步厌氧发酵后即可生成乙醇。常用的发酵工艺包括：直接发酵工艺、分步水解发酵工艺、同步糖化发酵工艺以及固定化微生物水解发酵工艺。

（1）直接发酵工艺。直接发酵的特点是利用纤维分解细菌直接降解木质纤维素同时生产乙醇，原料不需要经过酸解或酶解预处理过程。该工艺方法步骤简单，成本低廉；缺点是乙醇产率低，产生有机酸等副产物。

（2）分步水解发酵工艺。分步水解发酵工艺属于传统的乙醇发酵工艺，流程简单，容易实现工业化。其特点是木质纤维素的水解以及水解产物的发酵过程是在不同的反应器中进行。木质纤维素经水解后转化为葡萄糖等小分子的单糖，这些单糖在微生物作用下经厌氧发酵过程可转化为乙醇。

（3）同步糖化发酵工艺。同步糖化发酵是指木质纤维素的水解与乙醇发酵同步进行的发酵工艺。同步糖化发酵法的主要问题是酶与菌株之间存在温度耐受性差异，纤维素酶的最佳反应温度与酿酒酵母的最佳发酵温度不一致，纤维素酶催化纤维素的水解温度为 50~55 ℃，而酿酒酵母发酵温度为 35 ℃左右。

（4）固定化微生物水解发酵工艺。微生物的固定化是指将微生物束缚在水不溶性载体上，固定后的微生物仍能进行其特有的催化反应，并可回收及重复利用的技术。常用载体主要包括海藻酸钙、卡拉胶、多孔玻璃等。微生物在固定后，仍保持其高效催化能力，同时固定化的微生物还可以多次重复使用，这种工艺具有操作连续可控、工艺简便等优点。

3）乙醇的脱水

微生物发酵得到的乙醇浓度低，低浓度的溶液，要获得无水乙醇需要在蒸馏工段进行浓缩，通常采用精馏或多效精馏的方法进行乙醇浓缩，因乙醇和水可形成恒沸物，蒸馏得到的乙醇其最高质量浓度只能达到95%，然而，燃料乙醇的标准要求乙醇浓度达到99.5%上，为了提高乙醇浓度，就需去除乙醇中多余的水分。制备燃料乙醇脱水的方法有：恒沸精馏、萃取精馏、膜分离法、分子筛吸附等。

（1）恒沸精馏法。恒沸精馏的基本原理是在乙醇水溶液中加入共沸剂，乙醇、水和共沸剂会形成一系列的多元共沸物，其中乙醇/水/共沸剂组成的三元共沸物的沸点最低，且该三元共沸物中水的百分含量要高于乙醇/水二元共沸物中水的含量。在进行蒸馏过程中，水会被三元共沸物带走，从而达到乙醇脱水目的。共沸剂一般为苯、环己烷、戊烷、乙二醇、甘油等。虽然苯是无水乙醇的常规生产方法中最常用的共沸剂，但由于苯的使用对操作人员的身体有害，考虑到安全和环保，绿色环保的新工艺将逐渐取代苯工艺。

（2）萃取精馏法。在乙醇和水的共沸料液中加入高沸点萃取剂，以改变乙醇和水的汽液平衡关系，使它们相对挥发度增大，共沸点消失，从而实现乙醇与水的分离。目前燃料乙醇生产过程中最常用的萃取剂是乙二醇，乙二醇使用时无损失，能循环使用，且环境污染少，设备简单操作方便。

（3）膜分离。膜分离是利用膜的选择性来实现料液中不同组分的分离、纯化、浓缩的方法，如图5-2所示。渗透气化法是目前利用膜分离法生产无水乙醇的主要途径。渗透气化是以混合物中组分蒸气压差为推动力，依靠水、乙醇在膜中的溶解与扩散速率不同的性质来实现水与乙醇分离的过程。常用的膜材料包括有机膜、无机膜和有机加无机复合膜。

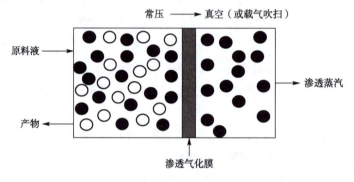

图5-2　膜分离法

（4）分子筛吸附。利用吸附剂对料液中某些少量组分进行选择性吸附来实现分离的目的称为分子吸附。常用的吸附剂包括石灰、活性炭、离子交换树脂、分子筛、硅胶等。工业上广泛采用分子筛进行乙醇脱水，因其吸附速度快、易再生、抗碎强度大及抗污染能力强的特点。

2. 生物燃料乙醇的发展趋势

美国和巴西是世界上最早大规模发展燃料乙醇产业的国家，能实施能源多元化和自给化是其发展燃料乙醇产业的最直接和最重要的目的，从而缓解油价波动对其经济发展的冲击。我国生物燃料乙醇产业的发展始于"十五"初期，主要是为了解决"陈化粮"的处理问题，经国务院批准，正式启动了生物燃料乙醇试点。经过20多年的发展，我国已经成为全世界第三大燃料乙醇生产国和消费国。

大部分国家都在使用燃料乙醇，但乙醇的保质期只有一个月。保质期结束后，很容易出现点不着火，液体模糊和分层的现象，导致燃料乙醇使用非常困难。此外，乙醇对环境要求特别苛刻，比一般的储存和运输要求严格得多，这将大大增加成本。因此，加快技术创新改造是非常重要的，并发明适当的添加剂，提高其性能。

在国际粮食危机和全球粮食价格飙升的情况下，燃料乙醇的开发面临着巨大的瓶颈。以粮食和经济作物为原料的工业化燃料乙醇生产从长远看具有规模限制和不可持续性。据国际能源署预测，到2050年全球生物液体燃料消耗量将达约11亿t，占全世界交通运输燃料的约27%，将主要依靠发展纤维素燃料乙醇技术实现。国家能源局印发《2021年能源工作指导意见》明确提出，要加快推进纤维素等非粮生物燃料乙醇产业示范，指出了发展纤维素燃料乙醇将是燃料乙醇的重点方向。我国的一些企业已经克服了使用纤维素生产燃料乙醇的技术困难，生产规模正在逐步扩大。由于所使用的原料主要是植物废料，因此原料的成本有其优势。但面临的主要挑战是提高转换系数，以降低其他成本。

5.4.4 生物质固体成型

在外力作用下，以生物质中的木质素充当黏结剂，将分散的秸秆、木屑或树枝等农林生物质压缩成棒状、块状或颗粒状等具有一定形状和密度的成型燃料的技术称为生物质固体成型技术。经致密成型加工后的生物质固体成型燃料，其粒度均匀、单位密度和强度增加，便于运输和储存，且燃烧性能明显改善。

1. 生物质固体成型的制备方法

根据生物质固体成型的加工方式，分为常温湿压成型、热压成型、常温成型和炭化成型四种。

1）常温湿压成型

在常温下，通过挤压使粉碎的生物质纤维结构互相镶嵌包裹而形成成型燃料，该工艺即为常温湿压成型工艺也称冷压成型工艺。其工艺流程如图 5-3 所示。常用含水量较高的原料，可将原料水浸数日后将水挤走，或将原料喷水，加黏结剂搅拌混合均匀。一般是原料从湿压成型机进料口进入成型室，在成型室内，原料在压辊或压模的转动作用下，进入压模与压辊之间，然后被挤入成型孔，从成型孔挤出的原料已被挤压成型，用切断刀切割成一定长度的颗粒从机内排出，再进行烘干处理。湿压成型一般设备比较简单，容易操作，但是成型部件磨损较快，烘干费用高，多数产品燃烧性能较差。

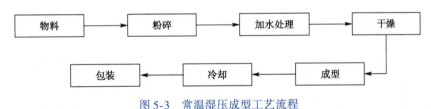

图 5-3 常温湿压成型工艺流程

2）热压成型

热压成型是指在较高的温度下发挥黏结剂的作用的同时，使生物质中木质素软化，借助压力作用将粉碎的生物质挤压成型。热压成型工艺中采用的成型设备主要有螺旋挤压成型机和活塞式成型机。根据在热压成型过程中加热物料的部位不同，又可分为非预热热压成型和预热热压成型。

3）常温成型

在常温条件下，加入一定黏结剂，将生物质燃料颗粒高压挤压成型的过程即为常温成型。如果黏结剂选择不合理，会对成型燃料的特性有所影响。从环保角度，不加任何添加剂的常温成型是现代的主流。

4）炭化成型

炭化成型是指将生物质原料进行炭化或者部分炭化，再加入一定量的黏结剂挤压成一定形状和尺寸的木炭棒。根据工艺流程不同，炭化成型工艺又可分为两类：一类是先成型后炭化，先用压缩成型机将生物质物料压缩成具有一定密度和形状的棒料，然后在炭化炉内炭化成为木炭；另一类是先炭化后成型，先将生物质原料炭化或部分炭化，然后加入一定量的黏结剂压缩成型。

生物质固体成型设备根据成型方式不同，可分为螺旋挤压、活塞冲压、模压三种类型，其中，模压成型又分为环模成型和平模成型。模压成型设备主要用于颗粒燃料成型，而棒（块）状成型燃料则可以由这三种类型的成型设备加工而成。

2. 生物质固体成型的发展趋势

生物质固体成型技术始于20世纪初，美国在1976年开发了生物质颗粒及成型燃烧设备。经过多年发展，压缩成型技术已逐步成熟，欧美国家已进入大范围规模化、产业化应用阶段，成型的生物质燃料在供暖、干燥、加热、发电等领域普遍使用。我国生物质固体成型技术起步较晚，从20世纪80年代开始引进螺旋式生物质成型机，经过消化吸收、改进、自行设计，先后研制出了各种生物质成型机、炭化机组及配套的生物质燃烧炉。

生物质固体成型技术结合了生物质的特点，成型技术的规模化应用可大大提高秸秆等农业废弃物的利用效率，可以解决我国农村生物质资源浪费问题，也可满足农村生产和生活对优质燃料的需求。生物质固体成型技术是目前生物质综合利用的最为现实有效的方法之一。

生物质固体成型今后发展可以考虑以下两个方向：一方面从成型机理出发，通过技术研发提高设备的生产效率、使用寿命和降低生产能耗，形成规模适度的成型燃料生产线，从而建设生物质固体成型燃料产业基地，以推动生物质成型燃料生产产业化进程。另一方面，协同发展生物质直燃利用、集中式燃气制备等成型燃料终端利用技术，构建生物质能开发产业链，使生物质成型燃料进入商业化燃料市场。

5.4.5 生物质氢能源

氢是一种高热值燃料，燃烧1 kg氢可放出62.8 kJ的热量，热量相当于3 kg煤油。氢氧结合的燃烧产物是没有任何污染的洁净物质——水。氢能既可以用作火箭、导弹的燃料，也可以用作汽车、飞机等的燃料。生物产氢技术能够将光能利用、氢能制备和有机物污染物去除进行结合，是一种极具发展潜力的氢能生产技术。

1. 生物质氢能源的制备方法

生物质制氢技术主要分为两类：一类是生物质原料通过热化学技术制取氢气；另一类是利用微生物途径转化制氢，如厌氧发酵法制氢、光合微生物制氢等。

1) 生物质热化学制氢方法

生物质热化学制氢技术主要包括热裂解制氢、催化重整制氢、气化制氢、超临界水气化制氢、高温等离子体制氢等技术。

（1）热裂解制氢。生物质热裂解是指在隔绝空气的条件下，温度为400~600 ℃、压力为0.1~0.5 MPa，间接加热生物质使其裂解，再对此产物二次催化裂解，使烃类物质再次裂解，以增加气体中氢含量，再经过变换反应将一氧化碳、甲烷也转换为氢气，增加气体中氢的含量，最后通过变压吸附或膜分离技术将此混合气体进行分离得到纯氢。主要通过控制裂解温度、物料停留时间及热解气氛来达到制氢目的。

（2）催化重整制氢。催化重整是指生物质经过高温裂解后生成的小分子组分与水蒸气在催化剂存在下发生水煤气变换反应生成富氢气体的过程。生物质催化重整反应主要包括两个步骤：一是生物质的快速热解转化为生物质热解油；二是利用热解油与水蒸气重整制备富氢气体。

（3）气化制氢。生物质在高温下与气化介质发生热化学反应后，获得富氢气体的过程即为生物质气化制氢。生物质在气化介质中（空气、纯氧、水蒸气或这三者的混合物）加热至700 ℃高温以上，生物质将分解为氢、一氧化碳和少量二氧化碳的混合气，然后进行变换反应使一氧化碳转变，获得更多的氢气，最后分离出氢气。

（4）超临界水气化制氢。超临界水气化制氢是在超临界条件下，将生物质与一定比例的水混合后反应，产生含氢量高的气体和残炭，然后进行气体的分离得到氢。在超临界水中进行生物质的催化气化，生物质的气化率可达到100%，气体产物中氢气的含量可超50%，并且反应不生成焦油、木炭等副产品。

（5）高温等离子体制氢。高温等离子体制氢是利用高温等离子将生物质热解制备氢气的过程。用等离子体进行生物质转化是一项完全不同于传统生物质转化形式的工艺，利用该技术生产的产品气中的主要组分就是 H_2 和 CO。在等离子体气化中，可通过水蒸气调节 H_2 和 CO 的比例，实现制氢的目的，该技术最大的缺点是能耗很高。

2）微生物法制氢技术

微生物法制氢是利用微生物的代谢活动来生产氢气的方法，该过程可在常温常压下进行，具有反应条件温和的特点。常用的生物质制氢方法可归纳为以下四种：

（1）光解水制氢。光解法制氢过程发生在藻类或植物细胞中，微生物通过光合作用将水分子分解为氢离子和氧气，产生的氢离子通过氢化酶转化为氢气。目前常用的光解水物质有光合细菌和蓝绿藻。对于蓝绿藻来说，其在厌氧时进行光合作用会分解出 O_2 与 H_2，光合作用具有两个过程，一是光能分解水，形成 H^+、e^- 与 O_2；二是利用还原剂固定 CO_2 的光系。对于光合细菌来说，只有一个光合作用过程。

（2）光发酵制氢。光发酵就是厌氧光合细菌通过小分子有机物得到还原反应，把 H^+ 还原为 H_2。光发酵制氢能在光谱范围中实现，而且没有氧气产生，转化率很高，其发展前景非常可观。区别于直接光解法中电子直接被氢化酶利用后进行光合制氢，光发酵法中电子通过光系统进行光化学氧化，因此光发酵能够通过利用多种基质完成。该技术缺点为无氧条件下光合菌的生长速度相对较低，这导致其效率也相应较低。

（3）暗发酵制氢。暗发酵是把异养型的厌氧菌和固氮菌分解成小分子制氢。常用的暗发酵制氢细菌有两种，一种是专性厌氧菌，另一种是兼性厌氧菌。该技术与光发酵制氢技术相比，经济性更高且产氢速率更快，无须光照因此能够稳定持续地制氢，产物处理后可获得生物燃料。但使用该技术的产物存在有毒化合物、乙酸、丁酸和其他挥发性脂肪酸，且氢气产量较低。

（4）光暗耦合发酵制氢。光暗耦合发酵就是把厌氧光发酵制氢细菌与暗发酵制氢细菌相结合，充分发挥两者的优势，从而提高制氢的效率，其属于一种新的模式。耦合方式有两种：一是将暗发酵过程中产生的有机酸用于光发酵过程；二是将暗发酵与光发酵过程在包含两种类型微生物群落的单个反应器中完成。

2. 生物质氢能源的发展趋势

氢能因其能够有效解决化石燃料危机和环境污染问题，已经得到广泛研究与关注。我国生物质制氢技术虽然起步较晚，但是近年来得到飞速发展，具有极大的发展潜力。针对具体制氢方法进行研究可加速生物质制氢技术应用于大规模工业生产。可以从以下几个方面着手：生物质热化学法制氢技术研究重点为金属催化剂，提高金属催化剂的活性，如克服催化剂失活、腐蚀等问题；对于影响发酵过程的酸碱度、温度等各个因素进行机理研究，从而确定各因素在发酵过程中的最佳取值；研发培养新型混合菌株，利用混合菌株产氢效率高的优势提高生物制氢技术产量；优化反应过程各环节涉及的操作，如生物质废物的大规模预处理技术、反应产物气体分离氢气技术以及对生物质制氢反应进行技术升级。

5.4.6　生物航空燃料

生物航空燃料是指以动植物油脂或农林废弃物等生物质为原料，采用加氢法或费托合成技术生产的航空燃料。其基本性质与传统石油燃料相似，部分指标甚至优于传统航空煤油，生物航空煤油与石化航空煤油调和后可满足航空器动力性能和安全要求，可直接投入使用，无须制造商重新设计引擎或飞机。

生物航空燃料经历了三代的发展，第一代生物航空燃料主要以可食用的作物和动物脂肪为原料，通过发酵和酯交换生产，其碳氢化合物的含碳量低，热值低，难以满足航空燃料的要求；第二代生物航空燃料以非食用木本油料作物和木质纤维生物质为原料，并将工业生产副产品如食用炼油厂的皂渣、油沉积物、酸油等作为加氢燃料的原料，通过加氢脱氧、羟醛缩合、临氢异构等工序生产出较高热值的航空燃料，木质纤维生物质被认为是最合适的长期替代化石燃料的原材料；第三代生物航空燃料主要以藻类为原料，其含油量相对较高，占用的土地较少，成为最有前途的生产原料。

1. 生物航空燃料的制备方法

国内外已开发出多种生物航空燃料生产工艺线，其研究思路主要是将生物质转化为中间产物（生物质油或合成气），再对中间产物进行改性后制备出生物航空燃料。主要工艺路线包括：天然油脂（或生物质油）加氢脱氧-加氢裂化/异构技术路线（加氢脱氧法）；生物质液化（气化-费托合成）-加氢提质技术路线；生物质热裂解（TDP）和催化裂解（CDP）技术路线。其中，由加氢脱氧法和气化-费托合成法制备的燃料已被ASTM国际航空燃料子委员会认可，可与常规航空煤油以最高1:1的比例混合，应用于飞行器中。

1）加氢脱氧法

加氢脱氧工艺生产生物航空燃料是将植物油脂或动物油脂通过深度加氢生成加氢脱氧油。为使生产的加氢脱氧油达到直接与石油基燃料掺混的要求，加氢脱氧油需进一步通过加氢异构反应增加分子支链。最终产品为生物衍生的合成石蜡基煤油，它含有与常规石油基喷气燃料相同类型的分子。其工艺流程如图5-4所示。

图5-4　加氢脱氧法工艺流程

2) 气化-费托合成法

费托合成是指在高温、高压下,生物质通过热化学工艺转化为合成气(主要成分是 H_2 和 CO),合成气通过费托合成工艺生成各种烃类和含氧有机化合物,所得产品通过进一步加氢脱氧处理即可制成生物航空燃料。费托合成工艺成功的关键在于催化剂的选择,因为使用的催化剂和操作条件的不同,合成的产品也不同。费托合成及加氢脱氧工艺生产出的生物航空燃料具有热氧化稳定性差、运动黏度高及冰点高等缺点,这些缺点还须研究解决。费托合成工艺生产生物航空燃料的工艺流程如图5-5所示。

图5-5 气化-费托合成法工艺流程

2. 生物航空燃料的发展趋势

生物燃料得以发展主要是因国际油价不断上涨,化石燃料不可再生以及其储存量减少导致。目前生物航空燃料的生产成本远高于传统化石燃料,因而要将生物燃料在航空领域推广,需要国家从政策上支持,如提供补助等。

目前生物航空燃料的成本较高,其经济性的突破是一个关键。虽然生物航空燃料的原料具有多样性,但如何保证原料的稳定供应是需要解决的问题。为此,采用新的原料生产航空煤油的技术也在开发中,如微藻养殖生产生物航空燃料技术以及餐饮废油、地沟油加工生产航空煤油技术等。虽然微藻具有含油量高、生长周期短、油脂的单位面积收率高和不占用耕地等优点,可作为主要的生物燃料原料,但仍需解决微藻的大规模、高效、低成本培养等问题,而这些问题也是决定该技术产业化的关键。

为提高生物航空燃料目标产物的收率,可以通过对催化反应机理进行研究找到最优反应条件;同时,开发新型催化剂来改善催化剂失活特性,并通过合适的方法减慢催化剂失活速率。

5.4.7 能源微藻

藻类个体大小悬殊,因只有在显微镜下才能分辨其形态的微小藻类群被人们称为微藻。和普通的陆生植物相比,能源微藻的主要优势是可以利用各种类型的水资源来大规模进行种植,而且能源微藻的生物量特别大,生长周期比较短,其脂质含量也很高,更重要的是能源微藻具有不占耕地、单位面积产出量高等特点。利用能源微藻提供能量,同时消耗 CO_2,可以在解决环境问题的同时,产生巨大的能量,而这种能量又相当保守,因此微藻能源被认为是当今最有开发前途的能源之一。

微藻具有很高的药用价值,可抗癌、抗衰老、抗疲劳、抗辐射损伤,还可以利用污水中的无机、有机等污染物生长,因此在食品、生物能源、保健品、动物饲料和环境保护等领域有较广阔的应用场景。

微藻在能源生产中的利用方式主要包括直接利用和间接利用两种方式。微藻在生长过程中产生氢气、烃类,它们能直接作为能源进行利用,这种利用方式为直接利用;所谓间接利用是指通过培养微藻来获得油脂、淀粉、纤维素,然后以藻油、淀粉及纤维素作为原料进行化学改性,用以生产生物柴油、燃料乙醇等。

1. 能源微藻的培养方法

1) 微藻的培养方式

微藻的大规模培养方式主要有三种：自养培养、异养培养和混养培养。

（1）自养培养。

自养培养是直接利用太阳光及无机养料在开放式池塘或密闭式光生物反应器中培养微藻。微藻自养培养已实现了产业化，主要使用的菌株包括螺旋藻、小球藻、盐藻、雨生红球藻等。

自养培养中微藻利用光源作为能量来源，以无机碳作为碳源 CO_2 进行还原同化，合成细胞内所有的有机代谢物。虽然自养培养微藻操作简单、易于大规模培养，适宜几乎所有微藻的培养，培养成本低，但微藻的生物量偏低，不利于藻体的收集；容易受到天气、光照或光分布不均等因素影响。

（2）异养培养。

异养培养是指微藻仅以人为提供的碳源、氮源作为生长的营养物质，使其在没有光照的条件下也能进行需氧发酵生长的培养方式。异养培养不受光照、天气的影响，所以异养培养微藻具有生长速度快，细胞浓度高，产量大的特点。但异养培养中培养基的供给、能耗问题大大增加了微藻的培养成本。

（3）混养培养。

混养培养又称兼养，是指微藻细胞同时使用光能、无机物和有机物作为微藻营养物质的培养方式。混养培养藻密度较高，但在规模培养中容易滋生杂菌。微藻的混养培养过程包括光能的吸收转化、CO_2 的吸收固定，以及有机物的同化等过程，代谢途径较为复杂。

2) 微藻的采收

微藻培养结束后，需要通过采收工序将藻体从藻液中分离出来。微藻采收的目标是高效地从悬浮的藻液中分离大量藻体，微藻个体微小，分散悬浮于培养液中，使得微藻的采收相当困难。

为了达到高效的分离效果，藻液藻体分离前需要进行预处理。藻液预处理是利用物理或化学方法改变微藻表面性质或改变悬浮液的化学环境，其中絮凝是最常使用的预处理方式。经过絮凝后，采用沉降、过滤、气浮或离心的方法即可从藻液中分离出藻体。

（1）絮凝和沉降。

向藻液中加入絮凝剂使藻体发生絮凝、沉降，是分离藻体的重要方法。絮凝剂的类型、浓度、配比等与藻种密切相关。如絮凝剂硫酸铝的絮凝效果较好，回收效率高于75%；硫酸铁和氯化铁为60%～70%。絮凝剂的选择除了要考虑保证藻体的高得率外，还需考虑絮凝剂对下游油脂提取的影响、絮凝剂回收问题以及排放水中絮凝剂对环境的影响。藻体沉降过程中，沉降效率主要受絮凝体密度的影响，此外，藻体密度也是影响沉降效果的重要因素。

（2）过滤。

过滤法是常用的藻体分离方法，既可作为絮凝沉降的下游工艺，也可直接用于藻体的回收。微藻大小是影响过滤效果最主要的影响因素，个体较大的微藻不易堵塞滤膜的孔，而个体较小的微藻会严重堵塞滤膜。对于个体较大的藻种,可采用沙滤、硅藻土过滤等方法,同时辅以加压操作以提高藻体收率;对于细胞直径小于 10 μm 的微藻,采用微滤或超滤可以有效截留藻体,在操作过程中可使用平板膜、中空纤维陶瓷膜和 PVC 膜等。

(3) 气浮。

气浮是指向藻液中通入空气,使藻液中形成许多高度分散的微小气泡,气泡作为载体将藻液中的藻体载浮于水面,从而实现固液分离。气浮分离前需先向藻液中加入絮凝剂,使悬浮的藻体进行絮凝,然后气浮装置底部通过气体分配头放出大量微细气泡,气泡在上浮过程中与絮凝体吸附,从而减小絮凝体的密度,使絮凝体上浮到液体表面,再由刮板刮入储槽而达到微藻采收目的。

(4) 离心。

离心分离法是在离心力作用下,藻液中藻体迅速沉降,实现固液分离。离心法的收率决定于离心力大小、藻细胞沉降特性、藻液在离心机内停留时间及沉降距离等因素。

在微藻的众多采收技术中,离心和絮凝是目前采用最多的方法,但离心采收过程能耗较高;絮凝需添加化学物质,容易造成水体污染,絮凝后产生的废水需要进行处理,成本上升。重力沉降仅适用藻体较大的藻类,如螺旋藻大规模生产,而对于藻体密度低,体型小的藻体效果不理想。气浮法适用于分离微藻密度低、藻细胞个体小的藻液。分离工艺各有特点,在藻体分离时需要分析藻体的特点,选取合适的分离方法。

2. 能源微藻的发展趋势

随着畜禽养殖业规模的逐步扩大,集约化、规模化养殖的粪污排放已成为当前最大的农业面源污染源。微藻作为污水中氮磷的吸收者,具有让氨氮转化为蛋白的能力,通过光合作用吸收二氧化碳并释放氧气,而在黑暗条件下,微藻以异养模式吸收有机物进行生长。通过微藻生长不仅可以减少氮磷排放,还可以变废为宝,生成丰富的油脂、多糖、蛋白质、维生素与螯合矿物质等。因此,通过建设微藻资源化利用系统,可以形成畜禽养殖水资源利用、饲料生产相结合的"闭环",提高养殖效能、降低污染排放,实现生态可持续发展和资源可循环利用,发展可持续的绿色农业。

在微藻食品方面,可通过构建微藻产业标准化体系,切实保障微藻食品保健品质量安全,并通过新技术、新手段、新平台,精准定位产品功能,稳固对接大健康产业,支撑微藻产业顺利转型。

在微藻饲料方面,可建立产品分级质控体系与网络配送体系,从产品开发技术和营销模式上,降低微藻饵料饲料成本,无缝融入大水产行业,促进微藻产业升级。

在生态环境方面,在全球变化和人类活动对环境影响日益增大的背景下,通过集成系列创新技术,如推动微藻固碳、废水处理、生物有机肥料、藻类资源化利用等领域实现重大突破,推动微藻为核心的兼顾经济价值和生态环境治理一体的新模型,是推动微藻产业走向大农业并进入工业化时代的源动力。

5.4.8 生物质发电

生物质发电是利用生物质所具有的生物质能进行的发电,是可再生能源发电的一种,包括农林废弃物直接燃烧发电、农林废弃物气化发电、垃圾焚烧发电、垃圾填埋气发电、沼气发电。

20世纪70年代石油危机爆发，新能源问题受到各国关注与思考。自1990年以后，欧美许多国家开始大力发展生物质发电，特别是自2002年约翰内斯堡可持续发展世界峰会以后，生物质发电产业在全球加快推进。

截至2022年底，我国生物质发电累计装机容量达到4 132万kW，年发电量达到1 824亿kW·h，年上网电量达到1 531亿kW·h。截至2022年底，在农林生物质发电、垃圾焚烧发电和沼气发电三大生物质发电类型中，农林生物质发电累计装机容量达到1 623万kW，2022年发电量累计达516亿kW·h，年发电量与2021年持平，总的上网电量较2021年有所下降；垃圾焚烧发电总装机容量达到2 386万kW，垃圾焚烧发电占生物质总装机容量达到了58%，2022年发电量累计达1 268亿kW·h，比2021年增长了16.9%，2022年上网电量累计1 056亿kW·h，较2021年增长了17%；沼气发电累计装机容量达到122万kW，2022年发电量累计达39.5亿kW·h，比2021年增加了5.4%，年上网电量累计达到3.2亿kW·h，比2021年增长了2.5%。

1. 生物质发电技术

生物质发电技术主要包括生物质直燃发电、生物质混烧发电技术以及生物质气化发电技术三种类型。

1）生物质直燃发电

生物质直燃发电技术的原理与传统燃煤发电技术类似，只是将燃煤换作生物质进行燃烧。直燃发电的关键技术包括原料预处理技术、蒸汽锅炉燃料适用性技术、高效汽轮机技术和蒸汽锅炉高效燃烧技术。生物质原料能量密度小，发电效益有限，故将生物质原料压制成颗粒状、棒状或块状，减小储存空间，提高燃料的能量密度，改善燃烧品质和性能。生物质燃料的燃烧效率对生物质直燃发电的效率有很大影响，设备是提高其燃烧效率的主要手段，如可以通过提高生物质锅炉的热效率来实现。目前在工程上主要使用的生物质锅炉包括循环流化床锅炉和层燃炉两种。

2）生物质混烧发电技术

生物质混烧发电技术（生物质耦合燃烧发电技术）是指在燃煤电厂中利用生物质或者生物质通过气化产生的可燃气体和煤炭混合燃烧发电。相较于生物质直燃技术需要设计搭建专有的生物质锅炉，混烧发电技术只需要在燃煤电厂的现有基础上进行改造，许多现有的设备不需要大的改变，故投资成本不高。

生物质混烧有三种方式分为直接耦合、间接耦合及并联耦合燃烧三种。直接耦合燃烧是将生物质和煤一起投入锅炉进行燃烧；间接耦合燃烧是通过气化炉将原料转化为烃类、氢气等可燃气体，再送入锅炉与煤炭进行混烧，是生物质气化在电厂中的主要应用方式；并联耦合燃烧可参考直燃发电技术，单独搭建小参数的生物质锅炉对生物质原料进行燃烧，与燃煤锅炉平行产生高温蒸汽，一起送入汽轮机推动转子做功发电。

3）生物质气化发电技术

生物质气化发电技术的基本原理是通过生物质气化技术，将生物质转化为可燃气体，通过可燃气体的不同利用方式完成发电。生物质气化发电主要分为三个过程：首先，将预处理后的生物质原料送入气化炉中，完成向可燃气体的转化；其次，通过生物质净化装置，对杂质进行去除和提纯，确保燃气发电设备不被腐蚀；最后，将净化后的气体送入燃气发电装置进行发电。

与生物质直燃发电相比，生物质气化发电原料需求较低，收集半径较小，供应更加容易保障，在我国生物质分散的条件下更加贴合实际。另外气化反应的产物主要成分为 CO 和 H_2，在燃烧过程中不会产生污染性气体，利用起来更加清洁。

2. 生物质发电的发展趋势

近年来，在国家政策支持下，生物质发电建设规模持续增加，项目建设运行保持较高水平，技术及装备制造水平持续提升，助力构建清洁低碳、安全高效能源体系，对各地加快处理农林废弃物和生活垃圾发挥了重要作用。通过对各环节进行相关政策支持和补偿，鼓励并探索生物质发电项目市场化运营试点，逐步形成生物质发电市场化运营模式。

2020 年 11 月，财政部办公厅印发《关于加快推进可再生能源发电补贴项目清单审核有关工作的通知》，明确国家不再发布可再生能源电价附加补助目录，而由电网企业确定并定期公布符合条件的可再生能源发电补贴项目清单。这就使得龙头企业要想进一步降本增效，除需要选择以合理价格收购相对优质资产外，还需要通过技术提升和产业链纵向延伸来降低成本。同时企业将更加精打细算地平衡垃圾处理量、发电量和设备损耗之间的关系，一味地追求超烧、一味地强调连续运行小时数将成为历史，而按设备性能要求的停机检修、加强设备维护将是新方向。

5.5 生物质能与低碳经济

在自然界中的碳经过光合作用进入生物界，生物界的碳通过三个主要途径即燃烧、降解和呼吸又回到自然界，如此循环构成碳元素循环链。所以国际上称生物质能为零碳能源，也是可再生能源当中唯一的零碳燃料。利用先进技术将生物质资源转化为能源燃料使用，不仅可以替代化石燃料，减少二氧化碳排放，而且能减少生物质自然降解的甲烷排放。因此，通过对农林废弃物、畜禽粪污、城市生活垃圾、工业废渣废液等有机废弃物的能源化、燃料化利用，发展生物质发电、生物柴油、生物天然气、生物制氢等生物能源产业，促进能源结构优化，是推动碳减排、碳零排的重要途径。若结合生物能源与碳捕获和储存技术，生物质能将创造负碳排放。

根据预测，我国碳排放峰值约在 110 亿 t 左右，而生物质能源化未来减排潜力将达到 20 亿 t。生物天然气、生物液体燃料、生物固体燃料，与化石能源的提供形式几乎一致，对当前工业体系的设备用能形式具有更好的适应性，是我国电气化过程中重要的过渡能源，也是某些难以电气化的领域无法替代的可再生能源来源。生物质能作为零碳的可再生能源，在为社会提供清洁能源的同时，每年消纳处理大量有机废弃物，真正实现了减污降碳协同增效目标。生物质能将在各个领域为我国 2030 年碳达峰，2060 年碳中和做出巨大减排贡献。

5.6 生物质能产业与政策

自 2006 年《中华人民共和国可再生能源法》生效以来，我国建立了由法律法规、发展规划和行业扶持政策措施构成的较为完整的生物质能源政策框架，特别是采取了强制收购、产品补贴、税收优惠和费用分摊等一系列经济激励政策，基本涵盖了生物质发电、沼气成型燃料和生物液体燃料等各个领域。生物质相关标准等政策的出台，有力地促进了生物质能产业全面发展。我国生物质能部分相关政策汇总见表 5-2。

表 5-2　生物质能部分相关政策

颁布时间	政策名称	部门	相关内容
2016.11.18	《关于申报2017年规模化大型沼气工程中央预算内投资计划的通知》	国家发展改革委办公厅、原农业部办公厅	为深入推进农村沼气转型升级，各省发展改革和农村能源主管部门加强沟通、协调，抓紧组织项目申报，按照中央预算内投资计划管理的有关规定，选取符合投向、条件具备的项目编制2017年规模化大型沼气工程中央预算内投资计划
2017.2.10	《全国农村沼气发展"十三五"规划》	国家发展改革委	优化农村沼气发展结构、提升三沿铲平利用水压、提高科技创新支撑水平、加强服务保障能力建设
2017.12.6	《关于印发促进生物质能供热发展指导意见的通知》	国家能源局	大力发展生物质热电联产。加快生物质发电向热电联产转型升级，提高能源利用效率和综合效益，构建区域清洁供热体系。加快发展生物质锅炉供热，加快发展以农林生物质、生物质成型燃料、生物质燃气等为燃料的生物质锅炉供热，为城镇中小区域集中供热或点对点供热，有效替代农村散煤
2018.01.02	《关于开展秸秆气化清洁能源利用工程建设的指导意见》	国家发展改革委办公厅、原农业部办公厅国家能源局	在坚持农用优先的基础上，实施秸秆气化清洁能源利用工程，能够进一步拓展综合利用渠道，切实提高秸秆综合利用率。因地制宜推动秸秆气化清洁能源利用，能够完善农村能源基础设施、优化农村用能结构、提高农村用能水平。通过推广秸秆气化清洁能源利用，推动秸秆综合利用产业化发展，能够有效减少秸秆露天焚烧和资源浪费，改善区域生态环境质量，提高民生福祉
2019.12.19	《关于促进生物天然气产业化发展的指导意见》	国家能源局	构建分布式可再生清洁燃气生产消费体系，有效替代农村散煤。规模化处理有机废弃物，保护城乡生态环境。优化天然气供给结构，发展现代新能源产业
2020.9.11	《完善生物质发电项目建设运行的实施方案》	国家能源局	坚持稳中求进，推动生物质发电行业平稳有序发展。围绕"补贴资金申报""生物质发电项目建设"两项主要任务，一方面坚持"稳"，保持政策连续性、稳定性；另一方面坚持"进"，坚定改革方向，持续完善生物质发电项目管理政策，明确市场预期，促进生物质发电行业提质增效

续表

颁布时间	政策名称	部门	相关内容
2021.03.24	《关于"十四五"大宗固体废弃物综合利用的指导意见》	国家发展改革委	提高大宗固废资源利用效率、推进大宗固废综合利用绿色发展、推动大宗固废综合利用创新发展实施资源高效利用行动
2021.08.11	《2021年生物质发电项目建设工作方案》	国家能源局	加强规划引导，生物质发电项目须纳入国家、省级专项规划。完善补贴机制，生物质发电补贴中央分担部分逐年调整并有序退出明确建设期限。落实支持政策，鼓励地方建立完善的农林废弃物和生活垃圾"收、储、运、处理"体系。加强项目建设信息监测，加强生物质发电项目信息统计监测。强化项目建设运行监管，落实地方管理主体责任
2021.10.21	《"十四五"可再生能源发展规划》	国家发展改革委	稳步推进生物质能多元化开发稳步发展生物质发电。积极发展生物质能清洁供暖。加快发展生物天然气。大力发展非粮生物质液体燃料
2022.01.29	《"十四五"现代能源体系规划》	国家发展改革委、国家能源局	因地制宜发展其他可再生能源。推进生物质能多元化利用，稳步发展城镇生活垃圾焚烧发电，有序发展农林生物质发电和沼气发电，因地制宜发展生物质能清洁供暖，促进先进生物液体燃料产业化发展。积极推进地热能供热制冷。因地制宜开发利用海洋能，推动海洋能发电在近海岛屿供电、深远海开发、海上能源补给等领域应用
2022.02.10	《关于完善能源绿色低碳转型体制机制和政策措施的意见》	国家发展改革委、国家能源局	完善国家能源战略和规划实施的协同推进机制、完善引导绿色能源消费的制度和政策体系、建立绿色低碳为导向的能源开发利用新机制、完善新型电力系统建设和运行机制、健全能源绿色低碳国家发展改革委国转型安全保供体系、建立支撑能家能源局源绿色低碳转型的科技创新体系建立支撑能源绿色低碳转型的财政金融政策保障机制、促进能源绿色低碳转型国际合作、完善能源绿色低碳发展相关治理机制
2023.05.23	《关于做好2023年农作物秸秆综合利用工作的通知》	农业农村部办公厅	推进秸秆科学还田、规范秸秆收储操作、推进秸秆离田利用、加强秸秆资源台账建设、强化典型示范引领

在目前我国"双碳"的大目标前提下，我国将大力营造有利于生物质能产业发展的政策环境，进一步完善促进可再生能源发展的政策体系，同时强化政策协同，形成政策合力。另外，将在全国碳市场制度设计中积极考虑对生物质能发展给予支持，尽快启动全国统一的温室气体自愿减排交易市场，鼓励符合条件的生物质能项目开发为温室气体自愿减排项目。积极引导气候投融资加大对生物质能项目的支持力度，持续深化气候投融资试点工作，指导地方将具有社会效益的生物质能项目纳入气候投融资项目库，促进更多金融机构为生物质能项目提供优惠金融服务。面对生物质能行业发展的新形势、新要求，国家能源局将以积极推进生物质能开发利用的政策为导向，多措并举，提高产业附加值经济性，促进行业高质量发展。如在发电利用方面，将

生物质能发电纳入绿色电力证书的合法范围，同时研究推动利用生物质发电的项目灵活、可控的特性，并参与深度调峰等电力辅助服务，鼓励发电项目因地制宜向热电联产转型升级，多措并举提高项目的附加值、经济性。国家发展改革委将加快修订循环经济促进法，抓紧制定加快构建循环利用体系的意见，将生物质能纳入其中。从健全收储运体系，资源化利用体系，政策体系方面推动生物质能多元化利用及高质量发展。

拓展阅读　　生物能源与碳捕获和储存技术（BECCS）

生物能源与碳捕获和储存（BECCS）是一种温室气体减排技术。生物能源与碳捕获和储存的概念是把碳收集及储存（CCS）技术应用在生物加工行业或生物燃料发电厂。结合碳捕获和储存及生物量的使用，就能够创造负碳排放。具有碳捕获和储存功能的生物能源是唯一可以提供能量的二氧化碳去除技术。由于生物能源可以提供高温热量和在现有发动机中工作的燃料，因此生物能源与碳捕获和储存技术在2050年净零排放情景中，在重工业、航空和卡车运输等行业的脱碳方面将发挥重要作用。

生物能源与碳捕获和储存技术使用的生物源可以是生物燃料和生物氢生产产生的过程排放，或者发电厂、废物发电厂和工业应用中由生物质（水泥、纸浆和纸）或使用生物炭作为还原剂（钢）燃烧或共烧产生的燃烧排放。作为储存的替代方案，捕获的 CO_2 也可以用作一系列产品的原料。虽然一些碳捕获和利用途径可以带来重要的气候效益，但二氧化碳的去除只能通过永久储存来实现。

相关研究预测世界主要区域的生物能源与碳捕获和储存技术将从2030年到2050年开始快速发展，到21世纪末，在生物质能利用中的比重将会超过50%，在实现全球升温2 ℃和1.5 ℃以及各区域实现净零排放路径中具有重要作用。生物能源与碳捕获和储存为主的二氧化碳脱除技术（CDR）是未来有望将全球碳排放稳定在低水平的关键技术。

近年来，全球主要农业大国和工业化发达国家都在积极发展生物质能和生物能源与碳捕获和储存技术，主要在美国、欧洲、日本和加拿大等国，应用于生物质乙醇工厂、生物质发电、垃圾焚烧等领域。目前，每年从生物源捕获的二氧化碳约为2 Mt，而储存在专用储存库中的二氧化碳不到1 Mt。大约90%的二氧化碳是在生产生物乙醇设施中捕获，因其生产气中的二氧化碳浓度很高，这是成本最低的生物能源与碳捕获和储存技术应用之一。预计在2030年之前，大约有40个生物乙醇设施计划投入使用，总计约有1 500 Mt的生物二氧化碳捕获能力。迄今为止最大的运营生物能源与碳捕获和储存技术项目是伊利诺伊州工业的碳捕获和储存项目，该项目自2018年以来一直在捕获二氧化碳并将其永久储存在深层地质地层中。2022年上线投产的Red Trail Energy生物乙醇项目是美国第二个以专用存储为目标的项目。在欧洲和美国，其他小型生物乙醇设施也在捕获二氧化碳，但这些工厂主要将二氧化碳作碳交易以提高利润，或者将其用于提高石油采收率。

虽然目前我国已在碳捕获和储存项目积累了一定的经验，开展了数十个示范项目，在利用和封存方面取得了一定的突破，为生物能源与碳捕获和储存技术的研发奠定了前期基础；我国的一些研究机构和高校也开展了生物能源与碳捕获和储存相关理论研究和实验室规模的试验探索，但尚未建设生物能源与碳捕获和储存示范项目。我国生物质资源丰富，生物质能发展潜力巨大，生物能源与碳捕获和储存技术将步入快速发展时期，帮助我国应对资源可持续利用、气候变化、能源安全等方面的挑战，促进碳达峰碳中和目标的实现。

思 考 题

1. 什么是生物质能？它的特点和分类有哪些？
2. 生物质能的转化技术有哪些？
3. 生物质能有哪些应用？
4. 简述生物燃料乙醇的制备方法。
5. 生物质发电技术有哪几种方式？
6. 你认为生物质能源利用中哪种技术将得到充分发展与运用？

第 6 章

其他能源

学习目标

1. 了解地热能的来源及发展状况。
2. 了解地热能的分布。
3. 了解潮汐能的来源及发展状况。

学习重点

1. 地热能源的应用。
2. 潮汐能源的应用。

学习难点

1. 地热能源的应用。
2. 潮汐能源的应用。

除了前面章节已经提及的可再生能源，还有其他一些能源同样可以为人类所利用，例如地热能和潮汐能。地热能大部分是来自地球深处；潮汐能则来自天体引力间的作用。本章将从这些能源的来源、发展状况及目标出发，进一步介绍它们的应用，并延伸至国家的低碳经济与政策。

6.1 地热能

6.1.1 地热能的来源

地热能大部分是来自地球深处的可再生热能，它起于地球的熔融岩浆和放射性物质的衰变。地球内部的温度高达 7 000 ℃，而在 150 km 左右的深处，温度会降至 650~1 200 ℃。通过地下水的流动和熔岩涌至离地面 1~5 km 的地壳，热力得以被转送至较接近地面的地方。还有一小部分能量来自太阳，大约占总地热能的 5%，表面地热能大部分来自太阳。地热能的储量比人们所利用能量的总量多很多。它不仅是无污染的绿色能源，当能量提取速度低于补充速度，地热能将是可再生能源。

6.1.2 地热能发展状况及目标

人类很早就开始利用地热能,例如利用温泉沐浴、医疗,利用地下热水取暖、建造农作物温室、水产养殖及烘干谷物等,但真正较为大规模的开发利用是从20世纪中叶开始。中国地热能行业始于20世纪80年代,其发展得到了国家节能减排政策的大力支持。随着人口增长和经济发展,人类对能源的需求不断上升,同时这也给环境带来了压力。传统化石燃料的使用带来了严重的环境问题,如全球气候变化和空气污染等。因此,寻找替代能源已成为当今全球范围内关注的焦点。由于地热能的利用不受天气影响,且其具有清洁、可持续、高效、储量大的特点,已成为现代社会建设可持续能源体系的重要组成部分。

在国外,地热能开发事业已经初具规模。据统计,全世界超过20多个国家正在积极开发地热能,这些国家主要集中在欧洲、北美和亚洲等地区。其中,冰岛是世界上最大的地热能开发国家之一。冰岛的地热能资源十分丰富,85%的冰岛人采用地热进行取暖。此外,如菲律宾、印度、美国等国家也都在积极推进地热能开发,丰富能源结构,解决能源需求。

我国地热资源丰富,资源量约占全球地热资源的1/6,开发利用潜力巨大,地区主要集中在西南和东北地区。根据中国地质调查局的调查结果,全国336个地级以上城市浅层地热能年可开采量约为7亿t标准煤,可实现建筑物320亿m^2的供暖、制冷,可见未来中国地热产业的发展空间是十分广阔的。

其次,地热能作为一种清洁能源,可以有效减少环境污染。在地热能的开发过程中,不会产生固体废物,也不会释放任何有害气体或废气,不仅可以降低碳排放,而且可以避免环境污染,减少化石能源对环境及气候带来的影响。此外,地热能开发过程中的废水也可以进行回收利用,将这些水资源利用起来对于水资源缺口较大的中国来说更是至关重要。

最后,地热能的成本可控性非常高,具有很高的经济效益。虽然在初期开发投入较大,但由于地热能的设备使用寿命长、维护费用低,因此长期来看,其经济效益远高于化石燃料等传统能源。同时,随着技术不断进步,地热能的开发成本也在不断降低,未来将会更有利于推动地热产业的发展。

综上所述,中国在地热能领域的可持续发展前景非常广阔。通过合理规划、科学开发和有效利用,中国未来可以实现地热能的大规模商业化开发。而这一过程中,政府和企业需要加强协作,共同推动地热能产业的创新发展,为实现国家可持续发展目标和美丽中国建设做出贡献。

6.1.3 地热能的分布

地热能集中分布在构造板块边缘一带,该区域也是火山和地震多发区。地热能在世界很多地区应用相当广泛。据估计,每年从地球内部传到地面的热能相当于 100 PW·h（1 PW·h = 10^6 GW·h）。不过,地热能的分布相对来说比较分散,开发难度大。

2015—2020年,全球用于电力项目的地热钻井总数为1 159口,用于电力项目的地热总投资为103.67亿美元。2015年世界地热发电总装机容量为12 283.9 MW,每年能量为73 550.3 百万 kW·h,到2020年地热发电总装机容量增长至15 950.46 MW,每年能量增长至95 098.4 百万 kW·h。其中以美国的地热发电装机容量和能量最高,2020年装机容量为3 700 MW,每年能量为18 366

百万 kW·h。我国地热资源也很丰富，主要分布在云南、西藏、河北等地，具有较大的开发利用空间。据地热能领域信息服务商 Think Geo Energy 统计，截至 2022 年底，全球地热发电总装机容量超过 1.6×10^4 MW，较 2021 年增加 286 MW。

世界地热资源主要分布于以下 5 个地热带：

（1）环太平洋地热带。世界最大的太平洋板块与美洲、欧亚、印度板块的碰撞边界，即从美国的阿拉斯加、加利福尼亚到墨西哥、智利，从新西兰、印度尼西亚、菲律宾到中国沿海和日本。世界许多地热田都位于这个地热带，如美国的盖瑟斯地热田，墨西哥的普列托、新西兰的怀腊开、中国的马槽和日本的松川、大岳等地热田。

（2）地中海、喜马拉雅地热带。欧亚板块与非洲、印度板块的碰撞边界，从意大利直至中国的滇藏。如意大利的拉德瑞罗地热田和中国西藏的羊八井及云南的腾冲地热田均属这个地热带。

（3）大西洋中脊地热带。大西洋板块的开裂部位，包括冰岛和亚速尔群岛的一些地热田。

（4）红海、亚丁湾、东非大裂谷地热带。包括肯尼亚、乌干达、扎伊尔、埃塞俄比亚、吉布提等国的地热田。

（5）其他地热区。除板块边界形成的地热带外，在板块内部靠近边界的部位，在一定的地质条件下也有高热流区，可以蕴藏一些中低温地热，如中亚、东欧地区的一些地热田和中国的胶东、辽东半岛及华北平原的地热田。

6.1.4 地热能源的应用

地热能的利用可分为地热发电和直接利用两大类，而对于不同温度的地热流体可能利用的范围如下：

（1）200～400 ℃，直接发电及综合利用。

（2）150～200 ℃，用于双循环发电、制冷、工业干燥、工业热加工。

（3）100～150 ℃，用于双循环发电、供暖、制冷、工业干燥、脱水加工、回收盐类、罐头食品。

（4）50～100 ℃，用于供暖、温室、家庭用热水、工业干燥。

（5）20～50 ℃，用于沐浴、水产养殖、饲养牲畜、土壤加温、脱水加工。

许多国家为了提高地热利用率，而采用梯级开发和综合利用的办法，如热电联产联供、热电冷三联产、先供暖后养殖等。

1. 地热发电

地热发电是地热利用的最重要方式。高温地热流体应首先应用于发电。地热发电和火力发电的原理是一样的，都是利用蒸汽的热能在汽轮机中转变为机械能，然后带动发电机发电。所不同的是，地热发电不像火力发电那样装备庞大的锅炉，也不需要消耗燃料，它所用的能源就是地热能。地热发电的过程，就是把地下热能首先转变为机械能，然后再把机械能转变为电能的过程。要利用地下热能，首先需要用"载热体"把地下的热能带到地面上来。能够被地热电站利用的载热体，主要是地下的天然蒸汽和热水。按照载热体类型、温度、压力和其他特性的不同，可把地热发电的方式划分为蒸汽型地热发电和热水型地热发电两大类。

1）蒸汽型地热发电

如图 6-1 所示，蒸汽型地热发电是把蒸汽田中的干蒸汽直接引入汽轮发电机组发电，但在引入发电机组前应把蒸汽中所含的岩屑和水滴分离出去。这种发电方式很简单，但干蒸汽地热资源十分有限，且多存于较深的地层，开采技术难度大，故发展受到限制。蒸汽型地热发电主要有背压式和凝汽式两种发电系统。

2）热水型地热发电

热水型地热发电是地热发电的主要方式，热水型地热电站有两种循环系统：

（1）闪蒸系统。闪蒸系统如图 6-2 所示。当高压热水从热水井中抽至地面，由于压力降低部分热水会沸腾并"闪蒸"成蒸汽，蒸汽送至涡轮机做功；而分离后的热水可继续利用后排出，最有效的处理是再回注入地层。

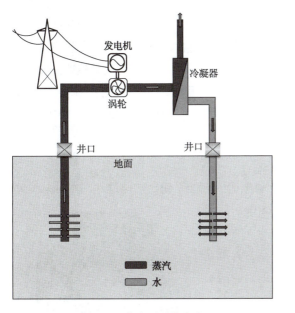

图 6-1　蒸汽型地热发电

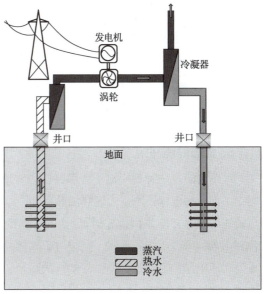

图 6-2　闪蒸系统

（2）双循环系统。双循环系统的流程：地热水首先流经热交换器，将地热能传给另一种低沸点的工作流体，使之沸腾而产生蒸汽。蒸汽进入汽轮机做功后进入凝汽器，再通过热交换器完成发电循环。地热水则从热交换器回注入地层。

2. 地热供暖

将地热能直接用于采暖、供热和供热水是仅次于地热发电的地热利用方式。因为这种利用方式简单、经济性好，备受各国重视，特别是位于高寒地区的西方国家，其中冰岛开发利用得最好。该国早在 1928 年就在首都雷克雅未克建成了世界上第一个地热供热系统，现今这一供热系统已发展得非常完善，每小时可从地下抽取 7 740 t 80 ℃的热水，供全市 11 万居民使用。由于没有高耸的烟囱，冰岛首都已被誉为"世界上最清洁无烟的城市"。此外利用地热给工厂供热，如用作干燥谷物和食品的热源，用作硅藻土生产、木材、造纸、制革、纺织、酿酒、制糖等生产过程的热源也是大有前途的。目前世界上两家最大的地热应用工厂就是冰岛的硅藻土厂和新西兰的纸浆加工厂。我国利用地热供暖和供热水发展也非常迅速，在京津地区已成为地热利用中最普遍的方式。

3. 地热务农

地热在农业中的应用范围十分广阔。如利用温度适宜的地热水灌溉农田，可使农作物早熟增产；利用地热水养鱼，在 28 ℃ 水温下可加速鱼的育肥，提高鱼的出产率；利用地热建造温室，育秧、种菜和养花；利用地热给沼气池加温，提高沼气的产量等。将地热能直接用于农业在我国日益广泛，北京、天津、西藏和云南等地都建有面积大小不等的地热温室。各地还利用地热大力发展养殖业，如培养菌种，养殖非洲鲫鱼、鳗鱼、罗非鱼、罗氏沼虾等。

4. 地热医疗

地热在医疗领域的应用具有诱人的前景，热矿水就被视为一种宝贵的资源，世界各国都很珍惜。由于地热水从很深的地下提取到地面，除温度较高外，常含有一些特殊的化学元素，从而使它具有一定的医疗效果。如含碳酸的矿泉水可供饮用，可调节胃酸、平衡人体酸碱度；含铁矿泉水饮用后，可治疗缺铁贫血症；氢泉、硫化氢泉洗浴可治疗神经衰弱和关节炎、皮肤病等。由于温泉的医疗作用及伴随温泉出现的特殊的地质、地貌条件，使温泉常常成为旅游胜地，吸引大批疗养者和旅游者。在日本就有 1 500 多个温泉疗养院，每年吸引 1 亿人到这些疗养院休养。我国利用地热治疗疾病的历史悠久，含有各种矿物元素的温泉众多，因此充分发挥地热的医疗作用，发展温泉疗养行业也是大有可为的。

5. 地热储能利用

地热储能是一种利用地下含水层作为介质以存储热能的储能系统。它通过地下水井从含水层中注入和抽取地下水，实现热能储存和回收（见图 6-3）。地热储能可以弥补能源供需在时间/空间分布的不平衡，能够综合利用多种可再生能源形式，减少对矿物燃料的依赖，为节能减排和环境保护提供了一个很好的解决途径，也是助力中国实现"双碳"目标的有力手段。

根据含水层深度，可将地热储能系统分为两类：（1）浅部地热储能，含水层深度小于 500 m，存储热水温度一般低于 50 ℃；（2）深部地热储能，含水层深度通常大于 500 m，存储热水温度一般为 50～150 ℃。

浅部地热储能因温度较低，其最主要的利用方式是建筑的供暖和制冷。国际上对浅部地热储能系统的实际利用始于 20 世纪中叶。中国在利用浅部地下含水层进行储热方面的实践

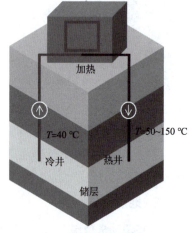

图 6-3 地热储能系统

开展较早，20 世纪 60 年代，上海开展了"冬灌夏用"和"夏灌冬用"的地下含水层储热技术。目前，中国已有多座浅层地热储能系统建成并投入使用。近年来，随着新兴产业的发展，浅部地热储能的利用方式也更加多元化。

深部地热储能可储温度较高，有的甚至超过 100 ℃，主要可用于发电和供暖。深部地热储能研究和利用始于 20 世纪 80 年代，近年来，随着能源需求日益增长，深部地热储能技术又重新受到重视，关于深部地热储能技术的研究和工程实践也越来越多。2018 年，欧盟资助了地下储热

项目 HEATSTORE，总投资达到 5 000 万欧元，9 个国家参与（德国、法国、荷兰、瑞士、比利时、丹麦、冰岛等），项目为期 5 年（2018—2022 年），共资助 6 个地下储热示范项目，其中包括 3 个深部地热储能项目。另外，美国国家科学基金会（NSF）资助的储热项目 Geothermal Battery，总投资 1 000 万美元，由犹他大学牵头，爱达荷国家实验室联合多家企业参与其中。中国当前以中国科学院地热团队为主体承担的深层含水层地下储热研究已从理论模型研究进入技术研发和示范工程建设阶段。地热能在应用中要注意地表的热应力承受能力，不能形成过大的覆盖率，这会对地表温度和环境产生不利的影响。

未来随着与地热利用相关的高新技术的发展，人们将能更精确地查明更多的地热资源；钻更深的地热井将地热从地层深处取出，因此地热利用也必将进入一个飞速发展的阶段。

6.1.5　地热能的低碳经济与政策

在各种可再生能源的应用中，地热能显得较为低调，人们更多地关注来自太空的太阳能量，却忽略了地球本身赋予人类的丰富资源，地热能将有可能成为未来能源的重要组成部分。

相对于太阳能和风能的不稳定性，地热能是较为可靠的可再生能源，岩浆/火山的地热活动的典型寿命为 5 000 年~100 万年以上。这让人们相信地热能可以作为煤炭、天然气和核能的最佳替代能源。另外，地热能确实是较为理想的清洁能源，能源蕴藏丰富并且在使用过程也不会产生温室气体。此外，地热库的天然补充率从几兆瓦~1 000 MW 以上。所以地热能是实现低碳经济不可或缺的重要能源力量。

随着技术的进步和政策环境的改善，中国地热能行业在近些年取得了显著的发展。国家出台了一系列政策为行业发展指明了方向，《地热能开发利用"十三五"规划》提出后，我国地热产业进入了飞速发展期。地方政府也积极响应国家政策，相继出台地热能行业相关的地方政策、法规及标准等，为地热能开发利用提供了良好的发展环境和广阔的市场需求。2021 年是"十四五"期间地热发展极为关键的一年，国家发展改革委、国家能源局等八部委发布《关于促进地热能开发利用的若干意见》提出：坚持统一规划、因地制宜、有序开发、清洁高效、节水环保、鼓励创新的原则，稳妥推进地热能资源勘查和项目建设，规范和简化管理流程，完善信息统计和监测体系，保障地热能开发利用高质量发展。2022 年，国家发改委等九部门印发《"十四五"可再生能源发展规划》。规划提出，积极推进地热能规模化开发。《"十四五"现代能源体系规划》和《"十四五"建筑节能与绿色建筑发展规划》的相继发布，提出因地制宜开发利用地热能，建设一批多能互补的清洁能源基地；到 2025 年，地热能建筑应用面积 1 亿 m^2 以上。业内人士对此乐观地表示，国内政策法规及行业地方标准的陆续出台，为我国地热能行业的发展带来了历史性机遇。

和其他可再生能源起步阶段一样，地热能产业化过程中面临的最大问题来自技术和资金。地热产业属于资本密集型行业，从投资到收益的过程较为漫长，一般来说较难吸引到商业投资。可再生能源的发展一般能够得到政府优惠政策的支持，例如税收减免、政府补贴以及获得优先贷款的权力。在相关优惠政策的指引下，投资者们将更有兴趣对地热项目进行投资建设。

地热能的利用在技术层面上有待发展的主要是对于开采点的准确勘测，以及对地热蕴藏量的预测。由于一次钻探的成本较高，找到合适的开采点对于地热项目的投资建设至关重要。地热产业采取引进石油、天然气等常规能源勘测设备，为地热能寻找准确的开采点。

《新时代的中国能源发展》白皮书指出，中国将坚持创新、协调、绿色、开放、共享的新发展理念，以推动高质量发展为主题，以深化供给侧结构性改革为主线，全面推进能源消费方式变革，构建多元清洁的能源供应体系，实施创新驱动发展战略，不断深化能源体制改革，持续推进能源领域国际合作，中国能源进入高质量发展新阶段。白皮书创新地热能开发利用模式，开展地热能城镇集中供暖，建设地热能高效开发利用示范区。

6.2 潮汐能

6.2.1 潮汐能的来源

潮汐能，海水周期性涨落运动中所具有的能量，是由潮汐现象产生的能源，它与天体引力有关。地球-月亮-太阳系统的吸引力和热能是形成潮汐能的来源。真实月球引力和平均引力的差值称为干扰力，干扰力的水平分量迫使海水移向地球、月球连线并产生水峰。对应于高潮的水峰，每隔 24 h 50 min（即地球同一经度从第一次正对月球到第二次正对月球所需时间）发生两次，亦即月球每隔 12 h 25 min 即导致海水涨潮一次，此种涨潮称为半天潮。潮汐导致海水平面的升高与降低呈周期性。每一月份满月和新月的时候，太阳、地球和月球三者排列成一直线。此时由于太阳和月球累加的引力作用，使得产生的潮汐较平时高，此种潮汐称为春潮。当地球、月球和太阳成一直角，则引力相互抵消，因此而产生的潮汐较低，称为小潮。各地的平均潮距不同，如某些地区的海岸线会导致共振作用而增强潮距，而其他地区海岸线却会降低潮距。影响潮距的另一因素科氏力，其源自流体流动的角动量守恒。若洋流在北半球往北流，其移动接近地球转轴，故角速度增大，因此，洋流会偏向东方流，即东部海岸的海水较高；同样，若北半球洋流流向南方，则西部海岸的海水较高。潮汐现象产生的水位差表现为势能，其潮流的速度表现为动能。这两种能量都可以利用，是一种可再生能源。由于在海水的各种运动中潮汐最守信，最具规律性，又涨落于岸边，也最早为人们所认识和利用，在各种海洋能的利用中，潮汐能的利用是最成熟的。

6.2.2 潮汐能发展状况及目标

在全球范围内潮汐能是海洋能中技术最成熟和利用规模最大的一种，潮汐发电在国外发展很快。欧洲各国拥有浩瀚的海洋和漫长的海岸线，因而有大量、稳定、廉价的潮汐资源，在开发利用潮汐方面一直走在世界前列。法国、加拿大、英国等国在潮汐发电的研究与开发领域保持领先优势。

目前，潮汐发电行业尚处于起步阶段，但已经取得了一些进展。一些国家和地区正在积极推动潮汐发电项目的开发和商业化运营。英国的斯旺西湾潮汐能项目是全球规模最大的潮汐发电项目之一，该项目已经成功建成并开始发电。一些国家还在海洋能源方面进行了一系列研究和试验，以推动潮汐发电技术的进一步发展。

20世纪初,西方一些国家开始研究潮汐发电。第一座具有商业实用价值的潮汐电站是1967年建成的法国郎斯电站。该电站位于法国圣马洛湾郎斯河口。郎斯河口最大潮差13.4 m,平均潮差8 m。一道750 m长的大坝横跨郎斯河。坝上是通行车辆的公路桥,坝下设置船闸、泄水闸和发电机房。郎斯潮汐电站机房中安装有24台双向涡轮发电机,涨潮、落潮都能发电。总装机容量24万kW,年发电量5亿多度,输入国家电网。

1968年,苏联在其北方摩尔曼斯克附近的基斯拉雅湾建成了一座800 kW的试验潮汐电站。1980年,加拿大在芬地湾兴建了一座2万kW的中间试验潮汐电站。世界上适于建设潮汐电站的地方,都在研究、设计建设潮汐电站。其中包括美国阿拉斯加州的库克湾、加拿大芬地湾、英国塞文河口、阿根廷圣约瑟湾、澳大利亚达尔文范迪门湾、印度坎贝河口、俄罗斯远东鄂霍次克海品仁湾、韩国仁川湾等地。

中国潮汐能的理论蕴藏量达到1.1亿kW。中国潮汐能资源的地理分布不均匀。沿海潮差以东海为最大,黄海次之,渤海南部和南海最小。河口潮汐能资源以钱塘江口最为丰富,其次为长江口,以下依次为珠江、晋江、闽江和瓯江等河口。以地区而言,主要集中在华东沿海,其中以福建、浙江、上海长江北支为最多,占中国可开发潮汐能的88%。在中国沿海,特别是东南沿海有很多能量密度较高,平均潮差4~5 m,最大潮差7~8 m。其中浙江、福建两省蕴藏量最大,约占全国的80.9%。中国早在20世纪50年代就已开始利用潮汐能,在这一方面是世界上起步较早的国家。1956年建成的福建省浚边潮汐水轮泵站就是以潮汐作为动力来排水灌田的。

中国自行设计的潮汐电站中,江厦电站技术也较成熟。该电站安装了5台单机容量为500 kW的灯泡式机组,总容量达3 200 kW。单机容量有500 kW、600 kW和700 kW三种规格,转轮直径为2.5 m。在海上建筑和机组防锈蚀、防止海洋生物附着等方面该电站也以较先进的办法取得了良好效果。尤其是最后两台机组,达到了国内外先进技术水平,具有双向发电、泄水和泵水蓄能多种功能,它采用了技术含量较高的行星齿轮增速传动机构,这样既不用加大机组体积,又增大了发电功率,还降低了建筑的成本。

潮汐发电利用的是潮差势能,世界上最高的为13~15 m,在我国潮差最高可达9 m,潮汐发电不像水力发电那样利用几十米、百余米的水头发电,潮汐发电的水轮机组必须适应"低水头、大流量"的特点,水轮做得较大。但水轮做大了,配套设施的造价也会相应增大。1974年投产的广东甘竹滩洪潮电站就是一个成功的代表,它的特点是洪潮兼蓄,只要有0.3 m高的落差就能发电。甘竹滩电站的总装机容量为5 000 kW,平均年发电1030万kW·h,转轮直径为3 m,加上大量采用水泥代用构件,成本较低,对民办小型潮汐电站很有借鉴意义。

根据中国海洋能资源区划结果,我国沿海潮汐能可开发的潮汐电站众多,尤其集中在浙江和福建沿海。潮汐发电的优势在于其可预测性和高能量密度。相比于风能和太阳能等可再生能源,潮汐发电的潮汐运动具有较高的可预测性,能够提供更稳定和可靠的能源供应。潮汐能量密度较高,每单位面积的能量产量较大,有助于提高能源利用效率。

然而,潮汐发电行业也面临着一些挑战。首先,潮汐发电技术仍需发展,技术环节仍需不断改进,以提高发电效率和降低成本。其次,潮汐发电的建设和维护成本较高,需要进行复杂的海洋工程和设备安装。环境影响与生态保护也是一个重要的考虑因素,如对海洋生物的影响以及与航运和渔业的冲突。

虽然潮汐发电行业面临一些挑战，但其具有巨大的发展潜力，未来的趋势仍然向好。以下是潮汐发电未来的几个发展趋势：

（1）技术改进和成本降低：随着技术的不断改进和成熟，潮汐发电的效率将得到提高，并伴随着成本的逐步降低。新材料和工艺的应用，以及更高效的涡轮发电机设计等技术创新，将有助于推动潮汐发电技术的发展。

（2）规模化商业化运营：随着潮汐发电技术的成熟和可行性的证实，预计将有更多的潮汐发电项目得到规模化商业化运营。这将有助于提高潮汐发电在整个能源产业中的地位，并促进行业发展。

（3）海洋能源综合利用：潮汐发电将与其他海洋能源技术相结合，如海洋热能、海洋风能等，形成海洋能源的综合利用系统。通过充分利用多种海洋能源资源，可以提高能源利用效率和可持续发展能力。

（4）政策支持和合作机制：政府和国际组织将继续提供政策支持和资金投入，以推动潮汐发电行业的发展。同时，国际间的合作机制也将加强，促进技术交流和经验分享，共同推动潮汐能源的利用。

（5）环境保护和可持续发展：在潮汐发电项目的建设和运营中，环境保护和生态保护将得到重视。通过科学的环境评估和规划，采取合适的措施来减少对海洋生态系统的影响，保护海洋环境的可持续发展。

1. 潮汐能发电的优点

（1）潮汐能是一种清洁、不污染环境、不影响生态平衡的可再生能源。潮水每日涨落，周而复始，取之不尽，用之不竭。它完全可以发展成为沿海地区生活、生产和国防需要的重要补充能源。

（2）它是一种相对稳定的可靠能源，很少受气候、水文等自然因素的影响，全年总发电量稳定，不存在丰、枯水年和丰、枯水期影响。

（3）潮汐电站不需淹没大量农田构成水库，因此，不存在人口迁移、淹没农田等复杂问题。而且可用拦海大坝，促淤围垦大片海涂地，把水产养殖、水利、海洋化工、交通运输结合起来，进行综合利用。这对于人多地少、农田非常宝贵的沿海地区，更是一个突出的优点。

（4）潮汐电站不需筑高水坝，即使发生战争或地震等自然灾害，水坝受到破坏，也不至于对下游城市、农田、人民生命财产等造成严重灾害。

（5）潮汐能开发一次能源和二次能源相结合，不用燃料，不受一次能源价格的影响，而且运行费用低，是一种经济能源。但也和河川水电站一样，存在一次投资大、发电成本高的特点。

2. 潮汐能发电的缺点

（1）潮差和水头在一日内经常变化，在无特殊调节措施时，出力有间歇性，给用户带来不便。但可按潮汐预报提前制定运行计划，与大电网并网运行，以克服其间歇性。

（2）潮汐存在半月变化，潮差可相差两倍，故保证出力、装机的年利用小时数也低。

（3）潮汐电站建在港湾海口，通常水深坝长，施工、地基处理及防淤等问题较困难。故土建和机电投资大，造价较高。

（4）潮汐电站是低水头、大流量的发电形式。涨落潮水流方向相反，故水轮机体积大，耗钢量多，进出水建筑物结构复杂。而且因浸泡在海水中，海水、海生物对金属结构物和海工建筑物有腐蚀和沾污作用，故需作特殊的防腐和防海生物黏附处理。

潮汐发电作为一种新兴的可再生能源技术，具有巨大的发展潜力。未来，随着技术的进步、成本的下降以及政策支持的增加，潮汐发电行业将迎来更广阔的发展空间。潮汐能作为一种天然的能源，为可持续发展提供了重要的可能性，有望为全球的能源转型作出积极贡献。

6.2.3 潮汐能源的应用

海洋的潮汐中蕴藏着巨大的能量。在涨潮的过程中，汹涌而来的海水具有很大的动能，而随着海水水位的升高，就把海水的巨大动能转化为势能；在落潮的过程中，海水奔腾而去，水位逐渐降低，势能又转化为动能。世界上潮差的较大值为 13～15 m，但一般说来，平均潮差在 3 m 以上就有实际应用价值。潮汐能是因地而异的，不同的地区常常有不同的潮汐系统，他们都是从深海潮波获取能量，但具有各自独有的特征。尽管潮汐很复杂，但对于任何地方的潮汐都可以进行准确预报。潮汐能的利用方式主要是发电。潮汐发电是利用海湾、河口等有利地形，建筑水堤，形成水库，以便于大量蓄积海水，并在坝中或坝旁建造水力发电厂房，通过水轮发电机组进行发电。只有出现大潮，能量集中时，并且在地理条件适于建造潮汐电站的地方，从潮汐中提取能量才有可能。虽然这样的场所并不是到处都有，但世界各国都已选定了相当数量的适宜开发潮汐电站的站址。

利用潮汐能的主要方式是发电。利用潮汐发电必须具备两个物理条件：第一，潮汐的幅度必须大，至少有几米；第二，海岸的地形必须能储蓄大量海水，并可进行土建工程。潮汐发电的工作原理与常规水力发电的原理类似，它是利用潮水的涨、落产生的水位差所具有的势能来发电。差别在于海水与河水不同，蓄积的海水落差不大，但流量较大，并且呈间歇性，从而潮汐发电的水轮机的结构要适合低水头、大流量的特点。具体地说，就是在有条件的海湾或感潮河口建筑堤坝、闸门和厂房，将海湾（或河口）与外海隔开围成水库，并在闸坝内或发电站厂房内安装水轮发电机组。海洋潮位周期性的涨落过程曲线类似于正弦波。一定的高度差（即工作水头）可驱动水轮发电机组发电。从能量的角度来看，就是将海水的势能和动能通过水轮发电机组转化为电能的过程。

潮水的流动与河水的流动不同，它是不断变换方向的，潮汐发电有以下三种形式：

1. 单库单向电站

只用一个水库，仅在涨潮（或落潮）时发电，如图6-4所示。我国浙江省温岭市沙山潮汐电站就是这种类型。

（1）充水：开启水闸，水轮机停运，库外上涨的潮水经水闸进入水库，至库内外水位齐平为止。

（2）等候：水闸关闭，水轮机停运，水库内水位保持不变，库外水位因退潮差下降，待库内外水位差达到一定水头时，启动水轮机发电。

（3）发电：水库的水向库外流动，推动机组发电，水库水位下降，直至与外海潮位的水位差小于机组发电需要的最小水头为止。

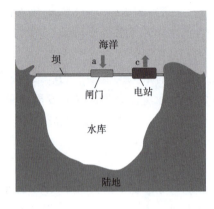
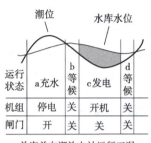

图 6-4　单库单向电站

（4）等候：水轮机停运，水库水位保持不变，待库内外水位齐平后，转入下一循环。

由于每昼夜涨潮退潮各两次，故单库单向电站每昼夜发电两次，停运两次，平均每日发电约 9~11 h。由于采用单向机组，机组结构简单，发电水头较大，机组效率较高。也可采用涨潮时充水发电，退潮时泄水的形式。单库单向电站多用于小型潮汐电站。

2. 单库双向电站

只用一个水库，但是涨潮与落潮时均可发电，只是在平潮时不能发电，如图 6-5 所示。广东省东莞市的镇口潮汐电站及浙江省温岭市江厦潮汐电站就是这种形式。

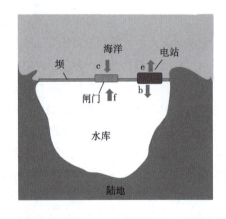
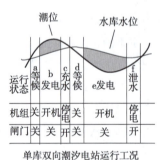

图 6-5　单库双向电站

（1）在海水开始涨潮时，库外潮位与水库水位之差不足以发电时，关闭闸门等待潮位上涨。

（2）库外潮位上涨与水库水位之差可以发电时，启动水轮发电机发电，闸门依然关闭。

（3）库外潮位开始退潮，潮位与水库水位之差不足以发电时停止水轮机发电，打开闸门让海水进入水库，直至两者水位相同时关闭闸门。

（4）水库保持水位，直到潮位降至水库水位以下可以发电时。

（5）开启水轮发电机发电，直到潮位重新上涨至与水库水位之差不足以发电时停止发电。

（6）打开闸门把水库中的水泄入海中，直至两者水位相同时关闭闸门。

关闭闸门后又进入等待状态，开始下一个循环。

单库双向电站每昼夜发电 4 次，停电 4 次，平均每日发电约 14~16 h。与单库单向电站相比，发电小时数约增长 1/3，发电量约增加 1/5。但由于兼顾正反两向发电，发电平均水头较单向发电小，相应机组单位千瓦造价比单向发电高。设备制造和操作运行技术要求也高，宜在大中型电站中采用。

3. 双库连续发电电站

用两个相邻的水库，使一个水库在涨潮时进水，另一个水库在落潮时放水，这样前一个水库的水位总比后一个水库的水位高，故前者称为上水库，后者称为下水库。水轮发电机组放在两水库之间的隔坝内，两水库始终保持着水位差，故可以全天发电，如图 6-6 所示。

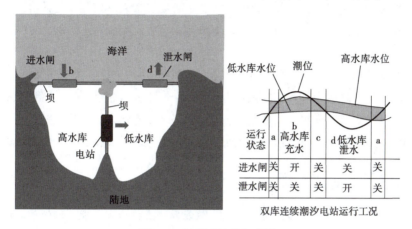

图 6-6 双库连续发电电站

（1）当海水水位在高水库水位与底水库水位之间时，关闭进水闸与泄水闸，此间由于水轮机运转，高水库水位逐步下降，低水库水位逐步上升。

（2）当海水涨潮时水位高于高水库水位，打开进水闸，充水到与海水水位相同时关闭进水闸，此间由于水轮机运转，低水库水位继续上升。

（3）海水退潮在水位低于高水库水位与高于低水库水位时，进水闸与泄水闸处关闭状态，由于水轮机运转，高水库水位逐步下降，低水库水位继续上升。

（4）海水退潮至低水库水位以下时，打开泄水闸，将低水库水位泄至海水水位时关闭泄水闸，此间由于水轮机运转，高水库水位逐步下降。

下步又进入（1）步骤继续循环。水闸与电站流量控制要点就是保持高水库与低水库间的落差，使水轮发电机组运转发电。

双库连续发电电站的优点十分明显，但要把一个大海湾或河口分隔成两个水库，会使可用水库面积减小，而且工程建筑量大、分散、投资高。只有地形条件不用增建中间堤坝或少建中间堤坝，并利于布置厂房和水闸，才适合建设双库连续发电电站。

潮汐能是一种不消耗燃料、没有污染、不受洪水或枯水影响、用之不竭的再生能源。在海洋各种能源中，潮汐能的开发利用最为现实、最为简便。

6.2.4 潮汐能的低碳经济与政策

潮汐能作为一种洁净的可再生资源，对其进行开发利用可以有效地缓解我国能源紧缺问题和环境污染问题。目前海洋能还在发展的初期，不过，潮汐能已成为电力成本高的偏远岛屿上可行的替代能源。全球在建的潮汐流项目有55%在欧洲。欧盟发布的海上能源战略中,除了大力开发海上风电,还纳入了潮汐能、波浪能等其他形式的海洋能源。欧盟认为,相较于风能和太阳能,波浪能和潮汐能发电更加平稳,可在欧盟脱碳和稳定电网中起至关重要的作用。

为了推动潮汐能产业的发展,中国政府也出台了一系列扶持政策。比如,在《"十四五"可再生能源中长期发展规划》中提到的其他可再生能源,其中就包括积极推进海洋能的开发利用。

可再生能源在"十四五"期间发展将呈现新特征:一是大规模发展,在跨越式发展基础上,进一步加快提高发电装机占比;二是高比例发展,由能源电力消费增量补充转为增量主体,在能源电力消费中的占比快速提升;三是市场化发展,由补贴支撑发展转为平价低价发展,由政策驱动发展转为市场驱动发展;四是高质量发展,既大规模开发,也高水平消纳,更保障电力稳定可靠供应。

我国可再生能源将进一步引领能源生产和消费革命的主流方向,发挥能源绿色低碳转型的主导作用,为实现碳达峰碳中和目标提供主力支撑。"十四五"时期,可再生能源高质量跃升发展,任务更加艰巨,对资源详查、用地用海、气象服务、生态环境、财政金融等方面提出了新的更高要求,亟待完善可再生能源发展相关的土地、财政、金融等支持政策,强化政策协同保障。

拓展阅读　海洋能源

海洋能源通常指海洋中所蕴藏的可再生的自然能源,主要为潮汐能、波浪能、潮流能、海水温差能和海水盐差能。除了前面提到的潮汐能,还有许多其他的海洋能源同样是蕴藏丰富的可再生资源。

1. 波浪能

波浪能主要是由风的作用引起的海水沿水平方向周期性运动而产生的能量。

波浪能是巨大的,一个巨浪就可以把13 t重的岩石抛出20 m高,一个波高5 m,波长100 m的海浪,在一米长的波峰片上就具有3 120 kW的能量,由此可以想象整个海洋的波浪所具有的能量是多么惊人。据计算,全球海洋的波浪能达700亿kW,可供开发利用的为20亿~30亿kW。每年发电量可达9万亿kW·h。

2. 海流

除了潮汐与波浪能,海流也可以作出贡献。由于海流遍布大洋,纵横交错,川流不息,所以它们蕴藏的能量也是可观的。例如世界上最大的暖流——墨西哥洋流,在流经北欧时,1 cm长海岸线上提供的热量大约相当于燃烧600 t煤的热量。据估算,世界上可利用的海流能约为0.5亿kW。而且利用海流发电并不复杂。因此要用海流做出贡献还是有利可图的事业,当然也是冒险的事业。

3. 海洋温差能

把温度的差异作为海洋能源的想法很奇妙。这就是海洋温差能,又叫海洋热能。由于海水是一种热容量很大的物质,海洋的体积又如此之大,所以海水容纳的热量是巨大的。这些热能主要来自太阳辐射,另外还有地球内部向海水放出的热量;海水中放射性物质的放热;海流摩擦产生的热,以及其他天体的辐射能,但99.99%来自太阳辐射。因此,海水热能随着海域位置的不同而差别较大。海洋热能是电能的来源之一,可转换为电能的为20亿kW。但1881年法国科学家德尔松石首次大胆提出海水发电的设想竟被埋没了近半个世纪，直到 1926 年，他的学生克劳德才实现了老师的夙愿。

4. 盐度差能

此外，在江河入海口，淡水与海水之间还存在着盐度差能。全世界可利用的盐度差能约 26 亿 kW，其能量甚至比温差能还要大。盐度差能发电原理实际上是利用浓溶液扩散到稀溶液中释放出的能量。

思 考 题

1. 什么是地热能？
2. 简述世界地热资源主要分布。
3. 简述地热能源的主要应用。
4. 什么是潮汐能？
5. 简述潮汐能发电的优缺点。

第7章 储能技术

学习目标

1. 了解储能技术的概念、目的及基本类型。
2. 掌握储能技术各具体形式的工作原理及关键材料。
3. 熟悉各类常见储能技术的特点及其应用。
4. 了解我国在各项储能技术领域的发展情况和发展规划。
5. 了解我国的先进储能系统工程并理解其示范意义。

学习重点

1. 储能技术的概念、目的及基本类型。
2. 储热技术、机械储能、电化学储能的工作原理及相关材料。
3. 常见储能技术的特点及应用情况。
4. 我国在储能领域的发展情况及未来发展规划。

学习难点

1. 储热技术、机械储能、电化学储能的工作原理及相关材料。
2. 各类储能技术的特点及适用性。

随着以新能源为主体的新型电力系统蓬勃发展，电力系统在供需平衡、系统调节、稳定特性、配网运行和控制保护等方面都面临一系列新的挑战。储能可在其中起到很好的缓冲作用，有助于实现电力系统的负荷平衡。储能技术已经成为新型电力系统中不可或缺的一部分。本章首先介绍储能技术的基本概念，然后详细介绍各种类型的储能技术，从而使读者对储能技术有一个系统全面的认识。

7.1 储能技术概述

近年来，我国储能技术取得长足的发展，在电力系统发、输、配、用等环节的应用规模也不断壮大，是实现碳达峰碳中和目标的重要支撑技术之一。随着碳中和成为全球共识，新能源在整个能源体系中的比重将快速增加，储能技术也将迎来爆发式增长。践行新时代"四个革命、一个合作"的能源战略、实现"十四五"规划和 2035 年远景目标，需要我国以清洁、低碳、安全、高效为驱动，构建与能源资源相适应的中国特色能源结构新体系。实现清洁能源与化石能源的互补融合是构建"清洁、低碳、安全、高效"能源新体系的关键。储能作为电能的载体，可有效地平抑大规模新能源发电接入电网带来的波动性，促进电力系统运行中电源和负荷的平衡，提高电网运行的安全性、经济型和灵活性；储能技术也成为构建智能电网与实现可再生能源发电的核心关键。因此，发展大规模储能技术不仅是电力系统低碳清洁化的必要举措，同时也是抢占国际能源技术战略制高点、保障国家能源安全的有力手段。

7.1.1 储能的概念

储能即储存能量，是指通过某种介质或设备，将某种能量以同种或异种的能量形式储存起来，在需要使用时再以特定的形式进行释放的过程。储能一般是将较难储存（或储存成本较高）的能量形式，转换成较容易储存（或储存成本较低）的能量形式进行储存。例如：太阳能热水器将难以储存的光能以热能的形式储存在热水中，电池将难以储存的电能以化学能的形式储存在电化学活性物质中。

在储能的概念中，有一些关键技术指标常用来表征储能系统的储能性能。这些技术指标主要有：

（1）储存容量，即储能系统所能储存的能量上限，用于表征储能系统对能量的储存能力。

（2）能量转换效率，即储能系统所输出可利用的能量相对其输入能量的比值。通常利用储能系统在储能达到上限后再释放能量过程中所能释放的有效能量与储存容量的比值来计算。由于能量在存储和释放的过程中总会产生损耗，所以能量转换效率通常小于 100%。能量转换效率主要用于表征储能系统对能量的转换的有效程度，如果能量转换效率越高，能量损耗就越少。

（3）能量密度，又称作比能量，是指在一定的质量或空间的储能系统中储存能量的大小。通常利用单位质量或单位体积的储能系统所能储存的有效能量来计算，其中单位质量对应的能量密度称为质量能量密度；单位体积对应的能量密度称为体积能量密度。能量密度可表征储存一定能量所需的物质的量的多少，能量密度越高，储存一定能量所需的物质就越少。

（4）功率密度，又称比功率，是指一定的质量或空间的储能系统所能输出的功率。与能量密度类似，功率密度可分为质量功率密度与体积功率密度，分别对应单位质量或体积的储能系统所能输出的最大功率。功率密度和能量密度虽然概念接近，却有完全独立的特性。受储能材料限制，储能系统通常难以兼具较高的能量密度和较高的功率密度。

（5）循环寿命。储能系统每经历一个能量存储和释放的完整过程，便称为一个循环。在多次循环后，储能系统的某些性能指标会有所下降。在储能系统某项关键性能指标降低至限定值时，储能系统所能实现的最大循环次数，称为循环寿命。循环寿命是表征储能系统的实际使用寿命的指标。

（6）自释放率，是指储能系统在不提取能量的情况下，单位时间内由于自身因素所释放的能量与所储存能量的比值。自释放率主要用于反映储能系统对所储存的能量的保持能力，自释放率越低，代表储能系统对能量的保持能力越好。

(7) 其他技术指标。除上述指标外，常用的储能技术指标还包括储能时长、响应时间、释能时长、成本费用、技术成熟度、安全性、可靠性、环境影响、可移植性、兼容性和所用材料获取难易程度等。

7.1.2 储能的目的

在"双碳"目标的背景下，光伏、风能、生物质能等可再生新能源的建设规模和速度逐渐加快，其发电接入电网的比例也日益增加。数据显示，2022年，全国风电、光伏发电新增装机突破1.2亿kW，达到1.25亿kW。全年可再生能源新增装机1.52亿kW，占全国新增发电装机的76.2%，已成为我国电力新增装机的主体。截至2022年底，可再生能源装机突破12亿kW，达到12.13亿kW，占全国发电总装机的47.3%。与此同时，新能源在保障能源供应方面发挥的作用越来越明显。2022年我国风电、光伏发电量突破1万亿kW·h，达到1.19万亿kW·h，占全社会用电量的13.8%。预计到2050年，新能源发电并网装机容量将达到20亿kW以上，届时将成为中国第二大主力电源。

而我国的经济发展及用电量状况又与一次能源的分布呈现负相关，即经济发达、用电量高的地区一次能源少，经济欠发达、用电量低的地区一次能源多，例如：我国煤炭资源主要集中在华北、西北，共计占78.9%，其他地区占21.1%；90%的石油资源分布在三北地区以及海洋大陆架；水能资源则主要分布在云、贵、川、渝、藏等地，占全国的66.7%；陆上风能和太阳能主要分布在西北、东北、华北北部地区。资源与需求的不平衡性决定了我国新能源发电接入电网的方式多为集中式大规模接入电网。

大规模的新能源发电接入电网固然可以提升能源的整体清洁程度、有效减少污染，但是同时存在两个不可忽略的重要问题：一是新能源的波动性和间歇性。以风力发电为例，以年为尺度来看，春秋冬季发电多，夏季发电少；以天为尺度来看，早晨傍晚发电多，中午和午夜发电少。对于太阳能发电，则是夏季秋季发电多、春季冬季发电少；白天发电多、傍晚和晚上不发电。根据这样的特性，如果不经处理直接将新能源发电接入电网，会给电网带来巨大的不稳定性。二是可再生能源的消纳问题。上文已提及，我国的一次能源和经济发展格局呈逆向分布，即东部南部中部发电少、用电多，西部北部东北部用电少、发电多，大规模集中开发的风能、太阳能发电需要输送到其他地区的区域电网或跨省电网进行消纳，但是由于目前集中开发太阳能和风能的地区的电网调峰能力不足，可再生能源的消纳就成了一个大问题，以至于为此不得不在特定时间段使许多风力发电、光伏发电机组停止运行，以维持电网稳定。这使得部分地区的弃风率、弃光率惊人，造成了巨大的经济损失。

为了解决上述问题，储能的概念即被引入新能源的开发之中。原因有三：其一，储能可以保证电力系统稳定。譬如，光伏电站系统中，光伏发电的输出功率曲线与负荷曲线之间存在较大差异，并且两者均存在某些不可预料的波动。通过储能系统的能量存储，可以起到很好的缓冲作用，从而使得电力系统即使在输入及负荷发生不可预料波动的情况下，仍然能够相对平稳地运行。其二，储能可将能量储存起来以备他用。譬如，可以在光伏发电无法正常运行的情况下（夜间、阴雨天）调用储能系统中储存的电能以满足负荷的需求，起到备用和过渡的作用。其三，储能还有助于提高电力的品质和可靠性。储能系统的存在可有效降低负载中电压低谷、电压尖峰、突发干扰等引起的电网波动对电力系统的影响，从而保证电力输出的品质与可靠性。

基于以上几点，储能目前成为可再生能源集中接入电网的一个重要节点，即把不稳定、不持续的能源先积累存储于储能系统，再通过适合电网运行的方式接入电网，这样能有效弥补可再生能源发电的缺点，使得电网更加清洁智能。

总之，由于获得的能量和需求的能量往往不一致，为了保证能量的利用过程能够连续进行，就需要对某种形式的能量进行储存，即储能。储能的目的就是要克服能量供应、需求在时间、空间上的差异。

7.1.3 储能技术的类型

世间万物是不断运动、变化、相互作用的，能量就是一切物质运动、变化、相互作用的度量，也即表征物理系统做功本领的量度。在物理学中，能量是一个标量，国际单位是焦耳。能量的主要性质包括：

（1）状态性，即能量总是处于一定的具体形式。
（2）可加性，即同种形式的能量可以相互叠加。
（3）传递性，即能量可以从一个物体传递到另一个物体。
（4）转换性，即能量可以从一种形式转换为另一种形式。

其中，能量的传递性与转换性是储能之所以能实现的基础。对应于物质的各种运动、变化及相互作用形式，能量也有各种不同的形式，常见的能量形式有机械能、化学能、内能、电能、光能和核能等。由于能量具有转换性，各种形式的能量之间可以相互转化，一些典型的转换关系如图7-1所示。并且，能量在传递与转换的过程中遵守能量守恒定律：能量既不会凭空产生，也不会凭空消失，只能从一个物体传递给另一个物体，或者从一种形式转化为另一种形式，并且传递和转换的过程中，能量的总值保持不变。

利用不同形式能量之间的相互转化，即可将某种形式的能量转化成另一种可储存的形式，从而实现能量的储存。更具体的描述如下：通过一定的介质或装置，将某种形式的能量转换

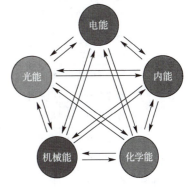

图7-1 能量的转换性

成另一种在自然条件下比较稳定的存在形式，并可根据应用的需求以特定的形式释放能量，这就是储能的基本原理。

当前的储能市场百花齐放，因为使用场景的多样性，配合着多种商业模式而兴起的多种储能方式接踵而来。在机械能、化学能、内能、电能、光能这五种形式的能量中，电能和光能难以直接储存，机械能、化学能和内能的直接储存则较容易实现。因此将难以直接储存的电能和光能转换为机械能、化学能和内能进行储存便是当前储能系统最常见的方式。如图7-2所示，按照储能时电能或光能转化并储存的能量形式的不同，储能可分为机械储能、电化学储能、热储能、化学储能、电磁储能等方式，分别对应着不同的场景。主要储能技术的性能特征见表7-1。

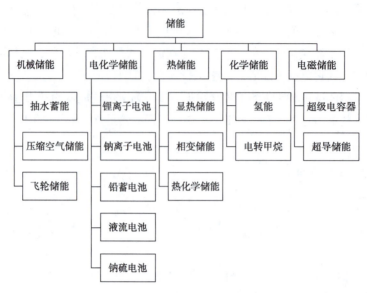

图 7-2 储能技术的分类

表 7-1 主要储能技术的性能特征

储能类型	储能技术	储能时长	响应时间	释能时长	综合效率	寿命	技术成熟度
机械储能	抽水蓄能	长时	s~min 级	1~24 h	75%~85%	60~70 年	成熟
	压缩空气储能	长时	min 级	1~24 h	70%~80%	30~40 年	成熟
	飞轮储能	短时	ms~min 级	ms~min 级	93%~95%	20 年以上	商业化早期
电化学储能	锂离子电池	长时	ms~min 级	min~h 级	90%~95%	5~15 年	商业化
	钠离子电池	长时	ms~min 级	min~h 级	90%~95%	5~15 年	商业化早期
	铅蓄电池	中长时	ms~min 级	min~h 级	75%~90%	5~10 年	商业化
	液流电池	长时	ms 级	h 级	60%~85%	10~15 年	商业化早期
	钠硫电池	中长时	ms 级	h 级	80%~90%	10~15 年	商业化早期
热储能	显热储能	短时	min 级	h 级	20%~30%	20 年以上	成熟
	相变储能	长时	s~min 级	h 级	30%~50%	10~15 年	商业化早期
	热化学储能	超长时	min 级	h 级	20%~40%	10~20 年	开发阶段
化学储能	氢能	超长时	ms~min 级	h 级	30%~40%	10~20 年	开发阶段
	电转甲烷	超长时	ms~min 级	h 级	25%~30%	10~20 年	开发阶段
电磁储能	超级电容器	短时	ms 级	ms~min 级	90%~95%	20 年以上	开发阶段
	超导储能	长时	ms 级	s 级	95%~98%	20 年以上	开发阶段

7.1.4 储能技术的现状与发展趋势

根据中国能源研究会储能专委会及中关村储能产业技术联盟的全球储能项目库的不完全统计，截至 2022 年底，全球已投运电力储能项目累计装机规模 237.2 GW，年增长率 15%。其中，抽水蓄能的累计装机占比 79.3%，仍为最主流的储能方式；新型储能的累计装机规模紧随其后，为 45.7 GW，占比 19.3%；新型储能中，锂离子电池占据绝对主导地位，市场份额达 94.4%。

全球各类储能总装机分类占比如图 7-3 所示。

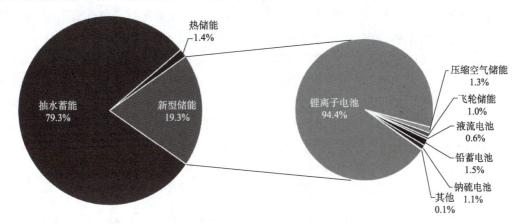

图 7-3　全球电力储能市场累计装机规模（2000—2022）

中国的储能市场占比与全球类似，如图 7-4 所示。截至 2022 年底，中国已投运电力储能项目累计装机规模 59.8 GW，占全球市场总规模的 25%，年增长率达 38%。其中，抽水蓄能的累计装机规模最大，占比 77.1%；新型储能继续高速发展，累计装机规模首次突破 10 GW，达到 13.1 GW/27.1 GW·h，功率规模年增长率达 128%，能量规模年增长率达 141%。此外，压缩空气储能、液流电池等其他技术路线的项目，在规模上有所突破，应用模式逐渐增多。

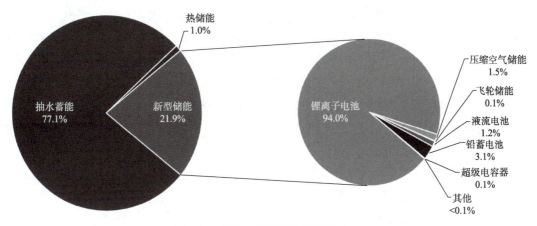

图 7-4　中国电力储能市场累计装机规模（2000—2022）

目前，除了抽水蓄能较成熟之外，其他的储能方式均处于新兴阶段，属于新型储能技术，仍有进步空间。抽水蓄能与新型储能方式各有优缺点，在当前形势下，两者可互补发展。从长远的可持续性观点来看，抽水蓄能电站容量大，寿命期长，运行成本低，安全可靠性高，仍应作为电力系统最主要的储能手段和调节电源；抽水蓄能以外的新型储能技术，具有精准控制、快速响应、灵活配置和四象限灵活调节功率等特点，能够为电力系统提供多时间尺度，全过程的平衡能力、支撑能力和调控能力，是构建以新能源为主体新型电力系统的重要支撑技术。

新型储能技术中，电化学储能成本进入可行区，将快速发展。电化学储能技术中，锂离子电池性能大幅提升，电池能量密度提高 1 倍，循环寿命提高 2~3 倍；成本下降迅速，储能系统建设成本降至 1 200~1 800 元/(kW·h)；平准化度电成本降至 0.58~0.73 元/(kW·h)（按照储能每天充放电循环一次），产业链持续完善，基本实现国产化，已初步具备商业化发展条件。钠离子电池与锂离子电池的工作原理极其相似，不足之处在于，钠离子在传统电池的液态电解质中不容易移动，从而使其工作效率低于锂离子电池。但钠离子电池的安全性能较高，材料资源不存在可得性壁垒，价格也低得多，更适合应用在中低速电动车和大规模储能领域，钠电池与锂离子电池是"补充"而非"替代"关系。液流电池方面，我国已攻克全钒液流电池卡脖子技术，基本能够实现关键材料、部件、单元系统和储能系统的国产化，成功研制循环寿命超过 16 000 次的全钒液流电池系统，储能系统建设成本降至 2 500~3 900 元/(kW·h)。目前我国正在进行百兆瓦级试验示范项目。铅炭电池也取得了较大进步，循环寿命达 5 000 次，储能系统建设成本降至 1 200 元/(kW·h)，有望实现兆瓦到数十兆瓦级应用。钠硫电池具有能量大、寿命长、效率高的优点，但由于其较高的工作温度，大规模应用仍然受限。

压缩空气储能方面，我国已在关键技术上取得较大突破，有望实现百兆瓦级的先进压缩空气储能技术，如建设中的湖北应城 300 MW 级压缩空气储能示范工程，该工程建成后将在非补燃压缩空气储能领域实现包括单机功率、储能规模、转换效率在内的三项世界第一。压缩空气储能技术具有建设成本低、占地面积小、安全稳定等优点，是目前唯一能与抽水蓄能相媲美的大规模长时物理储能技术。其他的新型储能技术，如飞轮储能、超级电容器储能、化学储能等尚未进入成熟期，目前应用于储能系统的规模尚小，有待技术进一步发展。

2022 年，国家发展改革委、国家能源局联合印发了《"十四五"新型储能发展实施方案》，该方案指出新型储能是构建新型电力系统的重要技术和基础装备，是实现碳达峰碳中和目标的重要支撑，也是催生国内能源新业态、抢占国际战略新高地的重要领域。该方案还制定了新型储能的具体发展目标：到 2025 年，新型储能由商业化初期步入规模化发展阶段，具备大规模商业化应用条件。新型储能技术创新能力显著提高，核心技术装备自主可控水平大幅提升，标准体系基本完善，产业体系日趋完备，市场环境和商业模式基本成熟。其中，电化学储能技术性能进一步提升，系统成本降低 30% 以上；火电与核电机组抽汽蓄能等依托常规电源的新型储能技术、百兆瓦级压缩空气储能技术实现工程化应用；兆瓦级飞轮储能等机械储能技术逐步成熟；氢储能、热（冷）储能等长时间尺度储能技术取得突破。到 2030 年，新型储能全面市场化发展。新型储能核心技术装备自主可控，技术创新和产业水平稳居全球前列，市场机制、商业模式、标准体系成熟健全，与电力系统各环节深度融合发展，基本满足构建新型电力系统需求，全面支撑能源领域碳达峰目标如期实现。

7.2 储热技术

7.2.1 储热技术概述

能量是指物质的做功能力，也是物质载体在不同尺度空间下动能或势能的具体体现和存在形式。广义而言，任何物质都具有能量，但只有那些比较容易被人们利用和转化的含能物质才是我们日常所说的能源。虽然能量可以以机械能、化学能、内能、电能、光能等多种形式存在，但在人类的活动中，以内能的形式被转化和利用的能量占比相对较高，且内能可以相对简单地直接储存。正因如此，以储存内能为目的的储热技术相对普遍，其应用也远远早于其他储能技术，如我国北方地区的烧炕取暖即是利用储热技术解决热能供求在时间上的不匹配。具体地，储热技术是以储热材料为媒介将太阳能光热、地热、工业余热、低品位废热等热能加以储存并在需要时释放，力图解决由于时间、空间或强度上的热能供给与需求间不匹配所带来的问题，最大限度地提高整个系统的能源利用率而逐渐发展起来的一种技术。

值得指出的是，储热技术并不单指储存和利用高于环境温度的内能，还包括储存和利用低于环境温度的内能，即蓄冷。

根据工作原理的不同，储热技术主要有三种类型：显热储能、相变储能和热化学储能。

（1）显热储能是靠储热介质的温度升高来储存能量的。每一种物质均具有一定的热容，在物质形态不变的情况下随着温度的变化，它会吸收或放出热量，显热储能技术就是利用物质的这一特性，其储热效果和材料的比热容、密度等因素有关。

（2）相变储能又称为潜热储能，是利用材料在发生物相变化时吸收或释放大量的潜热来进行热量的储存。物质从一种相态转变成另一种相态（即相变）的过程中，伴有能量的吸收或释放，这部分能量称为相变潜热。相变储能就是利用物质的这一特性，其储热效果和材料的相变潜热、密度等因素关系密切。

（3）热化学储能是利用储能材料相接触时发生可逆的化学反应来储存、释放能量的。化学能是储存在物质内部，通过化学反应释放出的能量。化学能实际来源于化学键对原子（或分子）的束缚。所谓化学键是指相邻的两个原子或多个原子间强烈的相互作用力，使它们能稳定地聚集在一起。化学键形成时必有能量释出，此能量称为键能；反之，破坏化学键所需能量称为键的离解能。热化学储能的储热效果主要取决于参与储能的化学反应的焓变。

此外，储热技术还有两个方面的关键环节，其一是热能的转化，即热能在不同载体之间的传递及与其他形式的能量之间的转化；其二为热能的储存，即热能在物质载体上的存在状态。虽然热储能有显热储热、潜热储热等多种形式，但其储存的热能本质上均为物质中原子或分子热运动的能量。而从热力学角度分析，对应于热力学中的第一定律和第二定律，热储能系统均有"量"和"质"这两个衡量特征。以显热储热为例，热能储存的量数学上表现为物质载体的比热容和储热前后温度变化的乘积。具体地，如果储热材料的定压比热容为 C_p，储热材料在储热前后的温度变化为 ΔT，那么在该过程中所储存的热量的大小 $\Delta Q \propto C_p \Delta T$。可见，给定物质载体，其储存热量的大小只与前后温差有关，而与温度的绝对值无关，而温度的绝对值决定了其利用，所以储存热量的大小不能直接反映与能量利用密切相关的标准——品位（即能量的实用价值）。故而需要借助热力学中的另一个参数——有用功来衡量所储存热量的品位。在当前能源供应日益紧张的情况下，高效高品位的储热技术越来越引起人们的兴趣，即更加注重储能的质而非简单关注量的大小。

近年来伴随着大量可再生能源尤其是可再生电力的应用以及日益严峻的环境问题，高品位储能技术以及余热的高效回收利用越来越被人们所重视，这也为储热技术的进一步发展提供了机遇。在大规模太阳能热发电与工业余热回收等技术中，中高温储热技术已经成为其发展瓶颈。在规模储能方面，深冷储能技术，即利用液态空气作为储能介质的一种储热技术，开始显现出强大的市场潜力而受到了相当的重视。然而这些高品位储热技术的实际应用还要受到诸多方面的限制，如储热材料与储热器的相容性问题、储热器的优化传热问题、成本及安全性问题等，这些都是新时期储热技术面临的新挑战，只有从储热材料和储热过程（系统）两个方面入手进行深入研究和探索才可能解决以上问题，并实现储热技术的推广应用。

7.2.2 显热储能

1. 显热储能的概念

温度是表示物体冷热程度的物理量，微观上来讲是物体分子热运动的剧烈程度。温度越高，物体分子的热运动就越剧烈，其平均动能就越高。温度的变化就是物体分子热运动平均动能变化的外在体现。当物体的温度升高时，其内部分子的动能升高，这部分动能就需要从外界补充；相反，当物体的温度降低时，其内部分子的动能降低，就需要向外界释放这部分动能。因此，在物质形态不变的情况下随着温度的变化，物体会吸收或放出热量，这就是热容。每一种物质均具有一定的热容，显热储能技术就是利用物质热容的这一固有属性。随着储热介质的温度的变化，就可以实现热能的储存和释放。显热储能所储存的能量（Q）与储能介质的质量（m）、比热容（C_p）和温度差（ΔT）有关，其储能大小可通过式（7-1）计算：

$$Q = mC_p\Delta T \tag{7-1}$$

显热储能的效果主要取决于储热介质的比热容、密度和热导率。储热介质的比热容越大，储存容量就越高；储热介质的密度越大，能量密度就越大；储热介质的热导率越高，能量传递就越迅速。

2. 显热储能的材料

显热储能的材料主要有液体材料和固体材料两种类型。液体储热材料包括水、油以及醇类的衍生物等。以液体为储热和输送材料的储能系统已被广泛地应用于从低温到中温的储热。其中，水是最常用的液体材料，因为水具有较高比热容且来源丰富、成本低廉。固体储热材料包括各种石材、砖、混凝土、干湿土、金属、盐等。以固体为储热材料的储能系统已被广泛地应用于储热领域，并且固体储热材料是应用于建筑内部空间加热和外部高温加热的关键材料。典型的液体储热材料和固体储热材料的热物性参数见表7-2及表7-3。

表7-2 典型液体储热材料的热物性参数

材料	温度/℃	密度/(kg·m^{-3})	C_p/(kJ·kg^{-1}·K^{-1})	热导率/(W·m^{-1}·K^{-1})
水	20	998	4.183	0.598
硅油（AK250）	25	970	1.465	0.168
变压器油	60	842	2.09	0.122
液态石蜡	20	900	2.13	0.26

表7-3 典型固体储热材料的热物性参数

材料	温度/℃	密度/(kg·m^{-3})	C_p/(kJ·kg^{-1}·K^{-1})	热导率/(W·m^{-1}·K^{-1})
铝	20	2 700	0.945	238.4
铜	20	8 300	0.419	372

续表

材料	温度/℃	密度/(kg·m^{-3})	C_p/(kJ·kg^{-1}·K^{-1})	热导率/(W·m^{-1}·K^{-1})
铁	20	7 850	0.465	59.3
铅	20	11 340	0.131	35.25
砖	20	1 800	0.84	0.5
混凝土	20	2 200	0.72	1.45
花岗岩	20	2 750	0.89	2.9
石墨	20	2 200	0.61	155
石灰岩	20	2 500	0.74	2.2
砂岩	20	2 200	0.71	1.8
炉渣	20	2 700	0.84	0.57
氯化钠	20	2 165	0.86	6.5
黏土	20	1 450	0.88	1.28
砾质土	20	2 040	1.84	0.59

相较于固体储热材料，液体储热材料的优势在于其既可以作为储热材料，又可以作为传热介质。固体储热材料的优势则在于更高的工作温度和更宽的工作温度范围。

3. 显热储能的特点及应用

显热储能具有原理简单、材料来源丰富、成本低廉、运行系统结构简单、使用方便的优点，缺点则在于其储能密度小、储能装置体积大。

将显热储能技术应用于实际中时，储热材料的选择及其使用方法是关键所在。在选择储热材料时，需要考虑到的因素包括：比热容、密度、热导率、热膨胀系数、填充密度、工作温度、稳定性、环境影响、成本等。结合实际情况选出最优材料后，再根据所选材料设计储能系统。目前显热储能技术的应用实例主要包括水罐储热技术、岩石床储热技术、太阳热池/湖储热技术和建筑结构储热技术等。

7.2.3 相变储能

1. 相变储能的概念

物质发生相变时，母相原子或分子间的结合被部分改变或完全破坏，而相变产物中原子或分子间的结合方式被建立起来。而母相与相变产物内部原子或分子间具有不同的结合方式，因而母相和相变产物的内能及密度不同。因此，相变过程伴随着放出或吸收一定的热量，这就是相变潜热。随相变类型的不同，相变潜热可以表现为多种形式，如升华热、汽化热、熔化热、溶解热、固态相变的潜热等。

相变储能是利用储热材料在相变过程中吸收和释放相变潜热的特性来储存和释放能量的技术，因此又称为潜热储热，而利用相变潜热进行储热的储热介质常称为相变材料。

按照相变的方式，广义的相变储能包括固-液相变储能、固-气相变储能、固-固相变储能和液-气相变储能四种方式。固-气相变和液-气相变具有很高的潜热，但由于相变过程气体蒸气压很大，实际上很少应用于储热。固-固相变过程中，材料从一种晶体状态转变成另一种状态，具有体积变化小，过冷度小，不需要特殊容器的优点，但是其相变潜热较低，限制了其应用。固-液相变潜热较大，相变体积变化较小，是最有应用价值的相变储热方式。因此，通常意义所说的相变储能指的就是狭义的相变储能也即固-液相变储能。本书下文中提及的相变储能如无特殊说明，均特指固-液相变储能。

2. 相变材料

相变储能过程是通过相变材料实现的，因此相变材料是相变储能的基础。不是能发生相变的材料都能用作相变材料，只有能够经受足够长次数的熔化-凝固循环，而保持其物理化学性质不变的材料，才能成为相变材料。相变材料通常从热力学标准和动力学标准两方面进行评价。热力学标准主要从材料的相变温度、相变潜热、密度、热导率、比热容、相变体积变化等基本热物性参数的角度进行评价。相变温度要在使用温度范围内；相变潜热大，同样质量的相变材料所储存的能量更多；密度大，储能密度就高；热导率大，有利于快速储热及提热；比热容则可以提供额外的显热储能效果；相变体积变化小，有利于储能系统稳定。动力学标准则主要要求材料的过冷度小。过冷度就是理论凝固温度与实际开始凝固温度之差。过冷度较大时，容易发生过冷现象：在一定压力下，当液体的温度已低于该压力下液体的凝固点，但液体仍不凝固。过冷现象阻碍了相变的发生，不利于储能。此外，相变材料还需要有较高的化学稳定性、无腐蚀性、无毒性、无爆炸性，并且最好价格低廉、容易获取。

相变材料有很多种，其分类方法也有很多，主流的分类方法有化学分类法、相变温度分类等。按照相变温度的范围可分为：低温相变材料（相变温度 100 ℃以下）、中温相变材料（相变温度 100～250 ℃）、高温相变材料（相变温度 250 ℃以上）。按照化学成分可分为无机类和有机类。在本书中，我们将按照化学分类的方法介绍相变材料，并在介绍过程中指出其适用温度的范围。

1）无机相变材料

无机相变材料主要有结晶水合盐、熔融盐。

（1）结晶水合盐属于中低温相变材料，温度为几到一百多摄氏度。结晶水合盐是指含有结晶水的盐类物质，其化学分子通式为 $AB \cdot nH_2O$。结晶水合盐的相变机理为：超过熔点后，水合盐失去部分或全部结晶水，并且这些结晶水将水合盐溶解。

结晶水合盐具有使用范围广、价格低廉、导热系数大、熔解热大、密度较大、单位体积储热密度大、一般呈中性等优点；但存在过冷现象及相分离现象，影响其使用。结晶水合盐的过冷问题主要是由于水合盐结晶时的成核性能差，可通过添加成核剂或冷指法（保留一部分冷区，使未融化的晶体作为成核剂）提高其成核速率来改善。结晶水合盐的相分离问题，主要是因为温度上升时，释放出的结晶水量不足以溶解所有非晶态脱水盐，由于密度差异，这些未溶脱水盐沉降到容器底部；而当温度下降时，沉底的脱水盐无法与结晶水结合，使得相变无法继续，形成相分离，从而造成储能能力逐渐下降。可通过加增稠剂、加晶体结构改变剂、摇晃或搅动、采用薄层结构的容器等方法来改善。

（2）熔融盐属于中高温相变材料，温度为几百至上千摄氏度。熔盐是盐的熔融态液体，形成熔融态的无机盐，其固态大部分为离子晶体，在高温下熔化后形成离子熔体。利用无机盐的固液相变的相变潜热进行储能。常用的融盐包括碱金属及碱土金属的卤化盐、硫酸盐、碳酸盐、磷酸盐、硅酸盐等。

熔盐相变材料普遍具有温度范围广、价格低廉、单位体积储热密度大、热稳定性强、蒸气压低、安全性好等优点。不同类型的熔盐优缺点各异,因此实际使用时通常将不同种类的熔盐混合形成多元混合熔盐,以提高优势、弥补劣势。

一些无机相变材料的热物性参数见表7-4。

表7-4 一些无机相变材料的热物性参数

材料	熔点/℃	潜热/(kJ·kg^{-1})	密度/(kg·m^{-3})	热导率/(W·m^{-1}·K^{-1})
$MgCl_2·6H_2O$	117	168.6	1 569(固) 1 450(液)	0.694(固) 0.579(液)
$CaCl_2·6H_2O$	29	170~192	1 802(固) 1 562(液)	1.008(固) 0.561(液)
$NaSO_4·10H_2O$	32	251	1 485(固)	0.544
$NaNO_3$	307	172	2 260(固)	0.55
KNO_3	333	266	2 110(固)	0.5
$MgCl_2$	714	452	2 140(固)	0.96
$NaCl$	802	492	2 160(固)	5.0

2)有机相变材料

有机相变材料主要有石蜡类和脂肪酸、醇类。石蜡类有机相变材料主要成分为高级脂肪烃,属于中低温相变材料,温度多在100 ℃以下。脂肪酸、醇类有机相变材料主要成分为各种脂肪酸和脂肪醇,属于中低温相变材料,温度多在200 ℃以下。无论是石蜡类还是脂肪酸、醇类的有机相变材料,其储能机理都是利用固液相变的相变潜热。

有机相变材料的相变温度和相变潜热一般随着碳链的增长而增大。实际使用时可以根据不同的需求,调整混合不同有机相变材料得到所需的相变温度。一些有机相变材料的热物性参数见表7-5。

有机相变材料具有固体成型性好、不容易出现过冷及相分离、腐蚀性小、性质稳定、无毒性、成本低等优点;缺点则是热导率低、密度小、单位体积储能力低、易燃、容易因氧化而老化。

表7-5 一些有机相变材料的热物性参数

材料	类型	熔点/℃	潜热/(kJ·kg^{-1})	密度/(kg·m^{-3})	热导率/(W·m^{-1}·K^{-1})
正十八烷	石蜡	29	244	814(固) 777.6(液)	0.358(固) 0.152(液)
正二十一烷	石蜡	41	248	778.0(液)	0.145(液)
正二十三烷	石蜡	48.4	251	779.3(液)	0.137(液)
正二十五烷	石蜡	54	254.5	780.6(液)	0.124(液)
IGI 1230A	调和石蜡	54.2	278.2	880(固) 770(液)	0.25(固) 0.135(液)

续表

材料	类型	熔点/℃	潜热/(kJ·kg^{-1})	密度/(kg·m^{-3})	热导率/(W·m^{-1}·K^{-1})
油酸	脂肪酸	13	75.5	871（液）	0.103（液）
癸酸	脂肪酸	32	153	1 004（固） 878（液）	0.153（液）
月桂酸	脂肪酸	44	178	1 007（固） 965（液）	0.147（液）
棕榈酸	脂肪酸	64	185	989（固） 850（液）	0.162（液）
硬脂酸	脂肪酸	69	202	965（固） 848（液）	0.172（液）

3. 相变储能的特点及应用

相较于显热储能，在相变储能过程中，相变材料一般温度近乎保持恒定；并且一般物质的相变潜热远大于热容量，故而相变储能的储能密度远大于显热储能。

在应用相变储能时，需要使用相变储能系统，一个完整的相变储能系统包括三个基本组成部分：①应用需求温度范围内合适的相变材料。②盛装相变材料的容器。③实现热量有效从热源传递到相变材料，然后从相变材料传递给需求侧作用的热交换器。

针对相变储热系统研发主要有两方面：①材料的研发，包括储热材料和结构材料。主要根据相变材料的热物性、热循环特性的测量结果，根据结构材料的强度、腐蚀性等材料性能，筛选合适的相变材料和结构材料。②换热器的研发，通过数值计算和理论分析手段对热力学分析参数进行研究，得到相变换热器初步设计参数，获得储热性能预测模型。通过实验手段建立实验室示范装置，生产可规模化生产的样机，获得热力学分析参数对储热影响作用规律，和预测模型对比并改进预测模型。如此不断提高预测模型的准确度，最终实现相变储热的商业化生产。

相变储热的应用场合包括建筑热水供应、暖通空调、余热回收利用、太阳能热利用、航空航天、电子器件热防护、食物保存等。熔盐储能就是相变储能的典型应用。常见的熔盐包括碱金属、碱土金属的卤化物、硝酸盐、硫酸盐等。各种混合盐类可以在中高温工作区域内通过调节不同盐类的配比来控制物质的熔融温度。此外，熔融盐具有工作温度高、使用温度范围广、传热能力强、热稳定性好、系统压力小、经济性较好等一系列优点，目前已成为光热电站传热和储热介质的首选。储热介质吸收太阳辐射或其他载体的热量蓄存于介质内部，环境温度低于介质温度时热量即释放。

熔盐储能分为蓄热与放热两个工作过程。蓄热过程中，采用智能互补系统将风电、光伏、夜间低谷电、工业废热等作为加热熔盐的能源，通过加热熔盐存储可再生能源或低谷电能。放热过程中，在换热系统中高温熔盐与水换热，产生水蒸气，驱动涡轮机工作，对外发电，如图7-5所示。此外，释放的能量不仅能用来发电，还可根据用热终端不同需求工况，通过换热系统为终端提供蒸汽、高温热力以及供暖等。

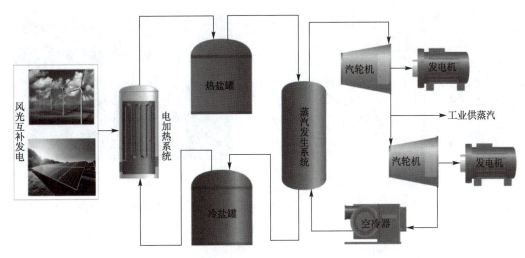

图 7-5　熔盐储能工作原理

熔盐作为储热介质，成本较低，工作状态稳定，储热密度高，储热时间长，适合大规模中高温储热，单机可实现 100 MW·h 以上的储热容量。但是熔盐储能的劣势来自熔盐本身固有的缺陷，如：腐蚀性和相变过程中的液体泄漏，这些缺点的存在要求相应的蓄热装置材料具有较高的抗腐蚀要求，也是熔盐储能发展受限的主要原因。此外，熔盐是通过储存热量的方式来储存能量的，如果需要储存的是电能，那整个流程中需要完成"电能—热能—电能"的转换，能量转换效率很低。能量转换方式决定了熔盐储能只有应用在热发电的场景（如光热发电、火电厂改造等）或者应用在终端能量需求为热能而非电能的场景（如清洁供热）才会有经济优势。例如利用熔盐储热将储热和传热介质合为一体，简化光热发电站系统组成，如图7-6所示。作为光热发电的配套储能设施，熔盐储热系统可提高太阳能的利用率，减少功率波动，促进电网稳定输出。对于光热发电来说，应用较多的为二元熔盐。常用的二元熔盐为60%的硝酸钠和40%的硝酸钾的混合物。

当前，我国在双碳目标引领下，充分利用绿色能源，积极推动相变储热在能源领域的应用，已建成多个代表性项目。我国目前建成规模最大、吸热塔最高、可24 h连续发电的100 MW级熔盐塔式光热电站——甘肃敦煌100 MW熔盐塔式光热电站（见图7-7），在占地7.8 平方 km^2 的发电站厂区内，12 000余面定日镜以同心圆状围绕着260 m高的吸热塔，镜场总反射面积达140万 m^3 以上。每当阳光普照大地，定日镜就会将万束光线反射集中到吸热塔顶部，对熔盐进行加热，其中一部分热熔盐进入蒸汽发生器系统产生过热蒸汽，驱动汽轮发电机组发电，一部分热量存储在熔盐罐中，为日落后满负荷发电积蓄能量。通过聚光吸热、储能换热等环节，这朵巨大的戈壁"向日葵"将太阳光转化成电能，为千家万户送去清洁能源。年发电量达3.9亿 kW·h，每年可减排二氧化碳35万 t，释放相当于1万亩森林的环保效益，同时可创造经济效益3亿至4亿元。该项目的成功并网投产，意味着中国已掌握建设大规模熔盐塔式光热电站的核心技术，也为中国光热发电企业立足国内、迈向国际新能源市场积累了雄厚的技术储备，是我国光热发电产业发展史上重要的里程碑。

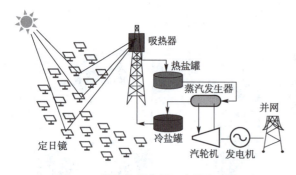
图 7-6 熔盐储能应用于光热发电站

图 7-7 甘肃敦煌 100 MW 熔盐塔式光热电站

此外，同类型的工程还有正在建设中的阿联酋迪拜 950 MW 光热光伏电厂项目，该项目是目前世界上投资规模最大、装机容量最大、熔盐罐储热量最大的"光热 + 光伏"混合发电项目，也是"一带一路"建设的典型工程。与普通光伏电站仅能在光照充足时工作不同，该光热电站项目的一大特点是能够大量储存阳光充沛时产生的热能，并在夜间或阴天时提供稳定的电力，做到 24 h 连续稳定地将太阳能转化为电能。项目建成后可为迪拜 32 万户家庭提供绿色能源，每年可减少 160 万 t 碳排放。

7.2.4 热化学储能

1. 热化学储能的概念

化学能是储存在物质内部，通过化学反应释放出的能量。化学能实际来源于化学键对原子（或分子）的束缚。所谓化学键是指相邻的两个原子或多个原子间强烈的相互作用力，使它们能稳定聚集在一起。化学键形成时必有能量释出，此能量称为键能；反之，破坏化学键所需能量称为键的离解能。物质所含的化学能通过化学反应释放出来。化学反应的过程伴随着复杂的能量转换过程，其中最常见的有化学能与热能、电能、光能等之间的相互转换。

热化学储能就是基于可逆化学反应的吸热和放热过程进行热能存储的技术，利用储能材料相接触时发生可逆的化学反应来储存、释放热能。如图 7-8 所示，热化学储能可分为储能、储存和释能三个过程：储能过程就是吸收热量的过程，物质 C 吸收热量分解成两种不同的物质 A 和 B，吸收的热量来源可以是常规能源，比如化石燃料的燃烧，也可以是太阳能等新能源；储能过程完成后，可以在常温下分别储存 A 和 B 两种物质，储存过程中只要这两种物质没有变质，就不会有能量损失；释能过程中，A 和 B 相互结合发生放热反应生成 C。同时，物质 C 可以再次使用，实现循环利用。热化学储热适用的温度范围比较宽，储热密度很大，同时在储能过程中的热损失很小，特别适用于跨季节储热。

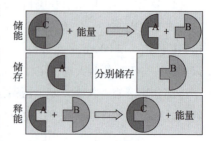
图 7-8 热化学储能的储能、储存和释能过程

2. 热化学储能的类型及材料

根据利用的化学反应类型的不同，可将热化学储能分为热化学吸附储能和热化学反应储能两种类型。热化学吸附储能中，化学反应过程中破坏的是分子间作用力（如氢键、范德华力、

静电力）；热化学反应储能中，化学反应过程中破坏的是化学键（离子键、共价键）。

典型的热化学吸附储能体系包括以结晶水合物体系和 NaOH、LiCl 和 LiBr 等溶液为代表的液体吸附介质，以及以天然沸石、磷酸铝和磷酸硅铝等为代表的固体吸附介质。在此特别要注意结晶水合物，它既可作为热化学储能材料，又可作为相变储能材料。结晶水合物作为热化学储能材料时，仅仅发生了结晶水的解吸附；而作为相变储能材料时，还进一步发生解吸附的水对盐的溶解。

典型的热化学反应储能体系包括金属氧化物的热分解、金属氢化物的热分解、金属氢氧化物的热分解、碳酸盐的热分解、氨的分解、甲烷-二氧化碳催化重整等，见表7-6。

表 7-6 典型的热化学反应储能体系

储热体系	反应通式	典型介质	特　　点
金属氧化物	$M_xO_{y+z}(s) \rightleftharpoons M_xO_y(s) + \frac{z}{2}O_2(g)$	BaO、Co_3O_4、Mn_2O_3、CuO、Fe_2O_3、Mn_3O_4 和 V_2O_5	优势：操作温度范围宽、无腐蚀性、不需气体储存 劣势：成本高、储热密度低、可逆性欠佳
金属氢化物	$MH_n(s) + \Delta H_r \rightleftharpoons M(s) + \frac{n}{2}H_2(g)$	MgH_2、TiH_2、CaH_2	优势：储热密度大 劣势：平衡压力高，安全性低
氢氧化物	$M(OH)_2(s) + \Delta H_r \rightleftharpoons MO(s) + H_2O(g)$	$Ca(OH)_2$、$Mg(OH)_2$	优势：成本低、无毒 劣势：导热率低，存在烧结现象
碳酸盐	$MCO_3(s) + \Delta H_r \rightleftharpoons MO(s) + CO_2(g)$	$CaCO_3$、$MgCO_3$ 和 $SrCO_3$	优势：成本低、工作温度高、储热密度大、工作压力低、无毒 劣势：稳定性欠佳
氨基	$2NH_3(g) + \Delta H_r \rightleftharpoons N_2(s) + 3H_2(g)$	NH_3	优势：可逆性好，稳定性佳、便于输送、经济性高、技术成熟度高 劣势：安全性低、反应条件苛刻、系统运维成本高
甲烷重整	$CH_4(g) + H_2O(l) + \Delta H_r \rightleftharpoons CO(g) + 3H_2(g)$ （基于 H_2O 的重整） $CH_4(g) + CO_2(g) + \Delta H_r \rightleftharpoons 2CO(g) + 2H_2(g)$ （基于 CO_2 重整）	CH_4	优势：反应热高、储热密度高 劣势：积碳易造成催化剂失活

3. 热化学储能的特点

热化学储能密度高，约为显热储能的 8~10 倍，相变储能的 2 倍。对比显热储能和相变储能，热化学反应储能的独特优势是能够实现热量的长期储存和长途运输，且基本没有能量损失，可以实现季节性储能和热能跨区域运输而不需要特殊的绝热措施；此外热化学反应储能具有较多的储热体系，具有更广的储能温度范围，且不同体系各有特点，可应对广泛的使用场景。

但是，当前热化学储能的应用技术和工艺太复杂，存在许多不确定性，如反应条件苛刻，不易实现；储能体系寿命短；储能材料对设备腐蚀性大；产物不能长期储存；一次性投资大及效率低等，因此还没有得到有效的规模化应用。如果能很好地解决上述几方面问题，其应用前景将非常可观。

最后，我们将三种储热技术进行对比，见表7-7。总体而言，热化学反应储能由于系统复杂、技术难度大、可操作性不强，目前仍处于实验研究阶段。显热储能是目前应用最普遍的一种储热方式，市场成熟，然而它的储热密度小、储热装置体积庞大，因此应用前景受限。相比之下，相变储能的储能密度是显热储能的2~3倍，具有温度恒定和储热密度大的优点，目前正处于示范向商业化市场转化的阶段，也是储热领域研究最广泛、应用前景最广阔的储能技术。

表7-7 三种储热技术总结对比

特性	显热储能	相变储能	热化学储能
能量密度	低 0.2 GJ/m³	中等 0.3~0.5 GJ/m³	高 0.5~3 GJ/m³
热损失	较大	较大	低
运输	短距离	短距离	无限制
主要优势	成本低、技术成熟	储能密度中等、系统体积小	储能密度高、热损失小、运输方便
主要劣势	热损失大、储能系统体积大	导热性差、热损失大、腐蚀性较强	技术复杂、成本高、整体效率低
技术难度	简单	中等	复杂

7.3 机械储能

7.3.1 机械储能概述

机械储能是一种通过装置或物理介质将机械能储存起来以便以后需要时进行利用的储能技术。

电能是现代社会应用最广泛的能量之一，电能被广泛应用在动力、照明、化学、纺织、通信、广播等各个领域，是科学技术发展、国民经济飞跃的主要动力。电能可以靠有线或无线的形式，做远距离的传输，但是电能却难以直接储存。电能利用的过程中，存在需求波动，但是电能的供应却很难及时调整，电能供需不匹配的问题难以避免。因此，为了避免浪费能量，在供电富余的时候将电能储存起来，再在供电有缺口时释放所储存的电能，从而缓解电能的供需问题是势在必行的。在机械能、化学能、内能、电能、光能这五种形式的能量中，电能和光能难以直接储存，机械能、化学能和内能的直接储存则较容易实现。因此，将难以直接储存的电能转化为容易储存的机械能进行储存是一种常用的储能形式。这也是机械储能的实际应用中最主要的应用领域。本小节内容将主要介绍利用机械储能储存电能的技术方法。

机械能的主要形式包括势能和动能，其中势能又有重力势能、弹性势能等形式。对应于这些机械能形式，机械储能的应用形式主要有抽水蓄能（基于重力势能）、压缩空气储能（基于弹性势能）和飞轮储能（基于动能）三种。

（1）抽水蓄能。利用水的重力势能作为能量储存形式，在低负荷期将水从下游水库抽到上游水库，将电能转化成水的重力势能储存起来，在尖峰负荷期释放上游水库中的水发电，主要用于电力系统的调峰填谷、调频、调相、紧急事故备用等。

（2）压缩空气储能。指将空气压缩至较高的压力，需要时将压缩空气输送给气动系统输出。主要应用在压缩空气蓄能电站，它是在常规的循环燃气轮机电站基础上发展起来的，在电力系统低负荷时，利用多余电能通过压缩机将空气压缩储存在储气罐、山洞、过期油气井或新建储气井等之中，电网尖峰负荷时再放出，经加热后通过燃气轮机发电机组发电。

（3）飞轮储能。利用电动机带动飞轮高速旋转，将电能转化成动能储存起来，能量释放时再由飞轮带动发电机发电。适用于电网调频、电能质量保障以及脉冲功率系统的能量存储。

机械储能技术中，抽水蓄能技术成熟、使用寿命长（超过50年）、转换效率较高（约75%），装机规模可达吉瓦级、持续放电时间一般为6～12 h，但选址要求高且建设周期长、功率成本为5 000～6 500元/kW。传统的压缩空气储能技术成熟，使用寿命长（30年），但转换效率低（约50%）、功率成本6 500～11 000元/kW；依托地下天然洞穴储气，储能规模可达数十小时，但选址要求较高；利用储罐储气的新型压缩空气储能选址较为灵活，但仍处于试验示范阶段。飞轮储能具有功率密度高（5 kW/kg）、设备体积小、转换效率高（超过90%）的特点，但持续放电时间短（分钟级），是典型的功率型储能技术，其能量成本为11万～13万元/(kW·h)。此外，由于机械储能原理简单可靠，不少研究机构开始探索混凝土块等新型固体重力储能技术。

7.3.2 抽水蓄能

1. 抽水蓄能发展历程及现状

1882年，瑞士建成世界第一座抽水蓄能电站Schaffhausen电站。当时，抽水蓄能电站的主要目的为蓄水，用以调节电站水量的季节性不均匀。20世纪60年代后，抽水蓄能电站开始迅速发展，抽水蓄能电站的主要功能变为电力系统的调峰、调频，成为应用于电力系统的大容量储能技术。自此，抽水蓄能技术就被大量运用，逐渐成为全世界应用最为广泛的储能技术。

在我国，抽水蓄能在储能领域同样是主导者。我国20世纪60年代后期才开始研究抽水蓄能电站的开发，1968年和1973年先后在华北地区建成岗南和密云两座小型混合式抽水蓄能电站。我国抽水蓄能电站建设虽然起步比较晚，但由于后发效应，起点却较高，已经建设的大型抽水蓄能电站技术已处于世界先进水平。

2021年12月30日，服务北京绿色冬奥的国家电网丰宁抽水蓄能电站投产发电，是目前世界规模最大的抽水蓄能电站，如图7-9所示。丰宁电站位于河北省承德市丰宁县，紧邻京津冀负荷中心和冀北千万千瓦级新能源基地。丰宁电站建设创造了抽水蓄能电站四项"第一"。装机容量世界第一。共安装12台30万kW单级可逆式水泵水轮发电电动机组，总装机360万kW，为世界抽水蓄能电站之最，储能能力居世界第一。12台机组满发利用小时数达到10.8 h，是华北地区唯一具有周调节性能的抽水蓄能电站。地下厂房规模世界第一。地下厂房单体总长度414 m，高度54.5 m，跨度25 m，是最大的抽水蓄能电站地下厂房。地下洞室群规模世界第一。丰宁抽水蓄能电站地下洞室多达190条，总长度50.14 km，地下工程规模庞大。丰宁电站实现了世界最大抽水蓄能电站的自主设计和建设，书写了我国抽水蓄能发展史上的多个纪录，打造了抽水蓄能电站建设的新丰碑。

中国抽水蓄能产业经过多年发展，已经建成丰宁、天荒坪（见图7-10）、潘家口、十三陵、仙居、绩溪等一批大型抽水蓄能电站，产业链体系已基本形成。我国抽水蓄能电站装机容量世界第一，未来抽水蓄能将继续加快发展。根据国家能源局数据，2022年中国抽水蓄能新增装机容量8.8 GW，截至2022年底抽水蓄能累计装机容量达45.19 GW，较2021年增长24.18%。为推进抽水蓄能快速发展，适应新型电力系统建设和大规模高比例新能源发展需要，助力实现碳达峰碳中和目标，2021年，国家能源局根据《中华人民共和国国民经济和社会发展第十四个五年规划和2035年远景目标纲要》《"十四五"现代能源体系规划》发布了《抽水蓄能中长期发展规划（2021—2035年)》，指导我国中长期抽水蓄能发展。

图7-9　世界规模最大的抽水蓄能电站：丰宁电站　　图7-10　浙江天荒坪抽水蓄能电站

在政策引导下，抽水蓄能电站建设速度将进一步加快，预计到2025年装机容量将达到62 GW；到2030年达到120 GW左右；到2035年形成满足新能源高比例大规模发展需求的，技术先进、管理优质、国际竞争力强的抽水蓄能现代化产业，培育形成一批抽水蓄能大型骨干企业。"十四五"期间，随着"双碳"目标深入实施，风电、太阳能发电等新能源将得到快速发展，这必然要求系统调节能力和保障手段的同步增强。加快建设抽水蓄能电站在构建新型电力系统、保障能源电力安全、促进清洁能源消纳中的战略意义和全局影响将更加凸显。

2. 抽水蓄能原理

抽水蓄能，即利用水作为储能介质，通过电能与水的重力势能相互转化，实现电能的储存和释放。如图7-11所示，在抽水蓄能电站运行过程中，当用电处在低谷时（一般为后半夜），利用电网中富余的电将水从地势较低的下水库抽到地势较高的上水库中储存，这个过程可将电能转化为水的重力势能，从而实现电能的储存；等到用电高峰的时候（一般为白天和前半夜），再将上水库的水放出来，水流顺势而下推动水轮机发电，能量从重力势能转化为电能而被利用，从而实现电能的释放。抽水蓄能电站的储能总量与上下水库的落差及上水库的容积相关。

3. 抽水蓄能电站的构造

抽水蓄能电站与一般的水力发电站有许多相同之处，也有许多不同之处。最大的区别在于，抽水蓄能电站需要两个水库。典型的抽水蓄能电站构造如图7-12所示。

(a) 储能阶段　　　　　　　　　　　　(b) 释能阶段

图 7-11　抽水蓄能工作原理

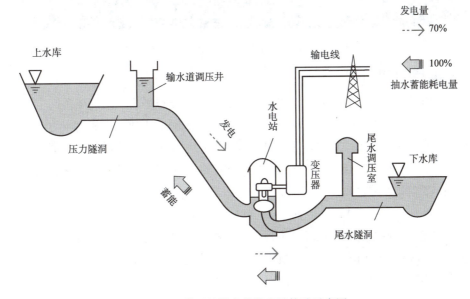

图 7-12　典型的抽水蓄能电站构造示意图

抽水蓄能电站的上水库是蓄存水量的工程设施，电网负荷低谷时段可将抽上来的水储存在库内，负荷高峰时段由水库放下来发电，其容积是影响抽水蓄能电站储能容量的主要因素之一。进（出）水口、输水道、输水道调压井、尾水道、尾水调压室、出（进）水口等组成了抽水蓄能电站的输水系统。输水系统是输送水的工程设施，在水泵工况（抽水）把下水库的水输送到上水库，在水轮机工况（发电）将上水库放出的水量通过厂房输送到下水库。主厂房、主变洞、尾闸室等则构成了地下厂房，是放置蓄能机组和电气设备等重要机电设备的场所，也是电厂生产的中心。最后是抽水蓄能电站的下水库，负荷低谷时段下水库可满足抽水水源的需要，负荷高峰时段下水库则可蓄存发电放水的水量，下水库与上水库的落差是影响抽水蓄能电站储能容量的主要因素之一。此外，还有开关站负责与外界电网对接，以提高输电线路运行稳定性。抽水蓄能电站各个组件的空间分布如图 7-13 所示。

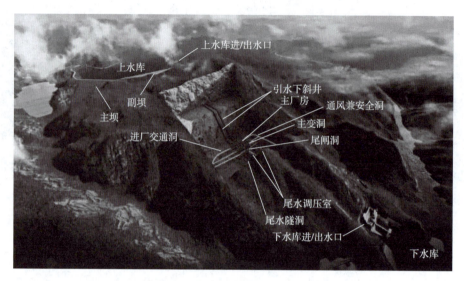

图 7-13 抽水蓄能电站组件空间分布示意图

4. 抽水蓄能电站的作用

抽水蓄能电站可有效调节电力系统的供需，使其达到动态平衡，大幅度提高电网的运行安全和供电质量。具体作用包括削峰填谷、调频、调相（调压）、事故备用和黑启动等。

（1）抽水蓄能电站的削峰填谷作用指抽水蓄能电站可在用电负荷低谷时段消纳电网中其他电源（如火电、风电和太阳能等）过剩的电量，并在用电负荷高峰时段向电网提供电能。

（2）抽水蓄能电站的调频作用又称负荷自动跟踪作用。抽水蓄能电站具有启停速度快、工况转换迅速的特点，能随时并迅速地调整电力的输出，以消除功率的不平衡量，实现频率稳定。

（3）抽水蓄能电站的调相作用又称调压作用。抽水蓄能发电机的调相运行方式可分为调相运行和进相运行两种：调相运行指发电机向电网输送感性无功功率的运行状态；进相运行指发电机吸收电网的感性无功功率的运行状态。

（4）抽水蓄能电站的事故备用作用是指抽水蓄能电站可以作为电力系统中备用容量的组成部分之一。

（5）抽水蓄能电站的黑启动作用是指抽水蓄能电站可在无外界电力供应的情况下，迅速自启动，并为其他机组提供启动功率，使电力系统在短时间内恢复供电，保证电力系统的安全可靠运行。

5. 抽水蓄能电站分类

抽水蓄能电站可按不同情况分为不同的类型。

1）按电站有无天然径流分

（1）纯抽水蓄能电站：没有或只有少量的天然来水进入上水库（以补充蒸发、渗漏损失），而作为能量载体的水体基本保持一个定量，只是在一个周期内，在上、下水库之间往复利用；厂房内安装的全部是抽水蓄能机组，其主要功能是调峰填谷、承担系统事故备用等任务，而不承担常规发电和综合利用等任务。

（2）混合式抽水蓄能电站：其上水库具有天然径流汇入，来水流量已达到能安装常规水轮发电机组来承担系统的负荷。因而其电站厂房内所安装的机组，一部分是常规水轮发电机组，另一部分是抽水蓄能机组。相应地这类电站的发电也由两部分构成，一部分为抽水蓄能发电，另一部分为天然径流发电。所以这类水电站的功能，除了调峰填谷和承担系统事故备用等任务外，还有常规发电和满足综合利用要求等任务。

2）按水库调节性能分

（1）日调节抽水蓄能电站：其运行周期呈日循环规律。蓄能机组每天顶一次（晚间）或两次（白天和晚上）尖峰负荷，晚峰过后上水库放空、下水库蓄满；继而利用午夜负荷低谷时系统的多余电能抽水，至次日清晨上水库蓄满、下水库被抽空。纯抽水蓄能电站大多为日设计蓄能电站。

（2）周调节抽水蓄能电站：运行周期呈周循环规律。在一周的 5 个工作日中，蓄能机组如同日调节蓄能电站一样工作。但每天的发电用水量大于蓄水量，在工作日结束时上水库放空，在双休日期间由于系统负荷降低，利用多余电能进行大量蓄水，至周一早上将上水库蓄满。我国第一个周调节抽水蓄能电站为福建仙游抽水蓄能电站。

（3）季调节抽水蓄能电站：每年汛期，利用水电站的季节性电能作为抽水能源，将水电站必须溢弃的多余的水抽到上水库蓄存起来，在枯水期内放水发电，以增补天然径流的不足。这样将原来是汛期的季节性电能转化成了枯水期的保证电能。这类电站绝大多数为混合式抽水蓄能电站。

3）按站内安装的抽水蓄能机组类型分

（1）四机分置式：这种类型的水泵和水轮机分别配有电动机和发电机，形成两套机组。已不采用。

（2）三机串联式：其水泵、水轮机和发电电动机（发电电动机是既可作为发电机使用，又可作为电动机使用的电机设备）三者通过联轴器连接在同一轴上。三机串联式有横轴和竖轴两种布置方式。

（3）二机可逆式：其机组由可逆水泵水轮机和发电电动机二者组成。这种结构为主流结构。

4）按布置特点分

（1）首部式：厂房位于输水道的上游侧。

（2）中部式：厂房位于输水道中部。

（3）尾部式：厂房位于输水道末端。

6. 抽水蓄能的特点与技术发展

抽水蓄能技术是目前最成熟、应用最广泛的大规模储能技术，具有技术成熟、运行成本低、储能量大、效率高、响应迅速、安全性高、寿命长等优点。效率方面，抽水蓄能一般约为 70%~75%，最高可达 80%~85%。可为电网提供调峰、填谷、调频、事故备用等服务，其良好的调节性能和快速负荷变化响应能力，对于有效减少新能源发电输入电网时引起的不稳定性具有重要意义。

但是，抽水蓄能电站也有一些不足，主要体现在选址上，建设抽水蓄能电站需要有水平间距小、上下水库高度差大的地形条件，岩石强度高、防渗水性能好的地质条件，以及充足的水源保证发电用水的需求。严苛的地理选址限制是影响抽水蓄能电站建设的主要因素。

为克服抽水蓄能的不足，近年来，涌现出了一批新型的抽水蓄能技术，其中，最具有代表性的是变速抽水蓄能技术和海水抽水蓄能技术。它们一定程度上为抽水蓄能技术未来的发展开拓了新的方向。变速抽水蓄能机组具有自动跟踪电网频率变化和高速调节有功功率等优点。由于可变速机组可运行水头范围增大，可以降低上水库大坝高度，节省建设成本。海水抽水蓄能利用大海作为下水库，电站的建设对环境的影响较小。同时，利用大海作为下水库不仅能够节省下水库的建设费用，而且不受补水水量的限制，使得大型抽水蓄能电站选址较容易。

7. 抽水蓄能发展规划

2021年国家能源局发布的《抽水蓄能中长期发展规划（2021—2035年）》指出："抽水蓄能是当前技术最成熟、经济性最优、最具大规模开发条件的电力系统绿色低碳清洁灵活调节电源，与风电、太阳能发电、核电、火电等配合效果较好。加快发展抽水蓄能，是构建以新能源为主体的新型电力系统的迫切要求，是保障电力系统安全稳定运行的重要支撑，是可再生能源大规模发展的重要保障。"

随着我国经济社会快速发展，产业结构不断优化，人民生活水平逐步提高，电力负荷持续增长，电力系统峰谷差逐步加大，电力系统灵活调节电源需求大。到2030年风电、太阳能发电总装机容量12亿kW以上，大规模的新能源并网迫切需要大量调节电源提供优质的辅助服务，构建以新能源为主体的新型电力系统对抽水蓄能发展提出更高要求。抽水蓄能电站具有调峰、填谷、调频、调相、储能、事故备用和黑启动等多种功能，是建设现代智能电网新型电力系统的重要支撑，是构建清洁低碳、安全可靠、智慧灵活、经济高效新型电力系统的重要组成部分。

虽然抽水蓄能电站的选址要求严苛。但是，我国地域辽阔，建设抽水蓄能电站的站点资源比较丰富。并且，新型抽水蓄能技术发展迅速。这些都为我国抽水蓄能的发展提供了有力保障。预计到2025年，我国抽水蓄能投产总规模6 200万kW以上；到2030年，投产总规模1.2亿kW左右；到2035年，能形成满足新能源高比例大规模发展需求的技术先进、管理优质、国际竞争力强的抽水蓄能现代化产业，培育形成一批抽水蓄能大型骨干企业。

7.3.3 压缩空气储能

1. 压缩空气储能的原理

压缩空气储能系统是基于燃气轮机技术的储能系统。燃气轮机是由可高速旋转的叶轮构成的动力机械，可将燃料燃烧产生的热能直接转换成机械能对外输出做功。燃气轮机由压缩机、燃烧室和膨胀机等组成，压缩机和膨胀机均为可高速旋转的叶轮机械，是能量转换的关键部件。其基本工作过程为环境空气被压缩机压缩到高压，然后压缩空气和燃料流入燃烧室进行燃烧，产生高压高温气流，在膨胀机内膨胀，从而对外做功。由于压缩机和膨胀机安装在一根轴上，压缩机消耗的能量由膨胀机提供，如果压缩机和膨胀机安装在不同的轴上，则压缩过程和膨胀过程可以分开，这就形成了压缩空气储能技术（压缩空气储能系统）的基本雏形。

压缩空气储能系统主要由压缩系统、膨胀系统、发电及储气罐四大部分构成。其工作原理是，在用电低谷，利用多余的电能驱动空气压缩机压缩空气并存于储气室（如报废的矿井、岩洞、废弃的油井或者人造的储气罐）中，将电能转化为压缩空气的势能与内能储存起来；在需要时，高压空气从储气室释放，驱动燃气轮机发电，从而释放压缩空气的势能与内能，转化为电能，如图 7-14 所示。

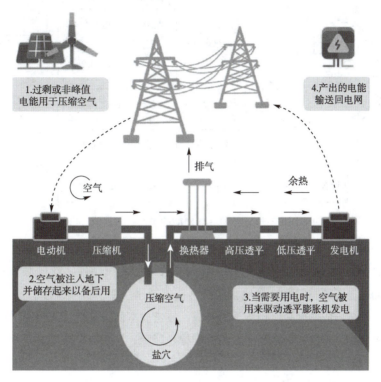

图 7-14　压缩空气储能工作原理

2. 压缩空气储能的分类及技术路线

气体压缩时产生热量，因此压缩后的空气温度较高。相反地，气体膨胀会吸收热，膨胀过程中气体温度会降低。根据储能过程中控制热量的方式不同，压缩空气储能可分为非绝热式、绝热式两种。非绝热式压缩空气储能不干预空气压缩过程的产热及膨胀过程的吸热；而绝热式压缩空气储能则调控空气压缩过程的产热及膨胀过程的吸热。非绝热式压缩空气储能压缩空气时，很大一部分能量在压缩空气过程中转化为热能，而这部分热能没有得到有效利用，导致这种方式储能效率低下。要想解决这个问题，有两种途径：一是补燃，即在释放能量阶段中，额外加入燃料作为热源，加热膨胀过程中的气体，防止其温度降低过多，从而辅助动能的转化；二是将压缩过程中产生的热量通过储热器存储起来，待发电过程中用这部分热量预热压缩空气，达到回收热量的目的，即绝热式压缩空气储能。这两种技术中，补燃式的压缩空气储能属于传统压缩空气储能，非补燃的绝热式压缩空气储能属于先进压缩空气储能。先进压缩空气储能方面，我国处于世界领先水平。以中国科学院工程热物理研究所为代表的国内研究机构，先后开展了先进绝热压缩空气储能（AA-CAES）、超临界压缩空气储能系统（SC-CAES）、液态压缩空气（LAES）研究等，通过空气的液态或高压储存，消除对大型储气洞穴的依赖；通过压缩热回收再利用，摆脱化石燃料依赖；通过高效压缩、膨胀、超临界蓄冷蓄热提高系统效率，从而同时解决了传统压缩空气储能系统的主要技术瓶颈。压缩空气储能的主要分类及技术路线总结如图 7-15 所示。

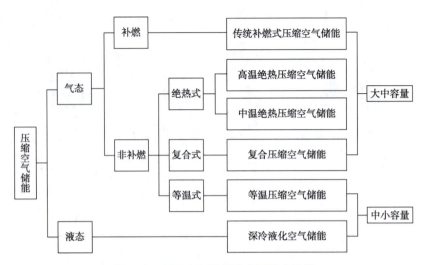

图 7-15 压缩空气储能的主要技术路线

1) 传统补燃式压缩空气储能

传统补燃式压缩空气储能借鉴燃气动力循环，在压缩空气储能系统膨胀机前设置燃烧器，利用天然气等燃料与压缩空气混合燃烧，以提升空气透平膨胀机进气温度。传统补燃式压缩空气储能结构简单，技术成熟度高、设备运行可靠、投资成本低，具有较长的使用寿命，具备与燃气电站类似的快速响应特性；但在当前大力发展绿色能源、控制碳排放量的大背景下，碳排放较高已成为其最大弊端。

2) 绝热式非补燃压缩空气储能

绝热式非补燃压缩空气储能通过提升压缩机单级压缩比获得较高品位的压缩热能并储存起来；释能过程中，利用储存的压缩热加热透平膨胀机入口空气，实现无须补充燃料的压缩空气储能。根据储热温度不同，可分为高温（>400 ℃）和中温（<400 ℃）两个技术路线。其中，高温绝热压缩空气储能、超高温压缩和高温固体蓄热技术存在技术瓶颈，目前难以实现；中温绝热压缩空气储能关键设备技术成熟、成本合理，系统稳定性、可控性较强，具备多能联储、多能联供的能力，易于实现工程化应用。

3) 复合式非补燃压缩空气储能

复合式非补燃压缩空气储能工作原理与绝热式压缩空气储能类似，不同之处在于可通过多种能源系统复合实现非补燃压缩空气储能，例如太阳能光热、地热和工业余热均可满足压缩空气储能系统膨胀过程中的加热需求。复合压缩空气储能系统具有较强的多能联储、多能联供的能力，可以实现多种能量形式的储存、转换和利用，满足不同形式的用能需求，提升系统能量综合利用效率。

4) 等温式非补燃压缩空气储能

等温式非补燃压缩空气储能采用准等温过程实现空气压缩和膨胀。压缩过程中实时分离压缩热能和压力势能，使压缩空气不发生较大的温升；在膨胀过程中，实时将存储的压缩热能回馈给压缩空气，使压缩空气不发生较大的温降。等温压缩空气储能的优点是系统结构简单、运行参数低，但其装机功率一般较小，储能效率较低，等温的压缩过程和膨胀过程也难以实现，仅适用于小容量的储能场景。

5) 深冷液化空气储能

深冷液化空气储能在压缩、膨胀和储热方面与绝热式压缩空气储能类似,所不同的是,深冷液化空气储能的储能介质为液态空气,因此,装置和能量的储放过程也略有不同。深冷液化空气储能的装置中增加了蓄冷系统,其储能过程增加了空气的冷却、液化、分离、储存,释能过程增加了空气的气化。深冷液化空气储能最大的优点是空气以常压液态形式储存,储能密度高,可大大减少储气系统的容积,减少电站对地形条件的依赖。但由于增加了蓄冷系统,导致系统结构更为复杂。

3. 压缩空气储能的特点及应用

压缩空气储能采用压缩空气作为能量载体,能实现能量存储和跨时间、空间转移和利用。压缩空气储能是一种大功率的储能方式,单机功率可达数百兆瓦,并且可在实际运行过程中实现功率的实时调整。压缩空气储能可实现日调度、周调度甚至季调度的长周期储能,并可通过调整输出功率实现长时间供电。此外,压缩空气储能具有多能联储联供的能力,可与光热、地热、工业余热结合,作为清洁能源系统能量枢纽,并且具备输出工业用压缩空气、供暖、供冷等扩展输出应用,如图 7-16 所示。

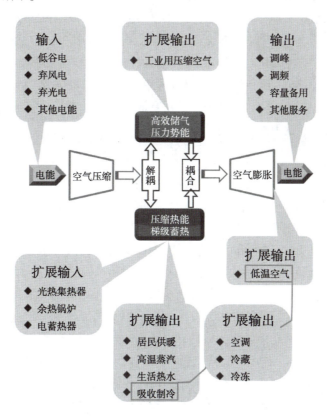

图 7-16 压缩空气储能的应用

压缩空气储能具有储能容量大、周期长、效率高和单位投资较小等优点,缺点则在于能量密度低、转换效率不高,并且依赖特定地质条件。压缩空气储能可广泛用于电源侧、电网侧和用户侧，发挥调峰、调频、容量备用、无功补偿和黑启动等作用。

4. 压缩空气储能的发展规划及示范项目

压缩空气储能已经被写入国家"十四五"规划中。《中华人民共和国国民经济和社会发展第十四个五年规划和2035年远景目标纲要》中提出要实施电化学储能、压缩空气储能、飞轮储能等储能示范项目。在《"十四五"新型储能发展实施方案》中，百兆瓦级压缩空气储能关键技术就是新型储能核心技术装备攻关重点方向。先进的新型压缩空气储能技术将为碳中和和构建新型电力系统提供有力支持，未来有可能成为长时间大规模储能的主流技术之一。

压缩空气储能逐步开始商业化应用，已经迎来了产业化的初级阶段。随着中央及地方出台指导和鼓励政策，在技术突破的基础上，越来越多的项目相继落地。

2022年5月15日，世界首个非补燃压缩空气储能电站——江苏金坛盐穴压缩空气储能国家试验示范项目整套设备实现连续4天满负荷、满时长"储能—发电"试运行，各项指标优良，标志着大规模压缩空气储能技术全流程验证成功，该项目已具备投入商业运行的条件。该项目是我国压缩空气储能领域唯一的国家示范项目，是世界首座非补燃式压缩空气储能电站，也是国内首次利用盐穴资源的发电项目。电站一期储能功率和发电装机均为60 MW，储能容量300 MW·h，远期建设规模1 000 MW，转化率为60%。据测算，金坛盐穴压缩空气储能项目投运后，全年可节约标准煤3万t，减少二氧化碳排放6.08万t。该项目的顺利实施，能够有力地支撑当地电网的调峰需求，促进电力系统安全平稳运营，缓解峰谷差造成的电力供应紧张局面。该项目将创建具有完全自主知识产权的压缩空气储能技术体系，推动储能产业自主创新水平的提升，引领智能电网向低碳、绿色的方向建设与发展，促进我国能源结构的清洁化转型。该项目建成后在规模和效率上都将树立样板和典范，具有很强的示范意义，为新型电力系统构建提供了技术支撑和基础装备，助力碳达峰碳中和目标实现。

7.3.4 飞轮储能

1. 飞轮储能的原理

飞轮储能是一种新兴电能存储技术，通过在低摩擦环境中高速旋转的飞轮来存储动能，并利用互逆式双向电机（电动/发电机）实现电能与高速旋转飞轮的动能之间相互转换。飞轮储能系统是将能量以高速旋转飞轮的转动动能的形式来存储起来的装置。它有三种工作模式：充电模式、放电模式、保持模式。充电模式即飞轮转子从外界吸收能量，使飞轮转速升高将能量以动能的形式存储起来，充电过程飞轮做加速运动，直到达到设定的转速；放电模式即飞轮转子将动能传递给发电机，发电机将动能转化为电能，再经过电力控制装置输出适合于用电设备的电流和电压，实现机械能到电能的转化，此时飞轮将做减速运动，飞轮转速将不断降低，直到达到设定的转速；保持模式即当飞轮转速达到预定值时既不再吸收能量也不向外输出能量，如果忽略自身的能量损耗，其能量保持不变。由此，整个飞轮系统实现了能量的输入、输出以及存储。

2. 飞轮储能系统的结构

飞轮储能系统的基本结构由飞轮转子、轴承、电动机/发电机、电力电子控制装置、真空室等五个部分组成，结构示意图如图7-17所示。其中，飞轮转子是飞轮储能系统中能量存储的载体，通过转速的变化实现对机械能的存储和释放，是飞轮储能系统的关键部件，一般选用强度高、密度相对较小的材料制作而成，根据外形不同可分为圆轮、圆盘或圆柱刚体等类型。轴承是飞轮装置的轴系支承部件，起到支承转子安全稳定旋转，同时减小飞轮旋转过程中产生的摩擦阻力的作用。由于磁悬浮支承轴承和组合式轴承可以降低摩擦损耗，提高系统效率而成为支承技术的研究热点，尤其是组合式轴承结合了机械轴承和磁悬浮轴承的优点，已经引起了飞轮储能系统研究和开发者的广泛关注。电机作为一个集成部件，具有电动机和发电机的功能，可以在电动和发电两种模式下自由切换，以实现机械能和电能的相互转换。电力电子控制装置主要是对输入或输出的电能进行变换控制，以保证电机需要的电压、电流制式与输入电能的制式一致，并通过对电力电子控制装置的操作可以实现对飞轮电机各种工作要求的控制。真空室主要作用是维持飞轮转子的真空环境，从而降低空气阻力带来的摩擦损耗，实现能量的高效率存储和释放，并且对飞轮装置起到保护作用，同时在飞轮高速旋转时保护周围人员和设备。

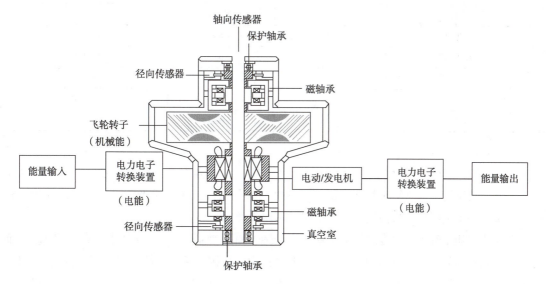

图 7-17　飞轮储能系统结构示意图

3. 飞轮储能的关键技术

1）飞轮转子

飞轮转子是飞轮储能系统中能量存储的载体，通过转速的变化实现对机械能的存储和释放。飞轮旋转时储存的能量可用式（7-2）计算：

$$E = \frac{1}{2}J\omega^2 = \frac{1}{4}Mr^2\omega^2 = \frac{1}{4}Mv^2 \tag{7-2}$$

式中，E 为飞轮储能系统的储能量，$W \cdot h$；J 为飞轮的转动惯量，$kg \cdot km^{-2}$；ω 为飞轮的旋转角速度，rad/s；M 为飞轮的质量，kg；r 为飞轮圆盘的旋转半径，m；v 为飞轮的圆周线速度，m/s。

可见，飞轮的转速决定了飞轮储能系统可以储存的最大能量，转子的最大转速越高，则其储存的能量就越大。但是，转子的转速不能无限制地增加。转子的最高转速取决于转子材料的抗拉强度。抗拉强度即表征材料最大均匀塑性变形的抗力。转速过高，一旦离心力大小超过转子的抗拉强度，则可能引起转子出现裂缝等问题，从而造成安全事故。故单位质量飞轮转子所能储存的最大能量（即储能密度）e 可由式（7-3）计算：

$$e = \frac{E}{m} = \frac{2.72K_s\sigma}{\rho} \tag{7-3}$$

式中，K_s 为与飞轮结构相关的系数；σ 为飞轮材料的抗拉强度，Pa；ρ 为飞轮材料的密度，$kg \cdot m^{-3}$。

飞轮可达到的最大转速受到本身材料性能的限制，选择比强度（σ/ρ）高的材料可以提高飞轮转子的最高转速。一些飞轮转子常用材料的物性参数见表7-8。

表7-8 飞轮转子常用材料的物性参数

飞轮转子材料	抗拉强度/GPa	密度/($kg \cdot m^{-3}$)	最大储能密度/($W \cdot h \cdot kg^{-1}$)
铝合金	0.6	2 800	32.6
高强度铝合金	1.3	2 700	41.5
高强度钢	2.8	7 800	56.8
E 玻璃纤维/树脂	3.5	2 540	231.9
S 玻璃纤维/树脂	4.8	2 520	320.6
碳纤维 T-300/树脂	3.5	1 780	218.8
碳纤维 T-700/树脂	7.0	1 780	662.0

2）轴承系统

轴承系统具有减小运行过程中的摩擦和支撑作用，对轴承系统的设计和选择是除飞轮转子材料之外，影响飞轮运行转速和飞轮储能系统能量转换效率的另一重要因素。目前应用于飞轮储能系统的轴承主要分为机械轴承和磁悬浮轴承两大类。

在飞轮储能系统中，主要的机械轴承为滚动轴承和滑动轴承，其在系统中具有保护作用，而其他材料的轴承如陶瓷轴承则用于一些特殊的系统中。机械轴承的结构紧凑、易于安装和拆卸，由于具有适于规模化生产的标准尺寸，维修也较为方便。但是，机械轴承在运行过程中摩擦力大，因而也带来了较大的运行损耗，当用于高速飞轮储能系统中时寿命折损问题较为突出。

基于有无磁力控制，磁悬浮轴承可分为主动轴承和被动轴承。

在磁悬浮轴承中，没有磁力控制的一类轴承称为被动磁轴承，其主要依靠磁场本身实现悬浮，不能实现对磁场强弱的调节。被动磁轴承包括永磁轴承和超导磁轴承两种形式。永磁轴承利用永磁体同性相互排斥、异性相互吸引的原理实现定、转子之间的悬浮。超导磁轴承由于超导电流在超导体内部产生的与外部磁场大小相等、方向相反的感应磁场与磁体的磁场相互抵消，使超导体所受磁力的合力为零，因而能够稳定在悬浮状态。

主动磁轴承又被称为电磁轴承，其主要原理是利用电流控制磁场的大小从而实现对轴承的稳定悬浮控制。通过改变电磁铁中的电流可以对电磁铁产生的电磁力大小进行控制，同时利用传感器实时监控轴承的位置变化情况；通过引入闭环负反馈控制，将观测到的位置和电流信号传入控制系统中，实现对输入电流大小的及时调整，直至轴承与转轴之间能够稳定悬浮为止。

机械轴承和磁悬浮轴承各有利弊，为进一步实现各种轴承系统的优势互补，组合式轴承系统也应运而生，通过采用组合式轴承的方式以达到机械轴承和磁悬浮轴承优势互补的效果。在组合中可以依据轴承的特点和实际工程需要,将其中一种轴承作为主轴承,而另一种作为辅助轴承,也可以分别充当轴向和径向轴承的角色,从而兼顾两者的优势。

3)电机系统

电机系统具有电动机和发电机的双重属性,是完成飞轮储能充电和放电过程中不可或缺的关键装置。在充电模式下,电动机带动飞轮转轴不断加速运转,直至达到最大转速;在放电模式下,飞轮转速随着发电机对外输出电能而不断降低。在电机的设计或选择中需考虑以下因素:电机成本、空载损耗、输出特性、转换效率、调速范围。

目前,应用于飞轮储能系统中的主流电机包括:异步电机、磁阻电机、永磁电机。这三种电机的典型技术参数见表7-9。

表7-9 飞轮储能系统常用电机的技术参数

项目	异步电机	磁阻电机	永磁电机
功率	中大	中小	中小
功率因数	0.7	0.7	12
转子损耗	铜、铁	铁	无
旋转损耗	可去磁消除	可去磁消除	不可消除
效率/%	93	93	95
控制	矢量	同步、矢量、开关、DSP	正弦、矢量、梯形、DSP
宽长比	2	3	2
转矩脉动	中	高	中
速度	中	高	低
失磁	无	无	有
成本	低	低	高

4. 飞轮储能的特点及应用

飞轮储能的主要优点包括:①功率特性好。响应速度快,可实现毫秒级大功率充放电、可靠性高。②效率高。能量转换效率可高达90%左右。③循环寿命长。飞轮储能的使用寿命主要取决于储能系统中电子器件的寿命,一般可达到20年,且不会受到过充放电的影响。④充电时间短。通过电机带动飞轮加速旋转可在数分钟内充满能量。⑤运行状态易于检测。飞轮储能的能量特性与机械运行状态具有直接相关性,可以通过转速等参数测量放电深度和剩余电量。⑥适用温度宽泛。飞轮储能的容量特性不受高低温影响,工作温度一般为-10~40℃。⑦飞轮储能过程无化学物质,绿色环保、无污染。

飞轮储能的缺点在于能量释放持续时间较短,一般只有几十秒,且自放电率高,若停止充电,能量在几十个小时内就会被全部损耗。

目前飞轮储能主要的应用市场包括不间断电源(UPS)、轨道交通动力回收和电网调频,其中电网调频的装机比例超过了80%。飞轮储能技术的优势是快充快放,连续充放电,深度充放电。不间断电源(UPS)和轨道交通的制动能回收都无法充分发挥飞轮储能的这一优势。整个场景最大的需求就是电网的调频,即响应调度中心的充放电指令,平抑电网的有功功率波动。

在传统电力系统中，电网的频率波动仅来源于电力用户的非计划性用电行为，依赖水电机组、火电机组的调节，即可保证电网的稳定。且电力负荷的增加，大多数依靠新增更多的火电机组和水电机组，电网的快速调节能力可以同步增加。新能源发电不但自身难以具备与水电机组、火电机组同等的调节能力，还因新能源发电的天然波动给电网增加了新的波动性。传统发电机组难以承受这样的波动，这就需要储能装备协助传统发电机组，共同承担稳定电网的责任。

在电力系统中飞轮储能最适合的场景是一次调频。随着大规模新能源并网，整个电网频率的波动越来越大，迫切需要飞轮储能这种短时高频的储能技术支持。在电网侧，以飞轮储能独立调频电站为主，在发电侧，则是以联合调频为主。从电力系统的角度看，飞轮储能独立调频电站可以实现在波动源的就地调节，可能是更优的选择。

新型电力市场构建以后，电网功率波动的抑制和补偿，往往需要飞轮储能这样的设备来实现，这种功率服务的需求占全网功率的1%~3%，市场规模可观。相关机构预测2026年前飞轮储能的装机容量将激增，达到88.9 MW。

5. 飞轮储能的发展规划及示范项目

中国飞轮储能行业起步较晚，2022年才拥有首台自主知识产权的兆瓦级飞轮储能装置。中国飞轮储能的装机规模比重较小，仍处于发展阶段。2022年3月，国家发改委、国家能源局发布关于印发《"十四五"新型储能发展实施方案》的通知，提出要重点建设飞轮储能技术试点示范项目，到2025年兆瓦级飞轮储能等机械储能技术逐步成熟。同年6月国家发改委、国家能源局等九部门发布《"十四五"可再生能源发展规划》，指出明确新型储能独立市场主体地位，创新储能发展商业模式，明确其价格形成机制。飞轮储能有望受益于新型储能发展迎来广阔市场空间。

2022年8月25日，全球首个二氧化碳+飞轮储能示范项目在四川德阳建成。该项目储能规模10 MW/20 MW·h[①]，能在2 h内存满2万度电，是全球单机功率最大，储能容量最大的二氧化碳储能项目，也是全球首个二氧化碳+飞轮储能综合能源站。

2022年11月，国家能源集团宁夏电力公司牵头完成的"大电量高功率磁悬浮储能飞轮关键技术研究与应用"科技成果，通过国家工信部工业信息安全发展研究中心组织的成果鉴定，技术整体达到国际先进水平。成果应用于宁夏电力灵武公司2×600 MW热电联产机组，以其为核心关键技术建设22 MW/4.5 MW·h全球容量最大的磁悬浮飞轮储能系统。

2023年2月，坎德拉新能源首条兆瓦级磁悬浮飞轮生产线在佛山市三水区白坭镇聚龙湾智能装备产业园正式投运，首套1 MW/35 kW·h磁悬浮飞轮已顺利下线。目前该产品已应用于河南MW级先进飞轮储能系统示范项目。该项目位于国家电投河南平顶山叶县长丰风电场，风电场装机规模50 MW，项目配置5套1 MW/35 kW·h飞轮储能系统组成5 MW/175 kW·h飞轮储能系统阵列，独立为长丰风电场提供一次调频服务。该项目是全球首个采用全容量飞轮储能系统完成新能源一次调频改造的项目，也是国内新能源一次调频改造装机功率最高、装机容量最大的飞轮储能项目。

2023年4月4日，中国华电山西公司朔州热电飞轮储能复合调频项目正式投运，这是我国

---

① 储能规模的表示中"/"之前为储存能量的功率；"/"之后为储存能量的总量。

首个飞轮储能复合调频项目，是电力系统储能调频领域的重要科技创新。该项目位于山西省朔州市，总容量 8 MW，由 4 台全球单体容量最大、拥有自主知识产权的飞轮装置和 10 组锂电池组成复合储能系统，与现有两台火电机组联合为电网提供调频服务，可有效满足电网对储能调频的大容量、高频次需求，填补了国内飞轮与电化学复合储能领域的空白。该项目的飞轮储能复合调频系统可以有效平衡火电机组发电和电网调度需求用电之间的电量差，缓解火电机组损耗和能源消耗、显著提升机组自动发电控制（AGC）性能。项目投运后每年预计可减少排放二氧化硫 11 t、氮氧化物 25.4 t、二氧化碳 22 万 t，对于储能调频和能源结构转型提供有力的技术和实例支撑。

7.4　电化学储能

7.4.1　电化学储能概述

1. 电化学储能的基本概念

电能是现代社会应用最广泛的能量之一，电能可以采用有线或无线的形式，作远距离的传输，但是电能却难以直接储存。电能利用的过程中，存在需求波动，但是电能的供应却很难及时调整，电能供需不匹配的问题难以避免。因此，为了避免能量浪费，在供电富余的时候将电能储存起来，再在供电有缺口时释放所存储的电能，从而缓解电能的供需问题是势在必行的。在机械能、化学能、内能、电能、光能这五种主要形式的能量中，电能和光能难以直接储存，机械能、化学能和内能的直接储存则较容易实现。因此，将难以直接储存的电能转化为容易储存的化学能进行储存是一种常用的储能形式。本小节内容将主要介绍利用化学能储存电能的技术方法。

电化学储能是利用介质将电能转化为化学能储存起来并在需要时释放的储能技术及措施，而这个储能的介质就是电池。常见的电池有一次电池和二次电池。一次电池就是我们日常生活中的干电池，它只能将化学能转变成电能，放电后不能再充电使其复原，不可重复使用。二次电池又称为充电电池或蓄电池，可以实现化学能和电能之间的多次转化，可以重复使用。通常意义上，用于电化学储能的介质便是可以重复使用的二次电池。

2. 电化学基本知识

在了解电化学储能之前，需要对电化学有一些基本了解。下面的内容将简单介绍一些电化学基本知识，以帮助读者理解电化学储能。

1）常用电化学术语

（1）电池。电池是指将化学能、光能、热能等直接转化为电能的装置，包括化学电池、太阳能电池、物理电池三大类。由于太阳能电池和物理电池仅仅起能量转换的作用，本身不含有储能介质，因此不在此详细介绍。本章侧重于讲解化学电池。

（2）化学电池。化学电池是指化学能转化为电能的装置。根据工作特性的不同，化学电池可分为一次电池、二次电池和燃料电池。一次电池和二次电池前文已介绍。燃料电池是一种能连续地把燃料的化学能变为电能的装置。只要连续不断地将燃料（反应物）或电解质通入电池中，电池就能连续不断地反应而产生电能。燃料电池本身不具备储能的功能，而是一个能量转换工具。因此，在化学电池中只有二次电池真正具备储能的功能。本章将主要讲解二次化学电池，后续内容所提及的电池如无特殊说明均指二次化学电池。

（3）电极系统。如果系统由两个相组成，一个相是电子导体（叫电子导体相），另一个相是离子导体（叫离子导体相），且它们互相接触的界面上有电荷在这两个相之间转移，这个系统就叫电极系统。二次电池就是由两个电极系统组成。

（4）半电池。半电池即电池的一半。通常一个电极系统即构成一个半电池，连接两个半电池即可构成全电池。

（5）电对。在原电池的每一个电极中，一定包含一个氧化态物质和一个还原态物质。一个电极中的这一对物质称为一个氧化还原电对，简称电对，表示为：氧化态/还原态（如：Zn^{2+}/Zn，Cu^{2+}/Cu，Fe^{3+}/Fe^{2+}，I^-/I^-，H^+/H_2等）。

（6）充电与放电。电能转化为化学能的过程称为充电；化学能转化为电能的过程称为放电。

（7）电极。电级的作用是传递电荷，提供氧化或还原反应的地点。电极通常用电极符号来记录，具体为"电子导电材料|电解质"，如：Zn|Zn^{2+}，Cu|Cu^{2+}，(Pt) H_2|H^+。在电化学中，通常按照发生的电极反应来区分不同电极：发生氧化反应的电极称为阳极（anode），发生还原反应的电极称为阴极（cathode）。在物理学中，则按电势高低来区分不同电极：电势高的电极为正极（positive electrode），电势低的电极为负极（negative electrode）。在电池中，阴阳极和正负极的对应关系为：正极对应阴极，负极对应阳极。

（8）电极反应。电极反应是指在电极系统中伴随着两个非同类导体相之间的电荷转移，而在两相界面上发生的化学反应，也即在电极上进行的有电子得失的化学反应。放电时，正极发生还原反应，负极发生氧化反应；充电时，正极发生氧化反应，负极发生还原反应。

（9）电池反应。整个电池所发生的化学反应就是电池反应，即两个电极反应的总和。

2）电池的组成

任何电池都由四个基本部分组成，即由电极、电解质、隔离物及外壳组成。不同电池虽然形态各异，但都是由这四个基本部分构成。

（1）电极。电极是电池的核心部分，由活性物质、导电材料和添加剂等组成，有时还包含集流体。活性物质是能够通过化学变化将化学能转变为电能的物质，电池内的电极又分正极和负极，正、负极的活性物质通常不同。导电材料和导电骨架主要起传导电流、支撑活性物质的作用。添加剂主要起增强导电性、黏结活性物质与导电骨架的作用。

（2）电解质。电解质负责正负极之间的电荷传输，电解质一般是酸、碱、盐的有机或无机溶液。最新的研究中，具有导通离子能力的固体电解质也开始受到关注。在此一定要注意，很多电池的电解质有较强的腐蚀性，所以无论电池是否用过，都不要因为好奇而拆解电池！

（3）隔离物。隔离物是在电池中，防止正、负极短路，但允许离子顺利通过的物质。在电池内部，如果正负两极材料相接触，则电池出现内部短路，其结果如同外部短路，电池所储存的电能也被消耗。所以，在电池内部需要一种材料或物质将正极和负极隔离开，以防止两极在贮存和使用过程中被短路，这种隔离正极和负极的材料被称为隔离物。隔离物可分三大类：板材，如铅酸电池用的微孔橡胶隔板和塑料板；膜材，如浆层纸、无纺布、玻璃纤维等；胶状物，如糨糊层、硅胶体等。

（4）外壳。电池的外壳是储存电池其他组成部分（如电极、电解质、隔离物等）的容器，起到保护和容纳其他部分的作用。因此，一般要求外壳有足够的机械性能和化学稳定性，保证外壳不影响到电池其他部分的性能。为防止电池内外的相互影响，通常将电池进行密封，所以还要求便于密封。

3）电池的性能参数

（1）电池的电压。电池的电压包括电池电动势、开路电压、额定电压、工作电压四类：

① 电池电动势。电池电动势指正负极的平衡电位之差。电池电动势的大小取决于电池的性质及电解质的性质与活度，而与电池的几何结构等无关。电池电动势可由（7-4）式计算：

$$E = \phi_{平}^+ - \phi_{平}^- \tag{7-4}$$

式中，E 为电池电动势；$\phi_{平}^+$ 和 $\phi_{平}^-$ 分别为正极、负极的平衡电极电位。由此可以看出，若正极的电位越正，负极的电位越负，电池的电动势也就越高。元素中以 Li 的电位为最负，为 –3.045 V；氟的电位为最正，为 +2.87 V。若做成锂氟电池，其电池电动势可达 5.91 V。这是化学电池中电动势最高的数值。但是，在选择电极活性物质时，不能只看平衡电位数值的高低，还要看它在介质中的稳定性、材料来源、电化当量等多方面的因素。例如 Li-F_2，若组成电池，它具有很高的电动势，但由于 Li 只适用于非水溶剂电解质，F_2 是活性的气体，不易储存和控制，因此由单质 Li 与 F_2 组成电池是不切合实际的。

② 开路电压。开路电压指电池不放电时，电池两极之间的电位差。通常开路时并非平衡电极电位，而是稳定电极电位。电池的开路电压一般均小于它的电动势，但一般可近似认为电池的开路电压就是电池电动势。

③ 额定电压。额定电压指电池在常温常压下的典型工作电压，又称标称电压。它是选用不同种类电池时的参考。额定电压只与电极活性物质的种类有关，而与活性物质的数量无关。

④ 工作电压。当电池有电流通过时，这时正、负极两端的电位差，即为工作电压，又称放电电压。电池的实际工作电压随不同使用条件而实时变化。并且由于电流通过电池回路时使电极产生电极极化和欧姆极化，电池的工作电压总是低于电池电动势。影响工作电压的因素主要有放电时间、放电电流密度、放电深度。一般放电时间越长、放电电流密度越大、放电深度越高，工作电压就越低。

（2）放电曲线。在指定负载和温度下放电时，将电池的电压随时间的变化作图，就可以得到电池的放电曲线。根据电池的放电曲线，可以确定电池的放电性能。通常电池的放电曲线越平坦、稳定，电池的性能就越好。此外，放电曲线还可以指出电池的放电时间。放电时间的长短，取决于放电的终止电压（不宜再继续放电的电压）。通常放电电流大时，终止电压可低一些；放电电流小时，终止电压可高一些。

（3）电池容量。电池容量指给定条件下，电池放电至终止电压时所能释放的电量，常用 C 表示，单位：A·h 或 mA·h。值得注意的是，一个电池的容量就是其中正（或负）极的容量，而不是正极容量与负极容量之和，因为电池在工作时，通过正极和负极的电量总是相等的。实际电池的容量决定于容量较小的那一个电极，因此设计电池时，通常需要将正极和负极的容量相匹配。

电池的容量通常分为理论容量、实际容量和额定容量。

① 理论容量（C_0）是指根据活性物质的重量按法拉第定律计算出的电量，即在理想条件下活性物质全部参加化学反应时所能给出的容量。设某活性物质完全反应的质量为 m，其摩尔质量为 M，该物质参加化学反应转移的电子数为 n，则其电量为 $nm/M(\text{mol})$，根据法拉第定律（每摩尔电子所携带的电荷为 $F = 96\,485\ \text{C/mol}$）可知，该活性物质电量为 nmF/M，单位为 C，而 $1\ \text{C} = 1\ \text{A}\cdot\text{s} = 1/3\,600\ \text{A}\cdot\text{h}$，故可得其理论容量可由式（7-5）计算：

$$C_0 = \frac{nmF}{M}(\text{C}) = \frac{26.8nm}{M}(\text{A}\cdot\text{h}) \tag{7-5}$$

② 实际容量是指在一定的条件下，电池实际放出的电量。电池的实际容量主要取决于电池中的电极活性物质的数量和该物质的利用率 k。在电池的实际应用中，由于种种原因，k 总是小于 100%。

③ 额定容量（C_p）是指在设计和制造电池时，规定电池在一定的条件下（如一定温度、放电速度、终止电压）应该放出的最低限度的电量。

（4）比容量。为了对不同的电池进行比较，常常引入比容量这个概念。比容量是指单位重量或单位体积的电池（或活性材料）所提供的电量，常用 Q 表示，分别称为重量比容量（单位：$\text{A}\cdot\text{h/kg}$ 或 $\text{mA}\cdot\text{h/g}$）或体积比容量（单位：$\text{A}\cdot\text{h/m}^3$）。根据前面计算理论容量的方法，可以很简单地由式（7-6）计算出材料的理论重量比容量：

$$Q_0 = \frac{26.8n}{M}(\text{A}\cdot\text{h/g}) = \frac{26\,800n}{M}(\text{mA}\cdot\text{h/g}) \tag{7-6}$$

值得注意的是，此处计算的理论重量比容量只是正极或负极某一种的理论重量比容量，不是整个电池的理论重量比容量，因为电池的容量不是正极容量与负极容量之和。要计算全电池的理论重量比容量还要考虑正、负极的匹配。具体计算过程如下：设有一种重量比容量为 $Q_\text{正}$ 的正极材料，其质量为 $m_\text{正}$；另有一种重量比容量为 $Q_\text{负}$ 的负极材料，若其容量与正极匹配，则有 $m_\text{正}Q_\text{正} = m_\text{负}Q_\text{负}$，可得负极材料质量应该为 $m_\text{负} = \dfrac{m_\text{正}Q_\text{正}}{Q_\text{负}}$。因此正、负极材料总质量应为 $m_\text{总} = m_\text{正} + m_\text{负} = m_\text{正} + \dfrac{m_\text{正}Q_\text{正}}{Q_\text{负}}$。而此时，全电池的容量为 $m_\text{正}Q_\text{正}$。因此，全电池的理论重量比容量可由式（7-7）计算：

$$Q_\text{总} = \frac{m_\text{正}Q_\text{正}}{m_\text{总}} = \frac{m_\text{正}Q_\text{正}}{m_\text{正} + \dfrac{m_\text{正}Q_\text{正}}{Q_\text{负}}} = \frac{Q_\text{正}Q_\text{负}}{Q_\text{正} + Q_\text{负}} \tag{7-7}$$

（5）电池的能量和比能量。电池的能量指电池在一定的放电条件下所能给出的能量，单位为瓦·时（$\text{W}\cdot\text{h}$）。和容量类似，电池的能量也可分为理论能量和实际能量。从热力学上看，电池的理论能量等于可逆过程电池所能做的最大有用功，可通过式（7-8）计算：

$$W_0 = C_0 E \tag{7-8}$$

式中，C_0 为电池的理论容量，$\text{A}\cdot\text{h}$；E 为电池电动势，V。

电池的比能量是指单位重量或单位体积的电池（或活性材料）所提供的能量，分别称为重量比能量或体积比能量。根据前面计算所得的理论能量，可以很简单地计算出材料的理论重量比

能量 $= Q_0 E (\text{Wh/g})$，其中 Q_0 为理论重量比容量，$A \cdot h/g$；E 为电池电动势，V。

（6）电池的功率和比功率。电池的功率是指在一定的放电条件下，单位时间内电池所能给出的能量，单位为瓦（W）或千瓦（kW）。电池的理论功率可以表示为式（7-9）：

$$P_0 = \frac{W_0}{t} = \frac{C_0 E}{t} = \frac{I_0 t E}{t} = I_0 E \quad (\text{W}) \tag{7-9}$$

式中，W_0 为电池的理论能量；t 为放电时间；C_0 为电池的理论容量；I_0 为恒定放电流。

单位重量或单位体积电池输出的功率，分别称为电池的重量比功率（单位：W/kg）和体积比功率（单位：W/L）。比功率是电池的重要性能之一，一个电池的比功率越大，表示它可以承受的放电电位越大，或者说其可以在高倍率下放电。动力电池和储能电池的一个重要区别就是，动力电池需要达到一定的比功率阈值。

（7）电池的充放电速率。充放电速率指电池充放电时电流的大小，常用时率和倍率两种方法表征。时率是指以一定充放电电流充放完额定容量所需要的小时数。时率以充放电的时间表示充放电速率，数值上等于电池的额定容量（A·h）除以规定的充放电电流（A）所得的小时数，即充放电时率 = 额定容量/充放电电流。例如：额定容量为 100 A·h 的电池用 20 A 放电时，其放电时率为 5 h。倍率是充放电速率的另一种表示法，充放电倍率 = 充放电电流/额定容量。例如：额定容量为 100 A·h 的电池用 20 A 放电时，其放电倍率为 0.2 C。时率和倍率互为倒数关系。

（8）自放电率。自放电率是指电池在存放过程中电容量自行损失的速率，用单位储存时间内自放电损失的容量占储存前容量的百分数表示。从热力学上看，产生自放电的根本原因是由于电极活性物质在电解液中不稳定而自发反应。

（9）循环寿命。电池经历一次完整的充电和放电，称为一次循环（或称一个周期）。在一定的放电制度下，当电池的容量降到某一规定值之前，电池所能经受的充电和放电循环次数，称为电池的循环寿命（或称使用周期）。循环寿命是判断电池性能的重要指标，循环寿命越长，表示电池的性能越好。影响电池循环使用寿命的因素有很多，比如：电极材料本身性能、电极腐蚀、电池内部短路、外界温度变化、充放电期间活性物质表面积降低，导致工作电流密度上升，极化增大等。此外，电池的放电深度同样对电池寿命产生影响。所谓放电度是指在电池使用过程中，电池的放电容量所占标准容量的百分比。研究表明，放电度越低，其所允许的充电循环次数越多，即为了延长电池寿命，应该减少让电池处于深度放电状态。

3. 电化学储能电站

在储能领域，人们常把大规模的电化学储能电站比喻为"超级大电池"。就像我们常用的充电宝一样，"超级大电池"在外部电能富余的时候充电，把电储存起来；在需要用电的时候，"超级大电池"再把电放出来。因此，"超级大电池"有一个很重要的应用就是为电力系统"削峰填谷"，保证供电的稳定性。这与光伏发电间歇性的特点十分契合。

电化学储能电站主要由电池组、电池能量控制系统、电池热管理系统以及其他电气设备构成。其中电池能量控制系统包括储能变流器（power conversion system，PCS）、电池管理系统（battery management system，BMS）、能量管理系统（energy management system，EMS）三部分。

电池组是储能系统最主要的构成部分，成本占比最高。电化学储能电站的电池组一般采用电池舱的方式构建，即电池组由若干电池舱组成，如图7-18所示。电池舱采用标准集装箱进行安装，其中包含若干电池簇。电池簇由多个电池模组组成，电池模组又由若干个单体电池采用串并联的方式组织而成。电池舱的组成结构如图7-19所示。所以一个电化学储能电站的电池组最终是由许多个单体电池组成的。

图7-18　电化学储能电站及电池舱

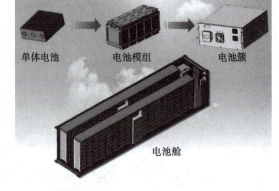

图7-19　电池舱结构示意图

依据所用单体电池的不同，电化学储能系统可分为锂离子电池、铅蓄电池（铅酸电池及铅炭电池的总称）、液流电池、钠硫电池、钠离子电池、锂硫电池、金属空气电池等。虽然各类二次电池的工作方式不同，但是其储能原理都类似，都是基于某种可逆的化学反应，在加电时，通过电压驱动化学反应进行，实现电能到化学能的转换；待到用电时，逆反应的发生则可驱动电子在外界电路中流动，即实现储存的化学能到电能的转换。不同的电池类型都有各自的特点，为大规模储能应用的不同需求提供了多样化的选择。其中，锂离子电池是目前产业化应用最为广泛的电化学储能技术路线，液流电池和钠离子电池是应用潜力较大的技术，其他电池系统也在逐渐发展成熟。本章后续内容将详细介绍各种常用的储能电池技术。

电池能量控制系统（见图7-20）各部分的功能如下所述。

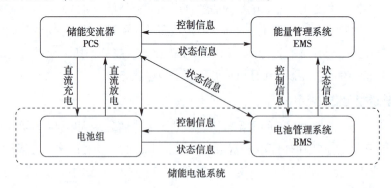

图7-20　电池能量控制系统

（1）储能变流器（PCS）可以理解为一个超大号的充电器，但与手机充电器的区别在于，储能变流器是双向的：既可以向内为电池充电，又可以向外供电。即储能变流器可控制储能电池组的充电和放电，并进行交直流的变换。PCS由DC/AC双向变流器、控制单元等构成。PCS控制器通过通信接收后台控制指令，根据功率指令的符号及大小控制变流器对电池进行充电或放电，实现对电网有功功率及无功功率的调节。PCS 控制器通过控制器局域网络（controller area network，CAN）接口与能量管理系统通信，获取电池组状态信息，可实现对电池的保护性充放电，确保电池运行安全。

（2）电池管理系统（BMS）是电池组的"司令官"，是电池和用户之间的纽带，主要负责电池的监测、评估、保护以及均衡等。电池管理系统是一种对储能系统当中的电池进行管理的系统，通过分析电池内部特性，将采集到的电池充放电数据上传至能量管理系统和 BMS 内部控制系统，进而确定各电池做何动作。电池管理系统能够将电池单体通过串并联组成的电池组进行分层管理，实现有效的告警、保护和均衡管理，使得各电池和电池组达到最佳运行状态。

（3）能量管理系统（EMS）是对整个储能系统进行管理的系统，对各储能电站进行协调调度，下发控制命令至储能 EMS 子站执行。储能 EMS 子站响应主站储能统一调控调度命令并根据储能设备运行状态合理地分配到各电池簇中，实现电池模组和电池簇能量与信息管理的融合。能量管理系统主要用于数据采集、网络监控、能量调度和数据分析，可让工作人员全方位了解系统运行情况，保证系统安全。

电池在充放电的过程中由于内部化学反应放热、内阻发热等原因会产生大量的热量，如果不加以控制，电池很容易发生过热，轻则影响电池性能，重则发生安全事故。因此，需要通过各种方式来控制电池的温度，使电池温度处于最佳工作温度区间，从而使电池工作时的损耗尽可能小，以获得更好的供能效果，并且延长电池的循环寿命。目前研究较多的电池热管理系统有风冷、液冷两种方式。自然风冷通过空气本身与电池表面的温度差产生热对流，使得电池产生的热量被转移到空气中，实现电池模组及电池箱的散热；强制风冷需要额外安装风机、风扇等外部电力辅助设备，使得外部空气通过风道进入电池模组内，循环流动对电池进行冷却。普通液冷散热利用通有流动液体的热交换器与电池接触，从而带走电池工作产生的热量，对电池组或电池箱进行散热。目前液冷技术中，散热效果最好、最先进的技术是浸没式液冷技术。浸没式液冷是直接接触式液冷，设备被浸入冷却液中，产生的热量直接转移到冷却液，并依靠液体的循环进行热传导。目前，我国浸没式液冷技术已进入商用部署阶段。

7.4.2 铅蓄电池

1. 铅酸电池的工作原理和构造

铅蓄电池是铅酸电池与铅炭电池的总称，是最早被开发并广泛应用的二次电池。

铅酸电池的正负极活性物质分别是二氧化铅和铅，电解液是硫酸水溶液。放电时，正极的二氧化铅与硫酸发生反应，生成硫酸铅和水；负极的金属铅与硫酸发生反应，生成硫酸铅和氢离子。电池放电后两极物质都转化为硫酸铅，称为"双极硫酸盐化"。充电时，正负极的硫酸铅则又反应分别生成二氧化铅与铅，回到原始状态，从而实现反复充放电，由此实现储能与释能。铅酸电池的反应方程式为：

$$Pb + PbO_2 + 2H_2SO_4 \underset{充电}{\overset{放电}{\rightleftharpoons}} 2PbSO_4 + 2H_2O$$

常见的铅酸电池结构如图 7-21 所示,主要由正极板、负极板、微孔、隔板、正极连接单元、负极连接单元、电解质密封环、安全阀门、壳体等部分组成。

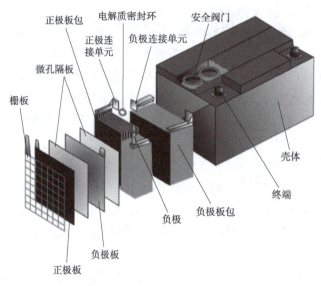

图 7-21　铅酸电池的结构

铅酸电池的正负极都是由铅锑或铅钙合金材料的栅板负载活性物质制成的。栅板一是作为活性物质的载体,起到保持和支撑活性材料的作用;二是作为集流体,担负着电流的传导、集散作用。

铅酸电池的正极由网格状金属栅板上涂覆氧化铅膏而得,铅膏是正极活性物质,主要成分是二氧化铅,呈红棕色。正极活性物质的泥化失效以及正极板栅的腐蚀是铅酸电池失效的重要原因。因此正极板一般较厚,以应对活性物质的泥化脱落。

铅酸电池的负极由网格状金属栅板上涂覆海绵状金属铅组成,呈铅灰色。负极的不可逆硫酸盐化是铅酸电池失效的重要原因,如图 7-22 所示。

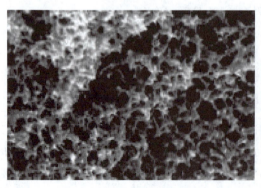
(a) 正常的负极活性物质

(b) 粗大的硫酸铅晶体

图 7-22　铅酸电池负极的硫酸盐化

铅酸电池的隔膜一般由不含任何有机黏结剂的直径为 0.5~4 μm 的超细玻璃纤维组成，其结构为多层毡状，由无序排列的玻璃纤维形成直径细小、高度弯曲且相互交错的通道。

铅酸电池的电解液是稀硫酸溶液，用水和浓硫酸按一定比例配制而成。较早的铅酸在电池充放电过程中，由于电解和蒸发，电解液中的水会逐渐减少，导致电解液液位下降，所以需要及时补充蒸馏水以防止此现象缩短电池寿命。随着技术的进步，阀控式密封铅酸电池已取代早期的富液式普通铅酸电池。阀控式密封铅酸电池以安全阀密封，电解质吸附于玻璃纤维隔板中或者变成胶体状态，内部无游离酸，每个单体有一个安全阀，大部分时间处于密封状态，内压过大时开阀排气降压，正常使用情况下无须补加电解液。

2. 铅酸电池的型号识别

中华人民共和国工业和信息化部颁布的机械行业标准 JB/T 2599—2012《铅酸蓄电池名称、型号编制与命名办法》中规定了铅酸电池的名称、型号编制等。

1) 铅酸电池的名称

铅酸电池型号采用汉语拼音或英语字母的大写字母及阿拉伯数字表示，铅酸电池型号优先采用汉语拼音，当汉语拼音无法表述时方可用英语字头，英语字头为国际电工委员会（IEC）所提及的英文铅酸电池词组。

2) 型号编制

铅酸电池型号由三部分组成，第一部分为串联的单体铅酸电池数；第二部分为铅酸电池用途、结构特征代号；第三部分为标准规定的额定容量。以 6-QA-100 铅酸电池为例，该铅酸电池为 6 个单体串联的额定容量为 100 A·h 的干式荷电起动型铅酸电池，6 为 6 个单体、-为连接线（可省略）、Q 为起动型、A 为干式荷电、100 为额定容量。

串联的单体铅酸电池数是指在一只整体铅酸电池槽或一个组装箱内所包括的串联电池数目（单体电池数目为 1 时可省略），铅酸电池用途、结构特征代号见表 7-10、表 7-11。

表 7-10 铅酸电池按其用途划分

序号	铅酸电池类型（主要用途）	型号	汉字及拼音或英语字头		
			汉字	英语	字头
1	起动型	Q	起	qi	—
2	固定型	G	固	gu	—
3	牵引（电力机车）用	D	电	dian	—
4	内燃机车用	N	内	nei	—
5	铁路客车用	T	铁	tie	—
6	摩托车用	M	摩	mo	—
7	船舶用	C	船	chuan	—
8	储能用	CN	储能	chu neng	—
9	电动道路车用	EV	电动车辆	—	electric vehicles
10	电动助力车用	DZ	电助	dian zhu	—
11	煤矿特殊	MT	煤特	mei te	—

表 7-11　铅酸电池按其结构特征划分

序号	铅酸电池特征	型号	汉字及拼音或英语字头	
			汉字	英语
1	密封式	M	密	mi
2	免维护	W	维	wei
3	干式荷电	A	干	gan
4	湿式荷电	H	湿	shi
5	微型阀控式	WF	微阀	wei fa
6	排气式	P	排	pai
7	胶体式	J	胶	jiao
8	卷绕式	JR	卷绕	juan rao
9	阀控式	F	阀	fa

3. 铅酸电池的特点

铅酸电池使用寿命长，性能较好的铅酸电池可以反复充放电上千次，直至活性物质脱落到不能再用，随着放电的继续进行，蓄电池中的硫酸逐渐减少，水分增多，电解液的相对密度降低；反之，充电时蓄电池中水分减少，硫酸浓度增大，电解液相对密度上升。大部分的铅酸蓄电池放电后的密度为 $1.1 \sim 1.3 \ kg/cm^3$，充满电后的密度为 $1.23 \sim 1.3 \ kg/cm^3$，所以在实际工作中，可以根据电解液相对密度的高低判断蓄电池充放电的尺度。在正常情况下，蓄电池不要过度放电，否则会使活性物质（正极的二氧化铅，负极的海绵状铅）与混在一起的细小硫酸铅结晶成较大的结晶体，增大了极板电阻。按照规定，铅酸电池放电深度（即每一充电循环中的放电容量与电池额定电容量之比）不能超过额定容量的 75%，以免在充电时，很难复原，缩短蓄电池的寿命。

单体铅酸电池的标称电压是 2.0 V，在应用中，经常用 6 个单体铅酸电池串联起来组成标称电压是 12 V 的铅酸电池，还有 24 V、36 V、48 V 等，如图 7-23 所示。传统的铅酸电池循环寿命为 500~600 次，阀控式密封铅酸电池循环寿命则为 1 000~1 200 次。铅酸电池的原料易得、结构简单、价格相对低廉、维护方便、高倍率放电性能良好、高低温性能好（可在 -40~60 ℃的环境下工作）。但存在比能量低、循环寿命短、不宜深度放电的缺点，且制造过程容易污染环境。

（a）铅酸电池单体

（b）铅酸电池组

图 7-23　铅酸电池及电池组

4. 铅炭电池

为了提高铅酸电池的循环使用寿命并改善其充电特性，人们在铅酸电池的基础上发展出了新型铅酸电池——铅炭电池。通过在普通铅酸电池的负极中加入一定量高比表面积碳材料（如活性炭、活性炭纤维、碳气凝胶或碳纳米管等），形成了碳电极和海绵铅负极的并联结构，如图 7-24 所示。铅负极仍发挥铅酸电池的作用，碳电极则与正极构成一个电容器。这样，将铅酸电池和超级电容器合二为一成为铅炭电池：既继承了铅酸电池的比能量以及优良充放电性能的优势，又继承了超级电容器高比功率的优点。而且高比表面积碳材料的高导电性和对铅基活性物质的分散性，提高了铅活性物质的利用率，有效阻止了负极的硫酸盐化现象，可以有效地保护负极板，大大提高了电池使用寿命（铅炭电池循环寿命可达 2 500 次）。

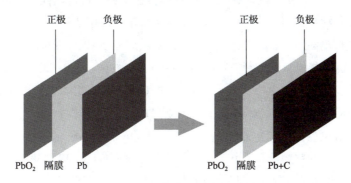

图 7-24　铅炭电池构造示意图

由于使用了铅炭技术，铅炭电池的性能远远优于传统的铅酸电池，有着更强的竞争力。在各应用领域中，铅炭电池目前已取代了铅酸电池的地位。特别地，因其成本低、安全性高等突出优势，大容量铅炭储能电池可广泛用于太阳能、风能、风光互补等各种新能源储能系统，智能电网、微电网系统、无市电、恶劣电网地区的供电储能系统，电力调频及负荷跟踪系统、电力削峰填谷系统以及生活小区储能充电系统等，是主流储能电池之一。尤其在对安全性要求较高的领域，铅炭电池的优势比锂离子电池更强。

5. 铅蓄电池的应用

尽管铅蓄电池比能量和比功率较低，但是相对于其他各类储能电池，铅蓄电池由于材料廉价、工艺简单、技术成熟、安全性高和免维护要求等特性，在未来几十年里，依然会在市场中占主导地位，虽然起动用、动力用电池的市场空间可能会有拐点，在近期国家产业发展中仍将占主流地位，中期也将占有一席之地，长期来看，在不需要高质量比能量的用途领域还将继续存在。

值得一提的是，2023 年 3 月，国家能源局印发了《防止电力生产事故的二十五项重点要求（2023 版）》，其中与电化学储能相关的细则包括："发电侧和电网侧电化学储能电站站址不应贴邻或设置在生产、储存、经营易燃易爆危险品的场所，不应设置在具有粉尘、腐蚀性气体的场所，不应设置在重要架空电力线路保护区内"；"中大型储能电站应选用技术成熟、安全性能高的电池，审慎选用梯次利用动力电池"。相较于目前大规模应用于电池领域的锂离子电池而言，铅蓄电池由于自身结构及反应机理（主要使用稀硫酸水溶液作为电解液），不会发生热失控、自燃爆炸等情况，安全性能优异。因此在锂离子电池使用受限制的特殊环境，如人群密集场所或高价值设备机房等，铅蓄电池凭借其较高的安全性、更强的适用性，使得安全隐患更少，从而在备电、储能项目方面有着独特的优势。

目前不同类型铅酸电池的应用场景各有不同：阀控密封铅酸电池主要应用于通信、银行、医院、机场的电力备用、小型 UPS、应急照明等备用电源领域，铅炭电池则主要应用于汽车启动电源、电动自行车、风光发电储能等领域。

7.4.3 锂离子电池

1. 锂离子电池的历史与发展现状

1976年在埃克森工作的斯坦利·惠廷厄姆最早提出锂离子电池。他采用硫化钛作为正极材料，金属锂作为负极材料，制成首个锂离子电池。但该电池使用金属锂，在充放电循环过程中容易形成锂结晶，造成电池内部短路，存在安全隐患。其研究结果是，把研究方向转移到寻求用锂化合物代替金属锂且仍能够接受和释放锂离子。1980年，约翰·B·古迪纳夫、水岛公一等在英国牛津大学发现锂离子电池的正极材质钴酸锂（$LiCoO_2$）。1982年伊利诺伊理工大学的R. R. Agarwal和J. R. Selman发现锂离子具有嵌入石墨的特性，此过程快速并且可逆。与此同时，采用金属锂制成的锂电池，其安全隐患备受关注，因此人们尝试利用锂离子嵌入石墨的特性制作充电电池。首个可用的锂离子石墨电极由贝尔实验室试制成功。1983年M. Thackeray、约翰·B·古迪纳夫等人发现锰尖晶石是优良的正极材料。锰尖晶石具有低价、稳定和优良的导电、导锂性能。其分解温度高，且氧化性远低于钴酸锂，即使出现短路、过充电，也能够避免燃烧、爆炸的危险。虽然纯锰尖晶石随充放电循环会变衰弱，但这是可以通过材料的化学改性克服的。1985年，日本旭化成的吉野彰运用钴酸锂开发电池阴极，彻底消除金属锂，完成世界最初可商业化的含锂碱性锂离子电池。1989年，A. Manthiram和古迪纳夫发现采用聚电解质（例如硫酸盐）的正极将产生更高的电压，原因是聚电解质的电磁感应效应。1991年索尼公司和旭化成公司发布首个商用锂离子电池。它的实用化革新了消费电子产品的面貌，使人们的移动电话、笔记本计算机等携带式电子设备重量和体积大大减小，使用时间大大延长。随后的20多年，锂离子电池产业发展一直集中在3C产业，较少应用在市场经济规模更大的储能和动力电池（瞬间需要较大电流）市场。

目前，一方面，光伏、风能、生物质能等可再生新能源的建设规模和速度逐渐加快，其发电接入电网的比例也日益增加。但这些能源形式具有不稳定性和不持续性，因此，储能目前成为可再生能源集中接入电网的一个重要节点，即把不稳定、不持续的能源先积累存储于储能系统，再通过适合电网运行的方式接入电网，这样能有效弥补可再生能源发电的缺点，使得电网更加清洁智能。另一方面，燃油汽车的尾气排放对环境造成了巨大影响，动力来源不依靠内燃机，而是采用电池给电机供电提供动力的新能源汽车更加符合环境保护的要求，越来越受到人们的青睐。这两方面的巨大需求，不断催动锂离子电池的应用突破3C产业，向储能和动力电池领域拓展。

我国作为新能源领域的领先者，锂离子电池行业发展迅速。在碳达峰碳中和目标引领和下游旺盛需求带动下，我国锂离子电池产业实现高速增长。2022年，中国锂离子电池出货量达到660.8 GW·h，同比增长97.7%，在全球锂离子电池总体出货量的占比达到69.0%。

2. 锂离子电池的工作原理

锂离子电池以碳材料为负极，以含锂的化合物（如磷酸铁锂、钴酸锂、锰酸锂、镍钴锰酸锂等）作正极，以锂盐的有机物溶液作电解液，主要依靠锂离子在两个电极之间往返游走来工作，是目前能量密度最高的实用二次电池。

如图7-25所示，锂离子电池的充放电过程主要依靠锂离子在正极和负极之间往返嵌入和脱嵌，充电时，Li⁺从正极脱嵌，经过电解质嵌入负极，使负极处于富锂状态；放电时则相反。而在锂离子的嵌入和脱嵌过程中，会同时伴随着与锂离子等当量电子的嵌入和脱嵌，由此即可实现电能与化学能的相互转换。以磷酸铁锂电池（正极磷酸铁锂、负极石墨）为例，其充放电过程中的化学反应如下：

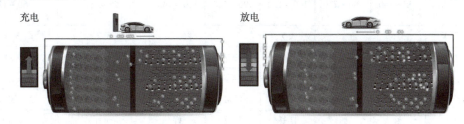

图 7-25 锂离子电池工作原理

充电过程： 正极 $LiFePO_4 \rightarrow Li_{1-x}FePO_4 + xLi^+ + xe^-$

负极 $6C + xLi^+ + xe^- \rightarrow Li_xC_6$

放电过程： 正极 $Li_{1-x}FePO_4 + xLi^+ + xe^- \rightarrow LiFePO_4$

负极 $Li_xC_6 \rightarrow 6C + xLi^+ + xe^-$

总反应方程式： $LiFePO_4 + 6C \underset{放电}{\overset{充电}{\rightleftharpoons}} Li_{1-x}FePO_4 + Li_xC_6$

3. 锂离子电池的材料

1）正极材料

锂离子电池正极由正极活性物质、黏合剂和添加剂混合制成糊状，均匀涂抹在铝箔上，经干燥、辊压形成。锂离子电池正极材料是其电化学性能的决定性因素，对电池的能量密度及安全性能起主导作用，且正极材料的成本占比也较高，占锂离子电池材料成本的30%~40%，因此正极材料是锂离子电池最关键的材料。正极材料不仅作为电极材料参与电化学反应，而且还作为提供锂离子的"离子库"，其重要性是不言而喻的。它的比容量、结构稳定性、安全性（热稳定性和耐过充性）及材料的物性是直接影响锂离子电池综合性能的重要指标。

锂离子电池的活性正极材料大多数是含锂的过渡金属化合物，而且以氧化物为主。按电极材料可划分为钴酸锂、镍酸锂、锰酸锂、磷酸铁锂、三元材料等。三元材料一般是指化学组成为$LiNi_aCo_bX_cO_2$的材料，其中 X 为锰（Mn）时指镍钴锰酸锂（NCM），而 X 为铝（Al）时指镍钴铝酸锂（NCA）；a、b、c 代表 Ni、Co、X 的含量比例，如 Ni、Co、Mn 含量比例为 8:1:1 时，则 $a = 8$、$b = 1$、$c = 1$，简称 NCM811。各种正极材料的主要性能见表 7-12。

表 7-12 常用锂离子电池正极材料的性能

正极材料	钴酸锂	镍酸锂	锰酸锂		磷酸铁锂	三元材料	
	$LiCoO_2$	$LiNiO_2$	$LiMn_2O_4$	$LiMnO_2$	$LiFePO_4$	NCM	NCA
理论比容量/$(mA \cdot h \cdot g^{-1})$	273.8	274.5	148.2	285.5	169.9	275.5~277.8	283.6~307.5

续表

正极材料	钴酸锂 LiCoO$_2$	镍酸锂 LiNiO$_2$	锰酸锂 LiMn$_2$O$_4$	锰酸锂 LiMnO$_2$	磷酸铁锂 LiFePO$_4$	三元材料 NCM	三元材料 NCA
实际比容量/(mA·h·g^{-1})	135~140	190~210	100~120	190~200	130~140	155~165	160~170
标称电压/V	3.6	3.6	3.7	3.8	3.2	3.7	3.6
循环寿命/次	500~1 000	差	300~700	差	>3 000	1 000~2 000	~500
过渡金属来源	钴贫乏	丰富	丰富	丰富	非常丰富	钴贫乏	钴贫乏
环保性	钴有毒	镍有毒	低毒	低毒	无毒	钴、镍有毒	钴、镍有毒
安全性能	差	差	良好	良好	好	尚好	尚好
适用温度/℃	-20~55	不适用	高于50 ℃快速衰减	高温不稳定	-20~75	-20~55	-20~55

最初锂离子电池的正极所用的金属材料是钴。不过钴的产量几乎与锂同样少，也是稀有金属，制造成本高。因此开始使用廉价且环境负荷小的材料，例如锰、镍、铁等金属。

钴酸锂比较容易合成，便于使用，因此锂离子电池最早量产的是钴酸锂电池。但由于钴是稀有金属、价格昂贵，且具有放射性，若充电电压过高，会引起钴酸锂结构的崩溃，甚至分解，将影响电池的使用寿命甚至使电池爆炸，这些问题导致其应用受限。

镍酸锂价格低廉、容量高，但循环稳定性差、热稳定性差、首次充放电效率不高且合成条件比较苛刻，基本没有得到商业化应用。

锰酸锂有尖晶石锰酸锂 LiMn$_2$O$_4$ 和层状锰酸锂 LiMnO$_2$ 两种。尖晶石锰酸锂制造成本廉价，但是存在容量衰减问题，缩短了电池的使用寿命。层状锰酸锂具有原材料来源丰富、比容量高、无污染、安全性好等优点，但是由于层状锰酸锂实际是一个同质多晶化合物，在化学反应或电化学反应中容易转变为类尖晶石结构，因此存在不适合大电流放电、结构稳定性差、高温性能差和循环性能差等方面的问题。锰酸锂材料由于存在这些问题，也基本没有得到大规模商业化应用。

磷酸铁锂具有较稳定的氧化状态，安全性能好，高温性能好，同时又具有无毒、无污染、原材料来源广泛、价格便宜等优点。虽然磷酸铁锂电压比其他的正极材料低且理论比容量较低，但是其优点突出，依然不影响其大规模应用，是目前锂离子电池主流正极材料之一。

三元材料综合了钴酸锂、镍酸锂和锰酸锂三类材料的优点，具有放电电压高、能量密度高、振实密度高、电化学稳定、循环性能好等特性，并且其低温性能好，可适应全天候气温。但是，三元材料会在200 ℃左右发生分解，所以三元材料电池在安全保护上需要更高的要求。由于其综合性能优秀，三元材料也是目前锂离子电池主流正极材料之一。

总之，钴酸锂成本较高、寿命较短，主要应用局限于3C产品；锰酸锂能量密度较低、寿命较短但成本低，主要应用于专用车辆；磷酸铁锂寿命长、安全性好、成本低，主要应用于商用车及储能领域；三元材料尤其是NCM能量密度高、循环性能好、寿命较长，主要应用于乘用车。目前三元锂电池和磷酸铁锂电池是行业主流路线，三元材料的应用主要集中于动力电池领域；磷酸铁锂受益于动力电池和储能市场双方面的增长带动，将成为未来增长最快的正极材料。

2）负极材料

锂离子电池负极由负极活性物质、黏合剂和添加剂混合制成糊状均匀涂抹在铜箔上，经干燥、辊压形成。负极材料是锂离子电池的重要组成部分，主要影响锂离子电池的容量、首次效率、循环性能等。负极材料在电池成本中的占比为 5% ~15%。

目前锂离子电池负极材料主要以改性天然石墨和人造石墨为主，发展趋势为向石墨负极中掺杂硅，形成能量密度更高的硅基负极。

（1）石墨负极材料。

石墨是由碳原子组成的六角网状平面规则堆砌而成，具有层状结构。在每一层内，碳原子排成六边形，每个碳原子以 sp2 杂化轨道与三个相邻的碳原子以共价键结合，剩下的 p 轨道上电子形成离域 π 键。石墨结构中，层与层之间通过范德华力结合，层内原子通过共价键结合。锂离子电池工作时，嵌入的锂离子插在石墨层间可以形成不同的"阶"结构，如图 7-26 所示。"阶"为相邻的两个嵌入原子层之间所间隔的石墨层的个数，如"1阶"，表示相邻的两个 Li 嵌入层之间只有一个石墨层也即 Li—C—Li—C—Li—的顺序。当形成石墨的 1 阶的插层化合物 LiC_6 时，所能容纳的锂离子达到饱和，对应的理论容量最大、为 372 mA·h/g。此时，石墨变为金黄色，如图 7-26 左下角。

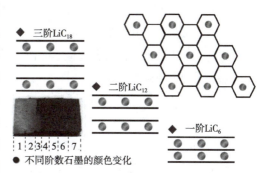

图 7-26 锂离子电池石墨负极的阶数

锂离子电池石墨负极材料分为改性天然石墨和人造石墨两种。

天然石墨粉末的颗粒外表面反应活性不均匀，晶粒粒度较大，在充放电过程中表面晶体结构容易被破坏，容易发生锂-溶剂共嵌导致的石墨层剥离，引起初始库仑效率低，倍率性能不好等问题。为了解决这些问题，实际应用过程中采用了颗粒球形化、表面氧化、表面包覆软碳、硬碳材料以及其他方式的表面修饰和内部取向微结构调整等技术对天然石墨进行改性处理。商业化应用的改性天然石墨比容量为 340 ~370 mA·h/g，首周库仑效率为 90% ~93%，100% DOD 循环寿命可达到 1 000 次以上。采用改性石墨材料的锂离子电池主要应用领域为便携式电子产品，改性石墨已开始在动力电池与储能电池中应用。天然石墨的可逆容量已经接近理论储锂容量的水平，进一步技术提升主要在于降低体积膨胀、调整微结构、控制形状和粒度，以提高循环寿命和功率特性。

人造石墨由石油焦、针状焦、沥青焦、冶金焦等焦炭材料经高温石墨化处理得到，部分产品也经过表面改性。商业化应用的人造石墨比容量可达到 310 ~370 mA·h/g，首周效率可以达到 93% ~96%，100% DOD 循环寿命可达到 1 500 ~5 000 次。由于人造石墨中石墨晶粒较小，石墨化程度稍低，结晶取向度偏小，所以在倍率性能、减小体积膨胀、防止电极反弹方面比天然石墨更好。常见人造石墨有中间相碳微球（MCMB）、石墨化碳纤维等。

石墨类碳材料由于具有成本低、能量密度高等优势，一直占据锂离子负极材料市场的主导地位。市场份额上，天然石墨（48%）与人造石墨（49%）占据了锂离子电池负极材料全球市场的 97%。资源储量上，中国是世界上石墨储量最丰富的国家，晶质石墨储量 3 068 万 t，占世界总储量 70% 以上。市场上钛酸锂、硅基、软碳、硬碳类负极材料占比较小，在较长的一段时间内，石墨类碳材料仍将是锂离子负极材料市场的主体。随着消费类电子产品市场增长速度放缓，天然石墨和人造石墨的市场规模增长速度将会逐步放慢，而高倍率和高量产品的比重将会逐步提升。制作工艺的不断完善已经使石墨类负极材料非常接近其理论容量 372 mA·h/g，且压实密度也已经达到了极限，而电动汽车领域的不断发展对下一代锂离子电池的能量密度、功率密度、寿命等提出了更高的要求。针对这一不断增长的需求，在碳材料方面，学术界以及产业界对纳米孔、微米孔石墨和多面体石墨正在进行更深次层的研究，以期望可以提升石墨类负极材料的性能来满足锂离子电池高容量、高功率等更高层次的需求。而更高容量的硅基负极将逐步与石墨类负极材料混合使用，开始逐渐推向市场。

（2）硅基负极材料。

硅基负极材料因其较高的理论容量（高温 4 200 mA·h/g，室温 3 590 mA·h/g）、环境友好、储量丰富等特点可作为高能量密度锂离子电池的负极材料。但是，硅基负极材料在商业化应用之前仍需要解决两个问题：

其一，硅负极材料在储锂过程中可逆容量与体积膨胀成正比，例如硅负极容量如果达到 3 590 mA·h/g 时，颗粒或晶粒膨胀最高可达 320%，体积变化与嵌锂容量呈线性关系。因此获得高容量的同时就必然面临较大的体积变化。较大的体积变化在电芯设计上难以接受，特别是软包类电芯。体积变化较大容易导致电化学性能衰减，活性物质容易从导电网络中脱落，并导致硅颗粒产生裂纹粉化，从而严重影响硅基材料的循环性能。

其二是固体-电解质中间相（SEI）膜。在选择合适的电解质时，首次充电过程中，在负极表面会首先发生电解液的还原反应，产生不溶性的锂盐沉积在负极材料的表面形成薄膜，称为固体-电解质中间膜。SEI 膜允许锂离子迁入而阻止溶剂分子通过，并且是电子的绝缘体。SEI 膜的形成，防止了插入负极中的锂和电解液组分继续发生副反应，减少电池的自放电，改善了电池的循环性能。SEI 膜的产生使得电池首次充放电效率较低，这个步骤在生产中叫作化成。由于硅基负极材料放电电压低，且在循环过程中伴随着巨大的体积变化而导致裂纹，新的硅表面会暴露在电解液中持续产生 SEI 膜。研究表明，裸露在电解液中的硅负极其表面 SEI 膜厚度可以长至 5 μm。SEI 膜的持续生长将消耗电池正极材料中有限的锂源、电解液，导致电池容量不断衰减，内部不断增加，体积也会相应膨胀。如果纳米硅碳负极材料中存在硅裸露的问题，将导致全电池循环性差、电池鼓胀等问题。

为了解决上述两大问题，多种结构与组成设计的硅负极材料获得了广泛研究，技术成熟度较高的硅基负极材料主要包括碳包覆氧化亚硅、纳米硅碳复合材料和无定形硅合金。此外，为了解决纳米硅碳复合材料主要存在的循环、倍率性能不够好、体积能量密度不够高等问题，已经提出了减小纳米硅的颗粒尺寸，包覆固态电解质充当人工 SEI 膜以及寻找更为合适的电解液、导电添加剂和黏结剂等方法。

高能量密度锂离子电池是未来的主要发展方向，硅基材料由于其高容量的优势，未来碳包覆氧化亚硅和纳米硅碳负极材料的规模量产在世界范围内将占据主要份额。

3）电解液

电解液是锂离子电池的四大主要组成部分之一，是实现锂离子在正负极迁移的媒介，对锂电容量、工作温度、循环效率以及安全性都有重要影响。通常电解液占整个电池重量和体积的比重分别为15%、32%左右,其对纯度要求非常高,生产过程中需要高纯的原料以及必要的提纯工艺。

锂离子电池电解液是电池中离子传输的载体,选择电解液的一般原则如下:电化学稳定性好,与正极材料、负极材料、隔膜、集流体、黏结剂等不发生反应;离子电导性好、介电常数高、黏度低、离子迁移的阻力小;在很宽的温度范围内保持液态,一般温度范围为 $-40 \sim 70\ ℃$,适用于改善电池的高低温特性;能最佳程度促进电极可逆反应的进行,即具有较高的循环效率;环境友好,最好无毒或者低毒性。锂离子电池电解液的选取还要注意与正负极材料兼容,要有比较宽的电化学窗口和比较高的离子迁移率。由于当工作电压大于 1.23 V 时,水会被电解,因此不可选用水溶液作为工作电压高的电池电解液。锂离子电池通常选用有机电解质来作为电解液,但是由于这种电解液的易燃性,存在很大的安全隐患。

常见锂离子电池电解液的组成包括以下三种:

(1) 有机溶剂。有机溶剂是电解液的主体部分,电解液的性能与溶剂的性能密切相关。锂离子电池电解液中常用的溶剂有碳酸乙烯酯(EC)、碳酸二乙酯(DEC)、碳酸二甲酯(DMC)、碳酸甲乙酯(EMC)等酯类,环醚、聚醚等醚类,以及砜类、腈类和硝基化合物等。而有机酸、醇、醛、胺、酰胺等质子酸不宜被选用。通常认为,EC 与一种链状碳酸酯的混合溶剂是锂离子电池优良的电解液,如 EC + DMC、EC + DEC 等。

(2) 电解质锂盐。$LiPF_6$ 是最常用的电解质锂盐。尽管实验室里也有用 $LiClO_4$、$LiAsF_6$ 等作电解质,但因为使用 $LiClO_4$ 的电池高温性能不好,再加之 $LiClO_4$ 本身受撞击容易爆炸,又是一种强氧化剂,用于电池中安全性不好,不适合锂离子电池的工业化大规模使用。$LiAsF_6$ 则因其毒性过大,也没有得到商业化应用。$LiPF_6$ 对负极稳定,放电容量大,电导率高,内阻小,充放电速度快,但对水分和氢氟酸极其敏感,易于发生反应,只能在干燥气氛中操作。此外,新型锂盐如双草酸硼酸锂(LiBOB)、二氟草酸硼酸锂(LiDFOB)、双(氟磺酰)亚胺锂(LiFSI)、双(三氟甲基磺酰)亚胺锂(LiTFSI)等也在研发之中。

(3) 添加剂。常用添加剂主要分为以下三种:成膜添加剂,用于增强 SEI 膜的稳定性;安全类添加剂,降低电解液放热值以及自热率,避免电池过充过放;多功能添加剂,除水、导电、成膜等综合作用。

4) 固态电解质

普通锂离子电池使用的液态有机电解质具有可燃、易泄露的特点,因此,使用固体电解质代替传统的有机电解液组成全固态电池,是解决安全问题的一个理想方案。

全固态锂离子电池与传统的液态锂离子电池工作原理相同,只是采用固体电解质代替了传统的有机电解液并起到隔膜的作用。对于全固态锂离子电池,可以根据电解质将其分为两大类:一类是以有机聚合物电解质组成的锂离子电池,称为聚合物全固态锂离子电池;另一类是用无机固体电解质组成的锂离子电池,称为无机全固态锂离子电池。

相对于聚合物固体电解质,无机固体电解质具有较高的机械强度,能够有效阻止锂枝晶穿透电解质,防止电池短路。而且无机固体电解质还能在较宽的温度范围内保持化学稳定性。所以基于无机固体电解质的锂离子电池具有更高的安全性。而无机全固态锂离子电池的发展,离不开具有高离子电导率的固体电解质,无机锂离子固体电解质主要有钙钛矿型、NASICON 型(LATP、LAGP)、石榴石型(LLZO)以及硫化物固体电解质,其中锂离子电导率较高的是硫化物无机固体电解质。对于商用的液体电解质,其室温锂离子电导率约为 10 mS/cm,而几种硫化物电解质,如 $Li_{10}GeP_2S_{12}$(LGPS)、$Li_7P_3S_{11}$、Li_6PS_5Cl,其离子电导率已经达到 $10^{-3} \sim 10^{-2}$ S/cm 的数量级,和液态电解质的水平相当,使得组装的全固态电池有良好的性能。

4. 锂离子电池的型号识别

1)锂离子电池的类型

锂离子电池有多种分类方式及类型,比如按正极材料分类包括:钴酸锂电池、锰酸锂电池、磷酸铁锂电池、镍钴锰三元锂电池、镍钴铝三元锂电池等。按电解质材料分类包括:液态锂离子电池、聚合物锂离子电池、全固态锂离子电池等。按外壳材料分类包括:铝壳锂离子电池、钢壳锂离子电池、软包锂离子电池等。按电池的外形分类包括:纽扣锂离子电池、圆柱形锂离子电池、方形锂离子电池等。图 7-27 展示了常见外形的锂离子电池。

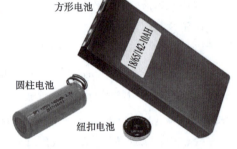

图 7-27　常见的锂离子电池外形及型号

2)锂离子电池的型号

锂离子电池的型号主要用来标识电池的外形和尺寸。常用的锂离子电池型号为全数字形式,根据数字位数的不同指代不同外形的电池,数字本身又可表示该形状的尺寸。具体表示方法如下:

(1)4 位数字的型号指代纽扣锂离子电池,其中前两位数字代表纽扣电池的直径;后两位数字代表纽扣电池厚度的 10 倍,单位均为 mm。例如,图 7-27 中的 1632 锂离子电池代表直径为 16 mm、厚度为 32/10 = 3.2 mm 的纽扣电池。

(2)5 位数字的型号指代圆柱形锂离子电池,其中前两位数字代表圆柱电池的直径(单位:mm);中间两位数字代表圆柱电池的长度(单位:mm);最后一位数字为 0,用以表示圆柱体。例如,图 7-27 中的 18500 锂离子电池代表直径 18 mm、长度 50 mm 的圆柱电池。

(3)6 位(或更多)数字的型号指代方形锂离子电池,其中前两位数字代表方形电池的厚度(单位:mm);中间两位数字代表方形电池的宽度(单位:mm);后两位数字代表方形电池的高度(单位:mm)。如果三个尺寸任一个大于或等于 100 mm 时,三个尺寸之间应加斜线(/)以示区分;如果三个尺寸中有任一个小于 1 mm,则在此尺寸前加字母 t。例如,203285 锂离子电池代表厚度为 20 mm、宽度为 32 mm、高度为 85 mm 的方形电池;t73448 表示一个厚度为 7 mm、宽度为 34 mm、高度为 48 mm 的方形电池;图 7-27 中的 18/65/142 锂离子电池表示一个厚度为 18 mm、宽度为 65 mm、高度为 142 mm 的方形电池。

5. 锂离子电池的特点

锂离子电池已广泛应用于电子终端产品、电动汽车和储能领域。与其他二次化学电池相比较,锂离子电池主要有以下优点:①高的能量密度。高水平的商品化锂离子电池重量比能量能达到 200 W·h/kg,是铅酸电池的五倍。②高的工作电压。单体电池工作电压可以达到 3.6 V,是铅酸电池的两倍；③宽的工作温度范围。－20～60 ℃。④高的能量转化效率。锂离子电池在每一周的能量效率能达到96%以上。⑤高的充放电速率。通常1 C充电容量能达到标称容量的80%以上，放电倍率能到达3 C或更高。⑥长的循环寿命。经过2 000次以上循环后容量仍然能达到初始容量的80%以上。⑦低的自放电速率。每月5%以下。

锂离子电池的缺点在于耐过充/放电性能差，组合及保护电路复杂，成本相对于铅酸电池等传统蓄电池偏高。而且对于锂离子电池，安全是一个必须关注的问题。大多数金属氧化物正极材料存在热不稳定性，在高温下会分解，释放出氧气，可能导致热击穿。为了尽量降低这种风险，锂离子电池配备了一个监控部件，以避免过度充电和过度放电。通常还会安装一个电压平衡电路，以监控每个电池的电压值，防止各电池间出现电压偏差。锂离子电池技术仍然在不断发展，未来还有很大的提升空间。

6. 锂离子电池储能的发展规划与示范项目

在"双碳"国家战略目标驱动下，储能作为支撑新型电力系统的重要技术和基础装备，其规模化发展已经成为必然，以锂离子电池为代表的新型储能是构建新型电力系统的重要技术和基础装备，是实现碳达峰碳中和目标的重要支撑，也是催生国内能源新业态、抢占国际战略新高地的重要领域。"十三五"以来，我国新型储能行业整体处于由研发示范向商业化初期的过渡阶段，在技术装备研发、示范项目建设、商业模式探索、政策体系构建等方面取得了实质性进展，市场应用规模稳步扩大，对能源转型的支撑作用初步显现。2022年3月，国家发改委、国家能源局发布关于印发《"十四五"新型储能发展实施方案》。该方案指出长寿命锂离子电池储能技术、固态锂离子电池技术是"十四五"新型储能核心技术装备攻关重点方向，以此推动锂离子电池高安全规模化发展，建设固态锂离子电池等新一代高能量密度储能技术试点示范。

全球能源革命趋势下，新型储能是储能产业转型升级的必由之路。新型储能凭借建设周期短、环境影响小、选址要求低等优势，在储能市场竞争优势明显。目前，锂离子电池产业链成熟度高，占据新型储能主流。磷酸铁锂电池动力储能市场共用，新能源汽车产业的蓬勃发展为磷酸铁锂电池在储能市场的规模化应用奠定了基础。磷酸铁锂电池技术成熟度高，凭借低成本、高安全、长寿命等优点在新型储能市场脱颖而出。截至2022年底，全国新型储能装机中，锂离子电池占比达到94%，占据市场主流。

2023年3月6日，全球首个浸没式液冷储能电站——南方电网梅州宝湖储能电站正式投入运行。该储能电站规模为70 MW/140 MW·h，按照每天1.75次充放测算，每年可发电近8 100万度，可减少二氧化碳排放超过4.5万t。在梅州宝湖储能电站，电池直接浸没在舱内的冷却液中，实现对电池直接、快速、充分冷却降温，确保了电池在最佳温度范围内运行，有效延长了电池的使用寿命，整体提升了储能电站的安全性能，如图7-28所示。浸没式液冷电池储能系统的成功研制，实现了电化学储能安全技术的迭代升级，电池散热效率较传统方式提升50%，能够实现电池运行温升不超过5 ℃，不同电池温差不超过2 ℃。该电站的投运标志着浸没式液冷这一前沿技术在我国新型储能工程领域的成功应用，促进了中国统筹能源安全稳定和绿色低碳发展。浸没式液冷作为储能领域安全技术的创新突破，将助力加快中国建设新型能源体系，助力碳达峰碳中和目标的实现。

图 7-28　梅州宝湖浸没式液冷储能电站

7.4.4　液流电池

1. 液流电池的概念

液流电池全称氧化还原液流电池，是一种新型的电化学储能装置，通过存在于溶液中正、负极电解质活性物质各自发生可逆的氧化还原反应，实现电能与化学能之间的相互转化。充电时，正极电解液中的活性物质价态升高，发生氧化反应，负极电解液中的活性物质则价态降低，发生还原反应，从而将电能转化为正、负极活性物质的化学能储存起来；放电过程则与之相反。与一般电池不同的是，液流电池的正极和（或）负极的活性物质为含氧化还原电对的电解质溶液，电解质溶液（储能介质）存储在电池外部的电解液储罐中，电池内部则由具有选择透过性的离子交换膜分隔成彼此相对独立的两室（正极侧与负极侧），电池工作时，正负极电解液在各自专用的循环泵的驱动下实现循环流动，以通过各自反应室参与电化学反应，如图 7-29 所示。

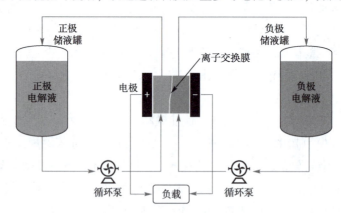

图 7-29　液流电池的工作原理

液流电池的组成与普通化学电池不同，除了电极、隔膜、外壳外，还包括外部储液罐、循环泵、连接管道、密封装置等部件。简单的液流电池系统由能量单元（电解液）、功率单元、输运系统、控制系统、附加设施等部分组成，其中能量单元和功率单元是核心模块。实际使用时，液流电池多采取多体叠加的方式，构成电池堆。一个电堆一般只设置一个正极电解液仓和一个负极电解液仓，将多个单体电池并排连接，并以管道联通同种反应腔室的电解液出入口，从而实现电解液的高效输送并有效节约空间,如图 7-30 所示。

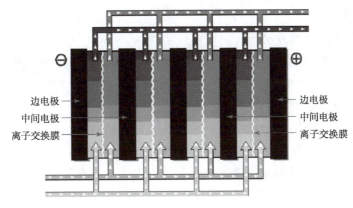

图 7-30 液流电池电堆示意图

2. 液流电池的类型

液流电池的种类有很多,分类方法多样。按活性物质的形态变化来分类,可将液流电池分为双液流电池和单液流电池两大类。其中,单液流电池又可分为单沉积型单液流电池和双沉积型单液流电池两种。双液流电池是指正负极活性物质均为液态,且反应过程不涉及固体析出的液流电池。单液流电池在充放电过程中,至少一个电极上会发生液-固相变,即有固体析出。如果仅一个电极析出固体即为单沉积型单液流电池;如果两个电极上均析出固体则为双沉积型单液流电池。

按电解质形态来分类,液流电池有水系液流电池、非水系液流电池、混合液流电池、半固态流体电池等。在水系液流电池中,氧化还原活性物质溶解在水溶液里。因此,水系液流电池工作电位窗口一般很窄(小于 2 V)。水系液流电池由于水分解的影响,其电压很难达到 2 V。因此,非水系液流电池在最近几年得到了广泛研究。由于 H^+ 在非水体系中无法使用,在充放电时碱金属离子(如 Li^+)常被用作电荷平衡离子,以保持两个半电池室间的电平衡。因此,这类电池需要一个既有高的锂离子电导率,又可以阻挡其他电解质成分透过的膜材料。虽然电池电压一般高于 2 V,但由于活性物质的溶解度较低,并且缺乏合适的离子导电膜,短期内还看不到应用前景。用高容量、低电位的金属材料代替低浓度的负极电解液,用作负极的储能介质,虽然牺牲了部分液流电池的工作特点,但可以极大地提高液流电池的能量密度。这种在正极半电池保持液流电池的工作模式,而负极半电池使用传统电池的工作模式的液流电池结构称为混合液流电池。半固态流体电池把固体活性物质、导电添加剂与电解液的混合物做成可以流动的浆料,在循环泵的驱动下流过正负极半电池室,电极上的电子通过导电添加剂形成的导电网络完成电能在固体活性物质中的储存和释放。与氧化还原液流电池相比,由于半固态浆料的交叉污染风险较低,半固态流体电池不需要昂贵的离子交换膜,一定厚度的微孔膜即可阻挡活性物质的透过。但是半固态流体电池浆料的流动性差,有很多工程上的问题需要解决。

根据电化学反应中活性物质的不同,液流电池有全钒液流电池、铁铬液流电池、锌溴液流电池、锌铁液流电池、锌镍液流电池、全铁液流电池、多硫化钠-溴液流电池、钒-多卤化物液流电池、有机液流电池等 20 多种类型。其中全钒液流电池、铁铬液流电池、锌溴液流电池是最常见的液流电池类型,又以全钒液流电池的技术最为成熟、综合性能最好。

3. 全钒液流电池

1) 全钒液流电池的工作原理

全钒液流电池全称全钒氧化还原液流电池,又称钒电池,为液流电池的一种,是一种以金属钒离子为活性物质的液态氧化还原可再生电池。全钒液流电池以金属钒离子为活性物质、利用钒不同价态之间的转化来实现电能与化学能的相互转化。之所以选择钒作为核心工作元素,是因为钒的基态电子组态为[Ar]3d24s2,具有丰富多变的氧化价态,+2、+3、+4、+5 价的钒离子都能在酸性水溶液环境中稳定存在,并且正负极的还原电位恰好与水的电化学窗口适配。此外,不同价态的水合钒离子特征光谱迥异,易于辨识:二价钒为紫色;三价钒为深绿色;四价钒为蓝色;五价钒为黄色,可以用分光光谱进行浓度定量分析,从而对电解液的荷电状态进行实时监测。

具体地,全钒液流电池以 +5、+4 价态的钒离子溶液作为正极的活性物质电对,以 +3、+2 价态的钒离子溶液作为负极的活性物质电对。电解液基质一般为硫酸水溶液,其作用是维持电解液的低 pH 以抑制钒离子的水解,并增加电解液的电导率、降低欧姆极化。正负极电解液分别储存在各自的电解液储罐中。在对电池进行充、放电时,正负极电解液在离子交换膜两侧分别发生各自的氧化还原反应,如图 7-31 中化学方程式所示。

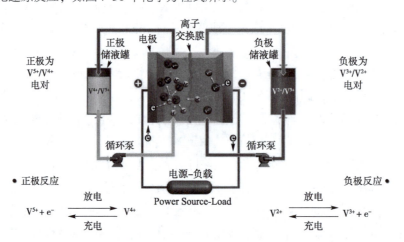

图 7-31 全钒液流电池工作原理

具有选择透过性的离子交换膜不允许钒离子通过,从而分离正负极电解液,防止短路;但允许电荷载体(H^+、SO_4^{2-})自由通过,保证正负极电荷平衡,并减少电池内阻。同时,通过循环泵的驱动,储液罐中的电解液不断送入正极室和负极室内,以维持离子的浓度,充分完成化学反应,实现电池的充放电。其工作原理如图 7-31 所示。

2) 全钒液流电池的关键材料

全钒液流电池的正负极电解液是其真正的储能介质,也是能量单元的核心,一般由活性物质、基质、添加剂三部分组成。电解液中活性物质的浓度以及溶液总量(体积)从根本上决定了整个电池系统的能量密度、储能容量上限;电解液的热稳定性决定了电池的工作温区和可靠性。

全钒液流电池的关键材料在于电极和离子交换膜。在全钒液流电池中,电极材料本身不参与反应，而是活性物质发生电化学反应的场所，活性物质在电极表面得到或失去电子，发生还原或氧化，实现电能与化学能之间的相互转化。电极材料的物理化学性能对全钒液流电池有重要影响：第一，电极的导电性和催化性能直接影响电池的极化状态以及电流密度大小，进而影响能量效率；第二，电极材料的物理化学稳定性直接影响电池整体工作稳定性和实际寿命，因此电极材料必须有较高的化学惰性、机械强度、导电性，最好比表面积较大。早期使用金属电极，包括金、铅、钛等单质金属，以及钛基铂、钛基氧化铱等合金材料。但金属电极材料存在很多缺陷，有的电化学可逆性差，有的成本过高，难以大规模、长时间使用。之后，人们改用碳素类电极材料，例如石墨、玻碳、碳毡、石墨毡、碳布以及碳纤维等，这类碳材料化学稳定性好，导电性好，易制备且成本低。研究发现，玻碳电极可逆性差；石墨和碳布电极在充放电过程中易被刻蚀损耗，而且这几种材料的比表面积小，造成电池内阻较大，难以大电流充放电；碳纸电极比表面积虽大，稳定性也较好，但亲水性较差，电化学活性不高。目前，最广泛使用的电极材料是碳毡或石墨毡，它们都属于碳纤维纺织材料。碳毡是有机高分子纤维毛毯经过预氧化、惰性气氛碳化等热处理工艺制得的，石墨毡则是将碳毡进一步在 2 000 ℃ 以上的高温下进行石墨化处理制得。这类碳纤维电极具有很大的比表面积，化学稳定性和导电性也很好，但在长期使用时容易发生氧化脱落，因此还需要对其进行改性处理，包括材料本征处理、金属化处理和氧化处理等，或与惰性高分子基体共制成复合材料（但电导率会降低）。

全钒液流电池中的隔膜是一种离子传导膜，位于每个单电池中央，用来分隔单电池内部的正负极电解液，防止活性物质互相混合而自放电，同时允许特定离子的选择性传递，保证电池内部电路导通。隔膜性能直接影响电池的效率和寿命，一般要求：较高的离子选择性（钒离子透过率低，减少交叉污染及自放电）、离子导电性（其他离子透过率高，减少电池内阻）、化学稳定性、机械强度。理论上可选用：阳离子交换膜、阴离子交换膜、多孔分离膜。其中，阳/阴离子交换膜有负/正电荷基团，可让特定类型的阳离子或阴离子透过；多孔分离膜没有荷电基团，通过离子半径来进行筛选和截留。目前主要的隔膜材料包括含氟离子膜（全氟磺酸质子交换膜、偏氟乙烯接枝膜）和非氟离子膜两类（聚芳醚类膜）。其中全氟磺酸质子交换膜是目前全钒液流电堆中应用最多的隔膜。

3）全钒液流电池的特点及应用

全钒液流电池存在初装成本高、转换效率低、能量密度低、体积大、对环境温度要求苛刻等缺点。但全钒液流电池寿命长，可长达 20 年；电解液可回收循环使用；电池容量设计灵活性强（可以通过电解液浓度和用量灵活调整储能容量），可用于建造千瓦级到百兆瓦级储能电站；不易燃烧，安全性好；可超深度放电（100%）而不对电池造成伤害；启动快，可在几毫秒内实现充放电切换，十分适合作为储能电池，在产业链完善后，有望成为中大规模储能领域的主流技术之一。

4. 其他液流电池

1）铁铬液流电池

铁铬液流电池的正极和负极电解液分别为氯化亚铁、氯化铬的盐酸溶液，分别以 Fe^{3+}/Fe^{2+} 电对和 Cr^{3+}/Cr^{2+} 电对作为正极和负极活性物质。电解液通过循环泵进入两个半电池中，$Fe^{3+}/$

Fe^{2+}电对和Cr^{3+}/Cr^{2+}电对分别在电极表面进行氧化还原反应，正极释放出来的电子通过外电路传递到负极，而在电池内部通过离子在溶液的移动，并与离子交换膜进质子交换，形成完整的回路，从而实现化学能与电能的相互转换。

铁铬液流技术路线是第一代液流电池技术路线，其采取非贵金属原材料，其材料价格廉价、供应稳定，避免液流电池出现锂离子电池原材料暴涨、金属供应不足的风险，适合作为大容量、长时间储能电池的大规模产业化应用。但铁铬液流电池在材料体系上存在明显的缺点：铁铬液流电池负极侧析氢反应严重，铬离子的电解活性差，需要配合催化剂使用，导致其整体效率和功率密度难以提升至合理水平。目前铁铬液流电池装机量较小，处于工程化示范阶段。

2）锌溴液流电池

锌溴液流电池的正极和负极电解液同为$ZnBr_2$水溶液。工作时，电解液通过泵循环流过正极和负电极表面，在电极表面发生电化学反应。充电时，电解液的锌离子得到电子，生成锌，并沉积在负极上，而正极的溴离子失去电子，生成溴，并马上被电解液中的溴络合剂络合成油状物质，使水溶液相中的溴含量大幅度减少，同时该物质密度大于电解液，会在液体循环过程中逐渐沉积在储罐底部，大大降低了电解液中溴的挥发性，提高了系统安全性；放电时，负极表面的锌溶解，同时络合溴被重新泵入循环回路中并被打散，转变成溴离子，电解液回到溴化锌的状态，反应是完全可逆的。

锌溴液流电池技术具有下列特点：具有较高的能量密度；正负极两侧的电解液组分（除去络合溴）是完全一致的，不存在电解液的交叉污染，电解液理论使用寿命无限；电解液的流动有利于电池系统的热管理；可频繁地进行100%的深度放电，且不会对电池的性能和寿命造成影响；不易出现着火、爆炸等事故，安全性高；系统总体造价低，具有商业应用前景。

其他液流电池由于应用较少，暂不介绍。

5. 液流电池的特点

从液流电池独特的工作方式可以分析其特点。液流电池的电极采用的是惰性材料，正负电极本身不参与电化学反应，而实际参与反应的活性物质具有独立的能量储存单元，在循环泵作用下沿传质线路在电堆内部和外部储罐之间形成闭环，向电极及时供应活性物质，并将反应产物快速抽离，从而避免了浓差极化和热累积效应。换言之，液流电堆单元只是一个发生电化学反应的场所，活性物质在空间分布上与之分离，这意味着两层含义：其一，电池的功率特性与容量大小相对独立，因而在设计和应用上可以有很大的灵活性；其二，活性物质由外置的储罐单独存放，便于运行维护和安全管理，这正是液流电池相比于其他二次电池技术的安全性、灵活性等优势的根源。此外，液流电池的活性物质一般是完全溶解在电解液中构成均相体系，而不像锂离子电池那样附着在集流体上，因此没有复杂的固态相变，没有机械应变等破坏因素，这是液流电池循环寿命远长于其他二次电池技术的根源。

总之，液流电池具有以下突出优点：

（1）安全性高：液流电池是水系循环体系，本身不可燃，也不发生热累积，正负极活性物质反应温和，因此具有本征安全性。液流电池的工作原理决定了其是目前电化学储能技术路线中安全性较高的技术路线。

（2）扩容性强：液流电池的功率和容量相互独立，功率由电堆的规格和数量决定，容量由电解液的浓度和储量决定。当功率一定时，要增加储能容量，只需要增大电解液储罐容积或提高电解液体积或浓度即可，而不需改变电堆大小。通过增大电堆功率和增加电堆数量来提高功率，通过增加电解液来提高储电量，便于实现电池规模的扩展，可用于建造千瓦级到百兆瓦级储能电站。

（3）寿命长：液流电池的正、负极活性物质分别存在于正、负极电解液中，充放电时无其他电池常有的物相变化，可深度放电而不损伤电池；在充放电过程中，作为活性物质的离子仅在电解液中发生价态变化，不与电极材料发生反应，不会产生其他物质，经长时间使用后，仍然保持较好的活性。液流电池最突出特点就是循环寿命长，最低可以做到 10 000 次，部分技术路线甚至可以达到 20 000 次以上，整体使用寿命可以达到 20 年或者更长时间。

（4）电化学性能好：自放电率低；响应速度快，运行过程中，充放电状态切换仅需 0.02 s，响应速度为 1 ms。

（5）原料自主可控：不同于锂离子电池，中国锂原料对外依赖度较高，钒矿储量约为 950 万 t，占世界钒资源储量的 47%，位居世界第一，发展钒电池代表的液流电池所需的资源可以实现自主可控。其他的锌、铁资源我国也可自主可控。

液流电池的缺点主要在于初装成本高（钒电池初装成本是锂离子电池的 2 倍以上）、能量转换效率低（能量转化效率为 70%～80%，低于锂离子电池）、能量密度低、体积过大、对环境温度要求苛刻。

6. 液流电池储能的发展规划及示范项目

国家发改委、国家能源局于 2022 年 3 月发布的《"十四五"新型储能发展实施方案》指出，到 2025 年，新型储能由商业化初期步入规模化发展阶段，具备大规模商业化应用条件，新型储能技术创新能力显著提高，核心技术装备自主可控水平大幅提升；到 2030 年，新型储能全面市场化发展，新型储能核心技术装备自主可控，技术创新和产业水平稳居全球前列；要求形成技术示范、加大液流电池等关键技术装备研发力度；百兆瓦级液流电池技术被纳入"十四五"新型储能核心技术装备攻关重点方向之一。

值得注意的是，虽然相关政策提出推动储能多元化技术开发，开展钠离子电池、新型锂离子电池、液流电池等关键核心技术，但国内锂离子电池大规模储能电站着火爆炸事故频发，对此，国家能源局发布的《防止电力生产事故的二十五项重点要求（2022 年版）（征求意见稿）》提出，中大型电化学储能电站不得选用三元锂电池、钠硫电池，且"锂离子电池设备间不得设置在人员密集场所，不得设置在有人居住或活动的建筑物内部或其地下空间"，对锂离子电池储能的适用范围进行了严格限制。因此相对稳定安全的液流电池受到越来越多的关注。

全钒液流电池是技术成熟度最高的液流电池技术路线，经过多年示范考核，其大规模储能的工程效果已得到充分的验证，其他路线由于示范时间短，仍需要经历较长的验证周期。相比铁铬等技术路线，全钒液流电池的电解液、隔膜、膜电极等原材料供应链已经初步成型，国产化进程不断加快，已能够支撑起开展百兆瓦级的项目设计与开发。全钒液流电池与锂离子电池的性能特点截然相反，二者的应用场景相差甚远，其实并不在同一赛道。目前的全钒液流电池几乎不可能用于车载动力电池或小型消费电子领域。规模化静态储能对能量密度要求不高，对占地面积等空间因素的容忍性较大,因此成为全钒液流电池的主要应用场景。在产业链完善后,全钒液流电池平均成本将远低于锂离子电池,有望成为中大规模储能领域的主流。全钒液流电池与锂离子电池具有很强的互补性,前者适用于大中型规模储能,后者适用于小型灵活储能。未来,锂离子电池和液流电池将有望在储能领域实现分层次优势互补。例如,户用和移动式小型储能设备对能量密度要求较高,适合使用锂离子电池;大中型的电化学储能电站对安全性的要求较高,适合使用液流电池。

2022年10月30日,由中科院大连化学物理研究所储能技术研究部提供技术支撑的百兆瓦级液流电池储能调峰电站正式并网发电(见图7-32)。该项目是国家能源局批准建设的首个国家级大型化学储能示范项目,总建设规模为200 MW/800 MW·h。该项目创下了全球功率最大、容量最大液流电池储能系统纪录,同时也标志着液流电池技术步入产业化发展阶段,对加快推进我国大规模储能在电力调峰及可再生能源并网中的应用具有重要意义。该项目的建成实现了我国液流电池储能技术向发达国家的输出,体现了我国在该领域的国际领先地位。

图7-32 百兆瓦级大连液流电池储能调峰电站

2023年2月28日,我国首个兆瓦级铁铬液流电池储能示范项目在内蒙古成功试运行,即将投入商用。该项目刷新了全球铁铬液流电池储能最大容量纪录。该项目共安装34台我国自主研发的"容和一号"电池堆和4组储罐组成的储能系统,利用电解液中的铁离子和铬离子的化学特性,每次最多可储存6 000 kW·h电量。该项目对电能先储存再释放,可抑制电网的功率波动、辅助电网调峰调频,为大比例消纳新能源、节能降碳发挥积极作用。兆瓦级铁铬液流电池储能项目的建成符合我国大规模、长时间安全储能需求,将为绿色能源转型、能源安全保障、清洁能源高质量发展奠定坚实基础。

7.4.5 其他电池技术

1. 钠离子电池

1)钠离子电池工作原理

近年来,新型储能发展迅速,其中的主力就是电化学储能。电化学储能的发展更关注经济性、安全性,而相对弱化能量密度,与此同时,2010年至今钠离子电池技术更加成熟,且逐渐出现一些小型示范项目,成本进一步下降,能量密度也有了明显的提升,并且获得工程可行性验证。而锂离子电池核心原材料碳酸锂价格飞涨,80%的进口依赖度和高昂的成本,使得钠离子电池重回关注焦点。钠的地壳丰度（2.6%）远高于锂（0.006 5%），相比之下钠元素来源广泛，价格低廉，价格较低且受需求波动影响较小，可以满足大规模应用的需要，已逐步成为锂离子电池的优质替补和潜在竞争者。

钠离子电池之所以受到广泛关注，主要是因为钠元素与锂元素位于同一主族，位置相近，具有相似的物理性质和化学性质，钠和锂在电池工作中均表现出相似的电化学充放电行为。钠离子电池是一种依靠钠离子在正负极间移动来完成充放电工作的二次电池，如图 7-33 所示，钠离子电池在充电过程中，钠离子从正极脱出并嵌入负极活性物质中；放电时，则发生相反的过程，钠离子从负极脱出重新回到正极活性物质中，同时为了保持电中性，等摩尔量的电子通过外部电路，起到驱动负荷的作用。

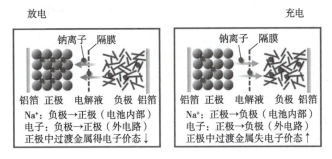

图 7-33 钠离子电池工作原理

2）钠离子电池材料体系

（1）正极材料。

钠离子电池正极材料包括过渡金属氧化物、聚阴离子化合物、普鲁士蓝类化合物等类型。

过渡金属氧化物可分为层状和隧道状过渡金属氧化物，通常用 Na_xMO_2（M = Co、Fe、Mn、Ni、Cu 等）表示。当钠含量较低时（$x<0.5$），金属氧化物材料主要为隧道结构；当钠含量较高时（$x>0.5$），金属氧化物材料则以层状结构为主。过渡金属氧化物具有能量密度高的优点，缺点在于循环性能差。

聚阴离子化合物是晶体框架由一系列四面体和多面体阴离子单元构筑的含钠复盐，其化学式为 $Na_xM_y(XO_m)_n$（M 为金属离子，X 为 P、S 等元素），主要分为橄榄石结构、NASICON 结构、三斜结构以及混合聚阴离子化合物材料。聚阴离子化合物优势在于热稳定性好、循环寿命长，劣势在于能量密度低、导电性差。

普鲁士蓝化合物的晶体结构是由过渡金属及 Fe 元素分别与 CN^- 中的 N 和 C 相连而形成的独特三维开放框架结构。晶体结构为面心立方，过渡金属离子与 CN^- 形成六配位，钠离子处于三维通道结构和配位孔隙中。普鲁士蓝化合物具备电化学性能优异、成本低、稳定性好等优点，但由于含有氰基（CN^-）具有潜在毒性，可能带来环境污染问题。同时材料内存在结晶水、吸附水、配位水，易造成铁离子氧化，降低材料的比容量和库仑效率，影响材料的循环性能，最终导致钠离子电池性能的退化。

（2）负极材料。

负极材料起着负载和释放钠离子的重要作用，其直接影响电池整体的动力学性能，例如倍率性能、功率密度等。由于钠离子的原子半径较大，钠离子无法在石墨负极材料处进行高效率的脱嵌，因此寻找合适的储钠负极材料至关重要。钠离子电池负极材料主要有合金类材料、金属氧化物和硫化物材料、有机材料和碳基材料等。其中合金类容量较高但循环性能和倍率性能不佳；过渡金属氧化物容量较低；无定形碳可逆容量和循环性能优良，控制成本后有望实现商业化。

（3）电解质。

电解质是正负极之间物质传输的桥梁，用来传输离子以形成闭合回路，是维持电化学反应的重要保障，不仅直接影响电池的倍率、循环寿命、自放电等性能，还是决定电池稳定性和安全性的核心因素。按照物理形态，钠离子电池的电解质可分为液态电解质和固态电解质。

与锂电类似，钠盐液态电解质由溶剂、溶质和添加剂组成。溶剂是一些极性的非质子有机溶剂，常用高介电常数、高黏度的碳酸酯类和低介电常数、低黏度的醚类混合使用。溶质主要为具有大半径阴离子的钠盐，分为无机钠盐和有机钠盐，前者有六氟磷酸钠、高氯酸钠等，后者主要包括氟磺酸类钠盐、氟磺酰亚胺类钠盐等。添加剂主要是一些钠盐、酯类、腈类、醚类等化合物，起到辅助 SEI 膜、CEI 膜形成，过充保护，以及阻燃等作用。

钠离子电池固态电解质材料主要包括三种类型：无机固态电解质、聚合物固态电解质、复合固态电解质。

3）钠离子电池的特点

钠离子电池具有与锂离子电池工作原理相似，但钠元素的相对原子质量比锂高出很多，导致理论比容量较小，不足锂的一半；钠离子的半径（0.102 nm）比锂离子的半径（0.069 nm）大 70%，使得钠离子在电极材料中嵌入与脱出更为缓慢，对电池的循环和倍率性能造成影响；较高的标准电极电势，使得其能量密度低于锂离子电池。

但钠的储量比锂丰富得多，并且不存在获取壁垒，因此钠离子电池成本比锂离子电池低得多。安全性方面，钠离子电池的内阻比锂离子电池高，在短路时发热量更少，温升较低；热失控过程中容易钝化失活，热稳定性较高，在安全性方面具备先天优势。此外，钠离子电池在快充方面具备优势，能够适应响应型储能和规模供电。

钠离子电池待解决的关键问题在于寻找高能量密度和高功率密度且具有长循环寿命、低成本的正负极材料、改善电极材料的制备和改性方法、开发更安全的电解质体系，以及构筑更加稳定的正极/电解质和负极/电解质界面等。考虑钠离子电池性能参数，预计后续在中低端储能、两轮车、低速电动车等对能量密度和循环次数要求不高的领域渗透率有望逐渐提升。钠离子电池在低速车动力电池和大规模储能领域的应用潜力使多个国家开始重视钠离子电池技术的发展。

4）钠离子电池储能的发展规划及示范项目

与锂离子电池相比，钠离子电池的单位成本更低，安全性更强，但受限于钠元素本身的直径影响，其能量密度要低于锂离子电池。因此钠离子电池在对能量密度需求不高，但对成本相对敏感的领域应用潜力更大，如分布式电网储能、两轮车、低速交通工具等。目前，储能电站主要存在于可再生能源接入、家庭和工业储能、5G 通信基站和数据中心等，低速交通工具主要包括低速电动车、电动自行车、电动船舶和公共汽车与大巴。

根据工信部 2021 年修订的国家标准《纯电动乘用车技术条件》，微型低速纯电动乘用车电池管理系统要满足《电动汽车用动力蓄电池安全要求》《电动汽车用动力蓄电池电性能要求及试验方法》《电动汽车用动力蓄电池循环寿命要求及试验方法》等多项国家标准。由于铅酸电池有污染风险且性能不佳，可能满足不了上述标准。而钠离子电池技术成熟后成本较低，且性能可以满足国家标准要求，是低速车动力电池的理想选择。新国标出台后，两轮车整车重量不得超过 55 kg，这一新规迫使厂家在选用两轮车电池时把电池重量作为重要的考量因素，同时，安全性和电池成本同样是市场重视的两大要素。与铅酸电池相比，钠离子电池重量更轻，大约是相同容量的铅酸电池的 1/3；与锂离子电池相比，钠离子电池安全性更强，成本也更为低廉。综合来看，钠离子电池更为符合电动两轮车市场的需求。

锂离子电池的理论体积比容量是钠离子电池的 1.8 倍，也就是说相同容量的电池，钠离子电池的理论体积是锂离子电池的 1.8 倍，因此相对于对体积较为敏感的家用储能领域，钠离子电池的更适合大规模集中储能。《"十四五"可再生能源发展规划》明确提出，研发储备钠离子电池高能量密度储能技术。《"十四五"新型储能发展实施方案》中，钠离子电池被列为新型储能核心技术装备攻关重点方向，确立开展钠离子电池等新一代高能量密度储能技术试点示范，并进一步明确相关目标：到 2025 年，实现新型储能从商业化初期向规模化发展转变，装机规模达 3 000 万 kW 以上，加快钠离子电池等技术开展规模化试验示范。

2019 年 3 月 29 日，世界首个钠离子电池储能电站项目于江苏常州启用，储能容量为 30 kW/100 kW·h。该储能电站项目创新采用了钠离子电池，这是世界上首次将钠离子电池应用于储能电站。2023 年 7 月 1 日，世界首个普鲁士蓝钠离子电池储能示范项目在国网辽宁省电力有限公司管理培训中心正式投入使用。这也是全球首个正式投入使用的普鲁士蓝钠离子电池储能系统。这些钠离子电池储能示范项目标志着钠离子电池储能的商业进程进入加速阶段，也符合我国大规模、长时间安全储能需求，将为能源安全保障奠定坚实基础，为新型电力系统构建提供了技术支撑。

2. 钠硫电池

1）钠硫电池的工作原理

钠硫电池是高温钠系电池的一种，采用硫作为正极、金属钠作为负极，以钠和硫的化学反应来实现电能与化学能相互转换，反应方程式为：$2Na + xS \underset{充电}{\overset{放电}{\rightleftharpoons}} Na_2S_x$。在钠硫电池体系中，金属钠与硫之间发生反应能生成多种反应产物，包含从 Na_2S 到 Na_2S_8 的多硫化物。

钠硫电池的工作原理如图 7-34 所示，放电时熔融钠负极失电子变成钠离子，钠离子经固体电解质到达硫正极形成多硫化钠。电子经外电路到达正极参与反应。充电时钠离子重新经过电解质回到负极，过程与放电时相反。与一般的二次电池不同，工作中的钠硫电池是由处于熔融状态的正负极活性物质及固体电解质组成，正极活性物质为熔融态的硫和多硫化钠熔盐，负极活性物质为熔融态的金属钠，固体电解质为固态氧化铝陶瓷（β-Al_2O_3）。充放电时，固体电解质兼隔膜的氧化铝陶瓷需工作在 300～350 ℃ 的温度下，只有在此温度下，负极离解出的钠离子方可通过固体电解质进入正极参与反应。

钠硫电池的结构包括电解质陶瓷管、绝缘陶瓷、金属外壳、金属集流电极，以及钠、硫电极等。在钠硫电池实际应用时，通常将单体电池通过串并联组合并配以电池管理系统，形成一定功率的模块，多个模块再进行组合成为钠硫电池储能系统。储能系统通过能量转换系统进行交直流变换，即可实现储能系统与电网的并网。

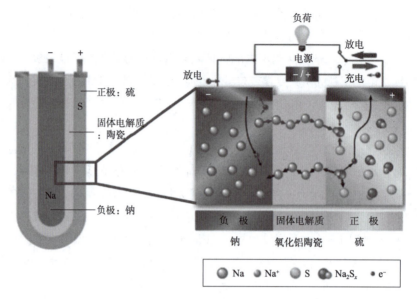

图 7-34 钠硫电池的工作原理

2）钠硫电池的特点

钠硫电池的优点如下：

（1）比能量高：钠硫电池理论比能量为 760 W·h/kg，实际比能量可达到 150～200 W·h/kg。

（2）容量大：用于储能的钠硫单体电池的容量可达 600 A·h 以上，相应的能量达到 1 200 W·h 以上，单模块的功率可达到数十千瓦，可直接用于储能。

（3）功率密度高：放电的电流密度可达到 200～300 mA/cm，充电电流密度通常减半执行。

（4）库伦效率高：库伦效率最高可达 100%，且电池几乎没有自放电现象，充放电效率几乎为 100%。

（5）电池采用全密封结构，运行中无振动无噪声，没有气体放出，无污染。

（6）电池结构简单，维护方便，原料成本低廉。

但钠硫电池也存在一些劣势，首先钠硫电池需要在 300～350 ℃ 运行，为储能系统的设计和维护增加了难度。其次，如果液态的钠与硫直接接触，会发生剧烈的放热反应，可瞬间产生 2 000 ℃ 高温，这给储能系统带来了很大的安全隐患，钠硫电池中使用陶瓷电解质隔膜，本身具有一定的脆性，运输和工作过程中可能发生对陶瓷的损伤或破坏，一旦陶瓷破裂，将发生钠与硫的直接反应，大量放热，造成安全问题。此外，钠硫电池在组装过程中，需要操作熔融的金属钠，也需要有严格的安全措施。

3）钠硫电池的应用

钠硫电池体积小、寿命长、效率高、能量密度高，可同时用于提高电力质量和调峰，具有很好的经济性。但是，钠硫电池需要在高温下工作（300～350 ℃），并且使用了易燃物的钠和硫作为材料，使其安全性低、长期运行可靠性不足。此外，钠硫电池还存在制造成本高、规模化成套技术缺乏等问题。在全球范围内，目前只有日本 NGK 公司在生产钠硫电池，缺少产业链和规模化效应。

2023 年 3 月，国家能源局发布的《防止电力生产事故的二十五项重点要求（2023 版）》提出："中大型储能电站应选用技术成熟、安全性能高的电池，审慎选用梯次利用动力电池。当选用梯次利用动力电池时,应遵循全生命周期理念,进行一致性筛选并结合溯源数据进行安全评估"。该要求的提出更是使得欠缺安全性的钠硫电池在储能领域的应用大大受限。

针对钠硫电池自身存在的问题和国家相关规定要求,钠硫电池仅可用于小规模储能领域,其适用的应用领域主要在以下几个方面:

(1) 削峰填谷:在用电低谷期间储存电能,在用电高峰期间释放电能满足需求,也是钠硫电池主要的储能应用。不过钠硫电池仅适用于小规模储能电站。

(2) 可再生能源并网:以钠硫电池配套风能、太阳能发电并网,可以在高功率发电的时候储能,在高功率用电的时候释能,提高电能质量。

(3) 独立发电系统:用于边远地区、海岛的独立发电系统,通常和新能源发电相结合。

(4) 工业应用:企业级用户在采用钠硫电池夜间充电、白天放电以节省电费的同时,还同时能够提供不间断电源和稳定企业电力质量的作用。

(5) 输配电领域:用于提供无功支持、缓解输电阻塞、延缓输配电设备扩容和变电站内的直流电源等,提高配电网的稳定性,进而增强大电网的可靠性和安全性。

3. 锂硫电池

1) 锂硫电池的工作原理

锂硫电池是以单质硫作为电池正极、金属锂作为负极的一种锂电池。锂硫电池通过硫-硫键的断裂/生成来实现电能与化学能的相互转换。如图7-35所示,负极的化学反应较为简单,放电时金属锂失去电子转变为锂离子,并溶解到电解液中;充电时,锂离子得到电子转变为金属锂,并从电解液中沉积到负极。正极的化学反应稍复杂,单质硫分子式为S_8,为环状结构。放电时,环状结构的S_8得到电子发生还原反应,环状分子中的S—S键逐一断裂并与锂离子结合得到一系列多硫化锂物质,直到放电完毕最终形成硫化二锂(Li_2S);充电时,硫化二锂首先失去电子发生氧化反应生成多硫离子,随着充电的进行多硫离子继续被氧化直到充电完毕最终形成环状结构的单质硫S_8。电化学反应如下:

总反应方程式为:$S_8 + 16Li \underset{充电}{\overset{放电}{\rightleftharpoons}} 8Li_2S$

放电过程正极反应过程:$S_8 \rightarrow Li_2S_8 \rightarrow Li_2S_6 \rightarrow Li_2S_4 \rightarrow Li_2S_2 \rightarrow Li_2S$

充电过程正极反应过程:$Li_2S \rightarrow Li_2S_2 \rightarrow Li_2S_4 \rightarrow Li_2S_6 \rightarrow Li_2S_8 \rightarrow S_8$

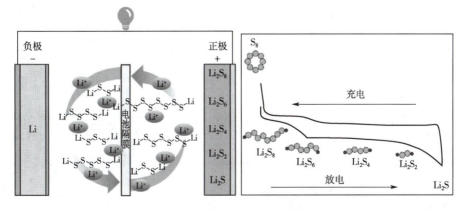

图 7-35 锂硫电池的工作原理

2）锂硫电池的特点

锂硫电池具有 1 672 mA·h/g 的理论比容量，为锂离子电池正极材料的 5~9 倍；锂硫电池的理论放电电压为 2.287 V；锂硫电池的理论质量能量密度为 2 510 W·h/kg，远高于现在量产的所有电池，体积能量密度为 2 800 W·h/L，表现一般。锂硫电池中没有稀有和昂贵的镍、钴、锰或其他金属作为正极，而是使用轻质且廉价的硫碳复合材料。总之，锂硫电池具有比容量高、质量比能量高、成本低廉、环境友好等优点。

尽管锂硫电池能量密度高、成本低，但是锂硫电池也存在一些不足。单质硫正极较差的导电性需要额外质量的导电剂辅助其电化学反应的进行，因而减小了其能量密度。此外充放电过程中硫与锂形成的 Li_2S 会产生体积膨胀（硫的密度 2.03 g/cm^3 较 Li_2S 1.67 g/cm^3 高出约 20%），由此产生的应力会破坏电极结构进而影响电池的循环性能。锂硫电池还具有严重的穿梭效应问题，锂硫电池放电过程中，硫化锂并非一次形成，而会产生多种 Li_2S_x 中间产物，这些多硫化锂在电解液中会"穿梭"到负极侧，直接氧化锂金属；随后，被还原的多硫化锂还会再"穿梭"回负极侧，还原硫正极。最终，造成电池容量损失、库伦效率低下、自放率高。此外，负极锂枝晶的形成易使其短路和电解液的易燃性质等问题增大了其安全风险。总之，锂硫电池的主要问题在于其正极硫的导电性较差，充放电过程中体积膨胀比较大，穿梭效应比较明显，还有锂负极的安全性欠缺。

3）锂硫电池的应用前景

无论是从成本角度还是性能角度，锂硫电池都有很大的优势。但锂硫电池还属于研发阶段，没有实现商业化。随着科研和产业界对锂硫电池认识的不断深入，以及对关键技术问题的解决，锂硫电池还是有望实现普及应用的。

虽然锂硫电池还没有商业化，但围绕其进行的商业探索一直在进行。从电池特性来看，由于体积效应的存在，锂硫电池的体积能量密度并不太高，也即电池尺寸就会比较大，这可能会在一定程度上限制锂硫电池的应用场景。未来，锂硫电池很可能会用在商用车、大型客车、电动工程机械等产品上，此类产品的底盘空间或车身空间比较大，对电池体积的要求不高。而且重要的是，目前重卡、大型客车、电动工程机械等产品的电动化过程中能量补充问题很突出，并没有得到很好地解决。在上述场景中，传统的动力电池存在续航和工况适应能力的问题。工程机械和重型卡车会经常在寒冷地区运行，现有的动力电池本就不高的续航性能会再打折扣，且售价高昂、补能设施有限，限制了这些行业的发展。而这给锂硫电池创造了市场机遇。此外，锂硫电池的重量能量密度很大，也即电池重量较轻，因此也可以用在无人机或电动航空器等对重量敏感的产品上。

4. 金属空气电池

1）金属空气电池概述

金属空气电池是以电极电位较负的金属如镁、铝、锌、铁等作负极，以空气中的氧或纯氧作正极的活性物质的电池，如图 7-36 所示。金属空气电池的电解质溶液一般采用碱性电解质水溶液，如果采用电极电位更负的锂、钠、钙等作负极，因为它们

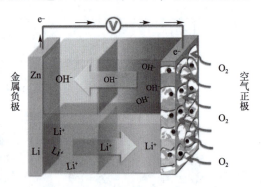

图 7-36 金属空气电池的工作原理

可以和水反应，所以只能采用非水的有机电解质、固体电解质等。

电池工作时，正极反应为氧气还原的电极反应：

$$O_2 + 2H_2O + 4e^- \rightarrow 4OH^-$$

负极反应为金属氧化的电极反应：

$$M \rightarrow M^{n+} + ne^-$$

由于金属空气电池工作时，正极活性物质氧气是在放电过程中从空气中引入，电池本身的活性物质只有金属负极。因此，金属空气电池的理论能量密度只取决于负极。

金属空气电池的正极活性物质是空气中的氧气，电池的电化学反应是发生在空气电极和电解液形成的固液气三相界面，其电化学反应速率受氧气扩散进来的速率以及在界面的反应活性所影响。要提高空气电池的放电效率，可以从两方面进行考虑：一是提高空气电极的空气扩散能力，即提高透气性，可采用多孔结构作为载体；二是提高固液气三相界面的电化学反应活性，即采用催化剂。

良好的载体可以最大限度地发挥催化剂的效能，并减少催化剂的用量。载体材料应有优良的吸附性能、大的表面积和优良的导电性能。可以采用良好导电性、吸附性能和大比表面的活性炭和具有稳定结构、抗腐蚀、导电性能和细粒度的石墨作为载体材料。

对空气电极催化剂材料的一般要求：对氧的还原/析出具有良好的催化活性；对过氧化氢的分解具有促进作用；耐电解质和氧化/还原气氛的腐蚀；电导率和比表面积大。目前主要的氧电极催化剂主要有：铂及其合金、银、金属螯合物、金属氧化物（如锰氧化物、钙钛矿型氧化物等）等几个系列。

2）金属空气电池的类型

金属空气电池主要根据金属负极的不同来分类，常见的有锌空气电池、铝空气电池、镁空气电池、铁空气电池、锂空气电池等。常见金属空气电池的性能参数见表7-13。

表7-13 常见金属空气电池的性能参数

阳极材料	比容量/(Ah·g^{-1})	比能量/(kW·h·kg^{-1})	理论电压/V	实测电压/V
锂	3.86	13.0	3.4	2.4
铝	2.98	8.1	2.7	1.2~1.6
镁	2.20	6.8	3.1	1.2~1.4
铁	0.96	1.2	1.3	1.0
锌	0.82	1.3	1.6	1.0~1.1

3）金属空气电池的特点

金属空气电池的优点如下：

（1）高能量密度：由于空气电极所用活性物质是空气中的氧，理论上正极的容量是无限的，加之活性物质在电池之外，使空气电池的理论比能量比一般金属氧化物电极大得多，金属空气电池的理论比能量一般都在1 000 W·h/kg以上，属于高能化学电源。

（2）环境友好：金属空气电池的废弃物为金属氧化物和水，无毒无害，对环境无危害。

(3) 安全性高：金属空气电池不存在易燃、易爆等安全隐患，相对较为安全可靠。

(4) 成本低廉：由于其底层技术成熟，且无须昂贵的金属资源，因此成本相对较低。

金属空气电池存在以下不足：第一，无法充电。金属空气电池的工作会消耗金属负极，目前尚无法通过充电使其恢复，只能通过更换金属负极的方式重新使用；第二，电池不能密封，易造成电解液损失或污染，影响到电池的容量和寿命，如果采用碱性电解液还容易发生碳酸盐化，增加电池的内阻，影响放电；第三，湿贮存性能差，空气扩散到金属负极会使其自然氧化，从而加快负极的自放电。

4) 金属空气电池的发展与应用

极低的材料成本、高能量密度、电池设计相对简单以及安全性良好，使得金属空气电池应用前景广阔。当前金属空气电池商业化还处于早期阶段，技术层面诸如氧还原催化剂催化活性不够高、电池系统热失控问题、极化电阻较大等问题也亟待研发突破。

锌空气电池是发展最成熟也是最有潜力的金属空气电池，在众多领域已经有了非常广泛的应用。尤其在国内，锌储量全世界第一，更是奠定了锌空气电池在国内金属空气电池中的地位。根据放电率的不同，锌空气电池可以应用于不同的场合。小电流长寿命工作的扣式锌空气电池，可用于手表、助听器以及计算器等物品。中、小电流密度下工作可用于铁路信号、无线电通信、航标灯、农用黑光灯等的电源。大电流密度工作可用作车辆动力源，且由于其电极更换方便，换电模式与汽车要求快速更新续航的理念相符。

2022年，国家发展改革委和国家能源局联合发布的《"十四五"新型储能发展实施方案》指出：推动多元化技术开发，研发储备金属空气电池等新一代高能量密度储能技术。这无疑将极大推动金属空气电池的发展。

7.4.6 电化学储能技术总结

储能技术可以改变电能生产、输送和使用必须同步完成的模式，提高电网运行的安全性、经济性和灵活性，成为支撑可再生能源发展的关键技术之一。储能是构建新型电力系统的重要技术和基础装备，是实现碳达峰碳中和目标的重要支撑。

储能应用场景的多样性决定了储能技术的多元化发展，没有任何一种技术可以同时满足所有储能场景的需求。抽水蓄能是中国目前最为成熟的电力储能技术，但选址受地理因素限制较大且施工周期较长，在电力系统中的应用受限。以电化学储能为代表的新型储能具有调节速度快、布置灵活、建设周期短等特点，已成为提升电力系统可靠性的重要手段。作为新型储能的主力军，电化学储能已经开始从兆瓦级别的示范应用迈向吉瓦级别的规模市场化。

目前各类电化学储能技术尚处于商业化早期或示范阶段，在性能提升与成本下降上有非常大的空间。尚没有一种储能技术可以适用于所有应用场景，各类技术路线也需要在不断发展的过程中由市场来检验。以市场应用为导向，开发"高安全、低成本、可持续"的各类新型电化学储能技术，尤其是随着新能源发电比例的快速提升，大容量长时储能技术和长寿命大功率储能器件的开发将成为储能产业技术创新发展的重要方向。

此外，储能电池和动力电池在技术原理上并没有显著差异，本质上主要用于新能源汽车的动力电池也属于储能型电池，只不过在应用领域上划分为动力电池、消费电子电池、储能电池。

一座 10 MW/20 MW·h 储能电站相当于 260 辆汉 EV 比亚迪的电量，储能系统大容量对电池一致性、系统成本和使用寿命要求更高，更加考验电池管理系统和能量管理系统性能。动力电池需要更高的功率响应速度，储能偏向低成本和稳定持久性。动力电池领域和储能领域的市场需求是推动电化学储能技术发展的双动力。

针对铅蓄电池、锂离子电池、液流电池、钠硫电池等主要电化学储能技术的应用、自身特点等，总结归纳见表 7-14。在实际工程应用中，应根据电化学储能技术的各项特征，应用目的和需求来选择种类、安装地点、容量及各种技术的配合。

表 7-14　主要电化学储能技术指标

技术指标	铅蓄电池	锂离子电池		全钒液流电池	钠硫电池
		磷酸铁锂电池	NCM 三元锂电池		
容量规模	百 MW·h	百 MW·h		百 MW·h	百 MW·h
功率规模	几十 MW	百 MW		几十 MW	几十 MW
能量密度/(W·h·kg^{-1})	40~80	80~170	120~300	12~40	150~300
功率密度/(W·kg^{-1})	150~500	1500~2500	3000	50~100	22
响应时间	ms	ms		ms	ms
循环次数/次	500~2500	>3000	1000~2000	>15000	~4500
寿命	5~10 年	10~15 年	5~10 年	>20 年	10~15 年
充放电效率	75~90%	90%~95%	90%~95%	70%~85%	80%~90%
投资成本/(元·kW^{-1}·h^{-1})	800~1300	1200~1500	1800~2400	5000~6000	3000~4000
主要优势	成本低，可回收含量高	效率高、能量密度高、响应快		循环寿命高、安全性能好	效率高、能量密度高、响应快
主要劣势	能量密度低、寿命短	安全性较差、成本与铅蓄电池相比较高		能量密度低、效率低	需要高温条件，安全性较差
技术成熟度	商业化	商业化		商业化早期	商业化早期

7.5　电磁储能

能量有机械能、化学能、内能、电能、光能五种主要形式，其中电能是现代社会应用最广泛的能量之一，但是电能却难以直接储能。注意，这里"难"的意思不是不可能，而是难以长时间、大容量地储存，并且储存后难以长时间输出电能。但是，随着科学技术的发展，电能也发展出了直接储存的技术，这就是本章要讲解的电磁储能。电磁储能，又称电气储能，主要有超级电容器储能和超导储能两种技术。

7.5.1 超级电容器储能

1. 超级电容器的工作原理

1) 电容器

电容器是以电场的形式储存电能的被动电子元件。电容器以储存电荷为特征,能隔断直流电流而允许交流电流通过。电容器是电子电路不可缺少的基本元件之一,在电路中能起耦合、隔直、旁路、滤波、谐振、储能和变频等作用。应根据电路中电压、频率、信号波形、交直流成分和温湿度条件来加以选用。

最简单的电容器由两块彼此靠近但不接触的导体构成,称为双极板电容器,如图 7-37 所示。储能前,两极板上的电荷处于平衡态,对外不显电场;储能后,两极板上的电荷有序分布,对外显电场,由此将电能以电场的形式储存。储能后,两个导体分别带有电荷 $+Q$ 和 $-Q$,如果导体之间的电位差为 U,则有 $Q=CU$。式中 C 为电容,单位为法(F)。对于平行板电容,两个导体的面积均为 A,两个导体之间的距离为 d,板间充满相对电介常数为 ε 的介质,则 $C=2\varepsilon\varepsilon_0 A/d$。式中 ε_0 为真空介电常数。电容储存电荷的过程称为充电,放出电荷的过程称为放电。一个电容器的电容为 C,若电荷为 Q,电压为 U,则其储存的电能 W 为:

$$W = \frac{1}{2}UQ = \frac{1}{2}CU^2 \tag{7-10}$$

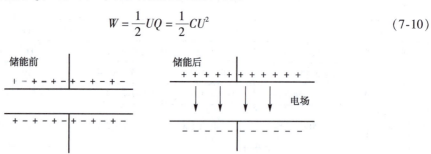

图 7-37 电容器工作原理

为了高效地储存电荷,电容器的极板之间须加入电介质,电介质是利用极化在其表面产生电荷的物质。介电常数 ε 是电介质的性能表征。电容器所用电介质材料主要为固体,可分为有机和无机两大类。无机电介质材料有微晶离子结构、无定形结构和两者兼有的结构(如陶瓷、玻璃、云母等)。有机电介质材料主要为共价键组成的高分子结构,按其是否对称又可分为非极性(如聚丙烯、聚苯乙烯等)和极性(聚对苯二甲酸乙二酯)两类。利用这些电介质材料可做成各式各样的电容器。

为了衡量电容器储存电荷的能力,规定了电容量这个物理量。电容器必须在外加电压的作用下才能储存电荷。不同的电容器在电压作用下储存的电荷量也可能不相同。国际上统一规定,给电容器外加 1 V 直流电压时,它所能储存的电荷量,为该电容器的电容量,用字母 C 表示。电容量的基本单位为法拉(F)。在 1 V 直流电压作用下,如果电容器储存的电荷为 1 C,电容量就被定为 1 F。

电容器充放电快,能量密度高,但是容量比较小。

2) 超级电容器

超级电容器,又称电化学电容器、黄金电容,是一种介于传统电容和二次电池之间的新型储能器件，通过极化电解质来存储能量，既具有电容器快速充放电的特性，又具备二次电池的储能特性。

超级电容器主要由电极、电解质、隔膜、集流体和封装材料等几部分组成。根据储能原理的不同，超级电容器分为双电层超级电容器和赝电容超级电容器两大类。双电层超级电容器通过电解质离子在电极材料表面发生的物理吸附/脱附实现电荷的存储与释放；赝电容超级电容器依靠电解质离子在电极材料表面发生快速可逆的氧化还原反应、以及离子快速嵌入/脱出来实现能量的存储与释放。

（1）双电层超级电容器。

双电层超级电容器通过电解质离子在电极材料表面发生的物理吸附/脱附实现电荷的存储与释放，从而实现能量的储存，如图 7-38 所示。如果在电解液中同时插入两个电极，并在其间施加一个小于电解质溶液分解电压的电压，这时电解液中的阴、阳离子在电场的作用下会迅速向两极运动，并吸附于固体电极与电解液之间的界面上，从而分别在两上电极的表面形成紧密的电荷层，即双电层，它所形成的双电层和传统电容器中的电介质在电场作用下产生的极化电荷相似，从而产生电容效应。紧密的双电层近似于传统电容器中的电介质层，但其厚度只有一个分子，因而具有比普通电容器大得多的容量。

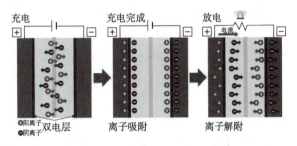

图 7-38 双电层超级电容器工作原理

双电层电容器没有传统的电介质，而是使用绝缘体隔开。这个绝缘层可以让电解液中的阴阳离子通过。该电解液本身不能传导电子。所以当充电结束后，电容器内部不会发生漏电（电子不会从一极流向另外一极）。当放电的时候，电极上的电子通过外部电路从一极流向另外一极。结果是电极与电解液中的离子吸附显著降低。从而使电解液中的正负离子重新均匀分布开来。

双电层电容器允许大电流快速充放电，其电容量与电极电势、有效比表面积及电层厚度相关。提高电极比表面积或者减小电层厚度可以显著提升超级电容器的电容值。通常使用高比表面积的碳材料（粉、纤维、布）作为电极材料，研究和应用最为广泛的碳材料有碳纳米管、碳气凝胶、碳纤维和石墨烯等。碳材料具有导电率高、比表面积大、电解液浸润性好、电位窗口宽等优点，但其比电容偏低。多孔碳材料的静电容量受孔隙容积、孔半径分布、比表面积和表面官能团等因素影响。

（2）赝电容超级电容器。

赝电容超级电容器又称法拉第电容器、准电容器，不同于双电层电容，依靠电解质离子在电极材料表面发生快速可逆的氧化还原反应、以及离子快速嵌入/脱出来实现能量的存储与释放。

具体的，赝电容超级电容器中，在电极表面或表面附近体相中的二维或准二维空间上，电活性物质进行欠电位沉积,发生高度可逆的化学吸附、脱附或氧化、还原反应等快速可逆的法拉第反应,产生和电极充电电位有关的电容。尽管这些反应与电池中反应很相似,但却有本质区别,因为法拉第反应更多的是由特殊的热力学行为导致的。法拉第反应是通过电解质和电极间快速可逆的电子转移实现的。这种转移由一连串高速的可逆氧化还原反应、嵌入或电吸附引起,来自发生了去溶剂化并吸附在电极表面的离子,每个离子只涉及一个电子。被吸附的离子与电极的原子不会发生化学反应(没有化学键产生),而只发生电荷转移。这个过程是可逆且非常迅速的,电极材料不发生任何相变。法拉第反应的行为使得器件的电压与电极上施加或释放的电荷几乎呈线性关系,且产生的电流为恒定或几乎恒定,因此其充放电行为更接近于电容器而不是电池(见图 7-39),所以赝电容器件属于电容器而非电池。

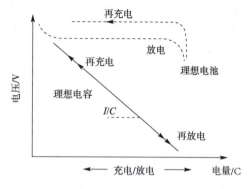

图 7-39 赝电容超级电容器的充放电行为

参与法拉第反应过程的电子往来于氧化还原电极反应物的价电子态(原子轨道)。它们进入负极,通过外部电路流向正极,在那里形成具有相同阴离子数的第二个双电层。到达正电极的电子没有转移到双电层的阴离子中,而是留在了电极表面的过渡金属离子旁。因此,法拉第赝电容的存储能力受限于电极表面的反应物数量,即电极有效比表面积。此外,影响赝电容电极性能的因素还有电极活性材料性能(主要是电子及离子迁移速率)。目前常见的赝电容超级电容器电极活性材料有导电聚合物及过渡金属的氧化物、硫化物、磷化物等。

(3)双电层超级电容器与赝电容超级电容器的对比。

由于赝电容效应不仅在电极表面,而且可在整个电极内部产生,所以可获得比双电层超级电容器更高的电容量和能量密度。在相同电极面积的情况下,赝电容超级电容器的容量可以是双电层超级电容器的 10~100 倍。但是,受限于电化学反应动力学以及反应的不可逆性,导致赝电容超级电容器的充放电功率、循环寿命都比双电层超级电容器要小。

需要指出的是,对一种电极材料而言,实际上由于活性官能团的存在,大部分超级电容器电极都存在着赝电容效应,也即上述两种储能机理往往同时存在,只不过是以何者为主而已。这也为制备高性能的超级电容器提供了方便。目前提高超级电容器性能主要有两个途径:一是通过增大电极材料比表面积来提高双电层电容容量;二是通过提高电极材料上法拉第反应的反应速率来提高赝电容容量。

2. 超级电容器的特点

超级电容器的优点主要包括:功率密度高,可达 1 000 W/kg,远高于蓄电池的功率密度水平;电容量高,与同体积普通电容器相比,超级电容的电容量高出 3 个数量级以上;充放电速度快,充电时间仅几秒;循环寿命长;工作温度范围宽,商业化超级电容器的工作温度范围可达 $-40 \sim 80\ ℃$;免维护;充放电效率高等。

超级电容器的缺点则在于能量密度低,单体电压低,成本较高,只能用于直流电路等。

超级电容器与传统电容器、二次电池的主要性能对比,见表 7-15。

表 7-15　超级电容器与传统电容器、二次电池的主要性能对比

性能	二次电池	超级电容器	普通电容器
单体储能容量	1 200 ~ 3 500 mA·h	1 ~ 10 000 F	<1 F
充电时间	几小时	零点几 ~ 几秒	几毫秒
放电时间	几小时	几秒 ~ 几分	<1 s
循环寿命	500 ~ 5 000	>100 000	>1 000 000
比能量/(W·h·kg^{-1})	30 ~ 300	1 ~ 20	<0.1
比功率/(W·kg^{-1})	50 ~ 1 000	1 000 ~ 4 000	>10 000
充放电效率	75% ~ 95%	90% ~ 98%	>95%

3. 超级电容器的应用

超级电容器是典型的功率型储能器件，具有寿命长、充放电速率快、输出功率高、比功率高、能量转换效率高等优点，但是较低的能量密度、较高的自放电限制了其在储能领域的独立应用，而适合与其他储能手段联合使用。例如电池和超级电容器的联合使用，二者取长补短，可在提供较高的电能量的同时输出较大的电功率。

目前，超级电容器的应用主要在于对功率敏感的领域，并且多与电池联合使用。例如，消费电子、后备电源、可再生能源发电的电力调节系统、电气化交通领域、军事装备领域、航空航天领域等。

2022 年，国家发展改革委、国家能源局联合印发了《"十四五"新型储能发展实施方案》，该方案指出新型储能是构建新型电力系统的重要技术和基础装备，是实现碳达峰碳中和目标的重要支撑，也是催生国内能源新业态、抢占国际战略新高地的重要领域。该方案提出，要推动多元化技术开发，集中攻关兆瓦级超级电容储能技术，加大超级电容器储能技术研发力度，积极探索商业化发展模式，逐步降低储能成本，开展规模化储能试点示范。

超级电容车是一种使用超级电容器来储存电能的车辆，常见于公交车。超级电容车不用油、低噪声、无污染，是清洁汽车。目前，公交车领域的超级电容车只需在公交车起点一次充电数分钟，续航里程最高可达 40 km，中途无须再充电。中国是唯一将超级电容公交车投入量产的国家，更重要的是这项技术为中国自主研发。2006 年 8 月，世界上第一条商业化运营的超级电容公交线路——上海 11 路超级电容公交线路投入运营，开创了超级电容器在新能源汽车和公共交通领域应用发展的新时代。2010 年上海世博会上出现了"世博大道"超级电容城市客车线路，成为世博园区零排放公交的最大亮点。从 2014 年开始，超级电容电动城市客车公交运营系统成功走出国门，在保加利亚、奥地利、塞尔维亚、白俄罗斯、意大利等国成功实现了示范运营，用"中国智造"在越来越多的国内外城市描绘出一道道绿色公交风景线。图 7-40 为充电中的上海超级电容公交车。

图 7-40　充电中的上海超级电容公交车

2023 年 4 月 17 日，世界最大容量 5 MW 超级电容储能系统在华能罗源发电厂完成电网调度联合调试，各项调节指标满足电网要求，系统正式转入商业运行。该系统采用"5 MW 超级电容＋15 MW 锂离子电池"的混合储能模式，既发挥了超级电容储能快的优势，又拥有了锂离子电池储能久的特点，实现性能互补。系统参与调频时，以超级电容为主，锂离子电池为辅，具体表现为以秒为计时单位的小指令全部由超级电容参与，分钟级的大指令则由超级电容器全功率响应，锂离子电池作为补充响应，显著提升了现有储能调频系统综合性能。系统投入运行后，华能罗源发电公司机组的调频响应时间可提高 14 倍以上，调节速率可提升 4 倍以上，调节精度可提升 3 倍以上，机组整体调节性能实现跃升。超级电容器混合储能工程的成功投运，充分验证了大容量超级电容器储能技术的安全性、可靠性、经济性，大幅提升了机组的响应速率和灵活性，填补了我国超级电容储能领域的技术空白，为超级电容器在电力系统的应用提供了优秀的示范作用。

7.5.2 超导储能

1. 超导储能的概念

超导是指导体在某一温度下，电阻降为零的现象。处于超导状态的导体称为超导体。超导体的直流电阻率在一定的低温下突然消失，导体没有了电阻，电流流经超导体时就不发生热损耗，电流可以在导线中形成强大的电流，从而产生超强磁场。利用超导体制成环形电感线圈，再由电励磁，产生磁场从而以电磁场的形式储存能量，称作超导储能。储能时，将电网交流电转换为直流电存储到超导线圈中，电能在该过程中转化为超导线圈的电磁能。释能时，超导储能系统将储存的电能经控制变流器传输至负载，超导线圈中的电磁能在该过程中重新转化为电能。超导线圈储存的能量为 $LI^2/2$，其中 L 为线圈的电感值，I 为电流值。

超导储能装置一般由超导线圈及其低温容器、封闭式制冷机、变流装置和测控系统组成。超导线圈维持在超导状态，线圈中所储存的能量几乎可以无损耗地永久储存下去，直到导出为止。目前，超导线圈采用的材料主要有铌钛（NbTi）和铌三锡（Nb_3Sn）超导材料、铋系和钇钡铜氧（YBCO）高温超导材料等。为保持超导线圈的超导态，必须将超导线圈放在存有液氦（低温超导）或液氮（高温超导）的低温容器内。超导材料技术特别是高温超导材料技术是超导储能的关键核心技术，图 7-41 展示了超导材料技术的发展历程。其他的关键技术包括低温制冷技术、超导限流技术、功率变换调节技术和系统动态监控技术等。

2. 超导储能的特点

超导储能具有以下优点：

（1）储能时间长：由于超导储能技术将电能以电磁能的形式储存在线圈中，它与其他形式的储能技术相比具有可长期无损耗地储存电能。

（2）功率密度高：用于超导线圈的工作电流可达数百安甚至上千安，其功率密度非常高。

（3）响应速度快：电磁能到电能的转换过程非常便捷，响应速度可达毫秒级。

（4）使用寿命长：超导储能系统在运行过程中不涉及电化学反应，除了真空和制冷系统外没有机械接触带来的损耗，因而装置使用寿命长，循环利用次数高。

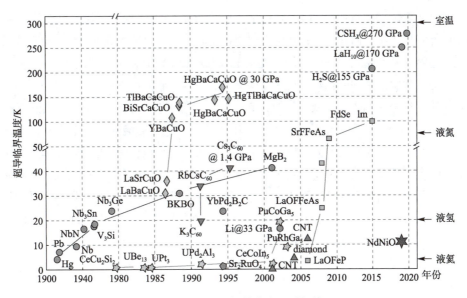

图 7-41 超导材料技术发展时间线

（5）环境依赖小：相比于抽水蓄能等储能技术，超导储能对安装和使用的环境要求较低，且具有对环境影响小、便于维护等优势。

（6）运行控制灵活：由于超导储能可以独立地在大范围内选取其储能与功率调制系统的容量，因此可将其建成大功率和大能量系统。

超导储能的劣势在于，目前超导材料常压下的工作温度普遍处于液氮水平（-200℃），维持这种程度的低温比较困难，因此超导储能系统的超导材料及维持低温的费用较高。

3. 超导储能的应用前景

由于超导储能具有储能时间长、响应速度快、效率高、循环寿命长等优势，所以它在许多领域都拥有巨大的应用潜力。

在电力系统中，人们对超导储能的期望最初是平抑电力系统的峰谷差。后来人们更看重的是它有功功率和无功功率的快速响应能力在提高电力系统稳定性、改善电能品质方面的作用。电力系统在大的扰动下，如线路短路，可能会发生因功率失衡造成的电力系统稳定性问题。超导储能可以通过快速的动态功率补偿，提高电力系统的动态、暂态稳定性，还能有效抑制电力系统中的低频振荡。利用超导储能装置的快速响应特性以及有功和无功功率的四象限独立补偿，可提高电压稳定性、补偿瞬时电压跌落、平抑负荷波动等，有效地提高电能供给的品质。超导储能装置还可作为敏感负载和重要设备的不间断电源（UPS），保证重要负荷的供电可靠性。

此外，在脉冲功率电源领域，超导储能也有较大的应用潜力。凭借着高功率、快速响应特性，超导储能装置可作为电磁武器和电磁弹射系统的高功率脉冲电源。

7.6 化学储能

化学储能主要是指利用氢或合成天然气等作为二次能源的载体，储存电能。利用多余的电，通过电解水，将水分解为氢和氧，从而获得氢。以后可直接用氢作为能量的载体，也可以再将氢与二氧化碳反应合成甲烷（天然气），以合成天然气作为能量的载体。通过这个过程将间歇波动、富余电能转化化学能储存起来；在电力输出不足时，利用氢或甲烷通过燃料电池或其他发电装置发电回馈至电网系统。即通过"可再生能源发电-水电解制氢（再制天然气）-发电"的步骤，利用电能与化学能之间的相互转化，实现能量储存与释放的过程。

化学储能存在全周期效率较低的问题，制氢效率一般在 70% 左右，而合成天然气的效率只有 60% ~ 65%。但是，化学储能潜力巨大。从化学储能与其他储能的比较上来看，电化学储能的容量是兆瓦级，储能时间是 1 天以内；抽水蓄能容量是吉瓦级，储能时间是 1 周 ~ 1 个月；而化学能储能的容量是太瓦级，时间可以达到 1 年以上。化学储能可以做到跨区域长距离储能，而且从用途上看，化学储能不仅可以重新转换为电能，还可以用于燃料、化工原料等其他用途。总之，化学储能兼具安全性、灵活性和规模性特质，无论是从能量维度、时间维度还是从空间维度，化学储能都是潜力极大的储能方式。

7.6.1 氢储能

1. 氢储能的概念

氢储能技术是利用电能和氢能的相互转化而发展起来的：利用电解制氢，将间歇波动、富余电能进行电解水制氢，储存起来或供下游产业使用；在用电高峰期时，利用氢气通过燃料电池或其他发电装置发电回馈至电网系统。氢储能，既解决了氢源的问题，又解决了电能的供需矛盾。氢通常由一次能源转化、工业副产氢、电解水制氢或可再生能源制氢而获得。根据其制氢的方式，氢可分为灰氢、蓝氢和绿氢，如图 7-42 所示。而氢储能技术是可再生能源与氢能融合，为氢能开辟了更清洁、更环保的制备途径和应用场景，属于"绿氢"。

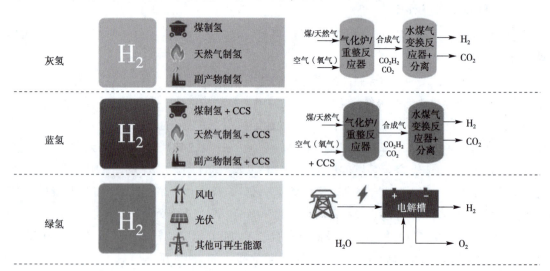

图 7-42 氢能的来源

2. 氢储能的特点

1) 氢储能的优势

满足新能源的消纳，氢储能适合长周期、大规模储能，在放电时间（小时至季度）和容量规模（百吉瓦级别）上的优势比其他储能明显。氢的储运和使用方式比较灵活，可使用纯氢运输、天然气掺氢、特高压输电端制氢和液氨等方式，不仅可以与电能之间相互转化，而且还可以与含氢化合物作用，促进工业脱碳。

氢储能受到地理限制和生态保护的限制比较少，相比于压缩空气、抽水蓄能等其他大规模储能技术而言，氢储能不需要特定的地理条件，应用场景更加广泛。

氢储能具有一定的规模储能经济性，储能系统的边际成本随着规模会逐渐下降，规模化储氢比储电的成本要低一个数量级。

2）氢储能的不足

氢储能最大的能量来源是可再生能源发电，但是风、光发电有很大的不确定性，主要特点是间歇性、波动性、随机性，尤其是风力发电随机性、波动性更加厉害，很难为负载提供一个持续稳定的电力供应。因此，要用可再生能源制氢，关键在于能够适应宽功率波动的高效低成本的制氢系统，才能有可能实现大规模的制氢。目前，国内商业化应用的电制氢技术是碱性电解技术。碱性电解技术成熟、成本低，但是其动态响应速度慢，在需要频繁启停、变负荷运行的氢储能调峰站中应用有较大弊端。其他快速响应的制氢技术尚未实现商业化、处于小规模工程示范阶段，仍待工程化应用验证。

电解水制氢效率达 65%~75%，燃料电池发电效率为 50%~60%，单过程转换效率相对较高，但电-氢-电过程存在两次能量转换，整体效率较低，仅为 35% 左右。这也是氢储能发展中遇到的阻碍，提高能量转化效率是需要突破的重点。

氢-电所需的燃料电池技术成本较高，导致氢储能系统整体成本高。当前抽水蓄能和压缩空气储能投资功率成本约为 7 000 元/kW，电化学储能成本约为 2 000 元/kW，而氢储能系统成本约为 13 000 元/kW（其中燃料电池发电系统造价约 9 000 元/kW）。

此外，虽然氢气属于能源之一，但仍未改变其危化品管控的属性，规模化制氢站须建在化工园区，这在一定程度上限制了氢储能站的选址，尤其在电、氢负荷中心的东部经济发达城市选址难度有所增加。

3. 氢储能的发展与应用

与其他储能方式比，氢更有能力实现大规模的储能，"可再生能源+氢+控制"的氢电耦合系统可能是真正实现绿色能源可持续发展的理想模式。自 2019 年氢能被纳入能源体系，各大能源公司纷纷布局，在氢能的供给端探索氢在新的能源体系中的应用，氢电耦合、氢储能不仅可以弥补抽水储能和锂电的短板，以氢作为电网的储能可以降低运输过程中的成本，使推广更具备可行性。

绿电制成绿氢，绿氢在制氢、用氢环节也可以更好地与电耦合，助力打造新型电力系统。绿氢与绿电相互成就。在电源侧，配套一定规模的制氢设备，可减少可再生能源间歇波动性对电网系统稳定性的影响，缓解大规模波动性电能上网对电网系统的冲击，提高可再生能源利用率。在电网侧，通过布局掺烧绿氢等氢基能源的传统燃煤机组、燃气机组或燃料电池分布式电站参与系统调峰，提高电力系统安全性、可靠性，实现能源跨地域和跨季节的能源优化配置。在用电侧，氢能热电联产、分布式制氢加氢站等可参与电网辅助服务，支撑分布式供能系统建设，发挥电、气、氢等不同能源系统的耦合互补效应，提升终端能源效率和综合供能可靠性。

绿氢应用场景并不限于能源行业。目前95%以上的氢作为原料用于炼化行业以及化工行业合成高端化学品。每吨绿氢代替灰氢可减少约27 t CO_2排放。大力发展绿氢耦合现代煤化工，推动以氢换煤、绿氢消碳，那么必定会给化工行业的环保和低碳生产助一臂之力。

绿氢还有望在交通、冶金等领域的减排脱碳发挥作用，例如，氢燃料电池可为汽车提供动力，氢气在钢铁行业中代替焦炭作为还原剂等。

2022年3月，国家发改委、能源局《"十四五"新型储能发展实施方案》提出，到2025年，新型储能由商业化初期步入规模化发展阶段，具备大规模商业化应用条件，开展钠离子电池、新型锂离子电池、铅炭电池、液流电池、压缩空气、氢（氨）储能、热（冷）储能等关键核心技术、装备和集成优化设计研究，到2030年，新型储能全面市场化发展。氢储能在这些新型储能中并不显眼，但却是最有潜力的储能方式。"十四五"时期，"双碳"目标和《"十四五"现代能源体系规划》的出台为氢能产业带来重大契机，随着国家政策的持续支持和产业的迭代升级，应加快推进氢能在能源、工业、交通等领域的示范应用和技术创新，助推各行业降碳脱碳和转型升级，同时也使绿氢经济能够一揽风光，借势破局，真正构建起一个蓬勃发展、清洁低碳的氢能产业。

2022年7月6日，国内首座兆瓦级氢能综合利用示范站在安徽六安投运，标志着我国首次实现兆瓦级制氢—储氢—氢能发电的全链条技术贯通，如图7-43所示。该项目位于安徽省六安市金安区，占地面积10.7亩（1亩 = 666.667 m^2），项目研制的兆瓦级质子交换膜（PEM）纯水电解制氢系统及氢燃料电池系统设备均为具有自主知识产权的国内首套设备。该示范站额定装机容量1兆瓦，

图7-43　安徽六安兆瓦级氢能综合利用示范站

占地面积超过7 000 m^2，主要配备兆瓦级质子交换膜制氢系统、兆瓦级燃料电池发电系统、热电联供系统、风光可再生能源发电系统、配电综合楼等，是国内首次对具有全自主知识产权"制、储、发"氢能技术的全面验证和工程应用。该示范站采用先进的质子交换膜水电解制氢技术，清洁零碳，年制氢可达70×10^4 Nm^3以上、氢发电可达73万kW·h，所制氢气可在氢燃料电池车、氢能炼钢、绿氢化工等领域广泛应用，氢能发电可用于区域电网调峰需求，对于推动氢能研究应用、服务新型电力系统建设具有重要的示范引领作用。

7.6.2　其他化学储能

电转氢技术可将富余的可再生能源电能转化为化学能，氢在化工领域具有较大的应用潜力。在电制氢的基础上，发展出了一系列面向可再生能源消纳的技术，被称作电化工（Power to X，P2X）。P2X是一种储能技术，更是一种技术理念，其核心是利用电解水反应生产氢气，然后与后续化工流程相结合，生成大宗化工产品，如氨、甲烷、甲醇等。

1. 甲烷储能

甲烷储能是电转气（power to gas）技术的一种，利用可再生能源产生的电能来生产甲烷，从而储存能量，实现以化学能形式存储和输运电能。甲烷储能转化过程的先通过电解水产生氢气，

再将这些氢气与大气、生物质废气和工业废气中产生的二氧化碳反应生成甲烷。

$$CO_2 + 4H_2 \rightleftharpoons CH_4 + 2H_2O$$

甲烷是天然气的关键成分,可以直接用在各种燃气设备上。虽然甲烷燃烧后仍会产生碳排放,但由于其生产过程中消耗了CO_2,整体上实现了CO_2的循环利用,所以是一种净零排放的零碳绿色天然气。需要注意的是,用于甲烷化的二氧化碳必须来源于空气或者生物质,使碳循环闭合。只有这样产生的甲烷才算是碳中性燃料。如果二氧化碳来源于化石燃料,则产生的甲烷不能算作碳中性燃料。

电转甲烷不仅在储能上具有大容量、长周期和低成本等特点,而且可以构建电力系统与燃料系统的互通互联,并且能够促进CO_2的循环利用助力减缓气候变化,在未来能源系统中具有大规模应用的潜力。

2. 甲醇储能

甲醇储能也是电化工技术的一种,利用可再生能源产生的电能来生产甲醇,实现以化学能形式存储和输运电能。这样生产出来的甲醇还被称作"液态阳光"。

$$CO_2 + 3H_2 \rightleftharpoons CH_3OH + H_2O$$

常规甲醇生产采用煤等化石能源为原料,生产过程中碳排放量较大,1 t甲醇产品碳排放量约为3.8 t。"液态阳光"技术实现了极低或零排放方式实现非化石能源生产"绿色甲醇"的技术革新,技术包括风光可再生能源发电、绿电制氢和绿氢与CO_2合成"绿色甲醇"等三个主要单元。可再生能源发电通过输电线路送至制氢单元通过电解水制氢技术生产绿氢,绿氢与煤化工捕集的CO_2在适宜的温度和压力条件下合成"绿色甲醇"产品,生产过程中碳排放极低或为零。液态阳光技术充分发挥可再生能源在能源供给中的作用,通过可再生能源与煤化工过程耦合实现大幅降低生产过程中的碳排放,对煤化工行业向低碳绿色化工转型、缓解国家能源安全问题都具有重大战略意义。

3. 氨储能

氨目前是世界上生产及应用最广泛的化学品之一,主要用于制作硝酸、化肥、炸药以及制冷剂等。目前全球八成以上的氨用于生产化肥。目前全球氨产量约2.53亿t,其中98%由化石能源制得,其碳排放占全球的1.8%,是全球碳排放"大户"。由于氢气是氨的主要生产原料,因此利用可再生能源产生的电能先制备氢气、再合成氨,这就是氨储能,其反应方程式如下所示。而基于氨储能技术制备的氨也被称作"绿氨"。

$$N_2 + 3H_2 \rightleftharpoons 2NH_3$$

相较于化石能源制取氨,绿色氨的优势主要体现在以下几个方面:绿色氨是一种"零碳"能源,可以替代传统的化石燃料,实现减排和环保。氨具有高体积能量密度和易液化的特性,相比于氢气更容易存储和运输。氨燃料电池是氨能源化的重要技术,具有高度的燃料灵活性,可以直接使用氨作为燃料,同时产生氮和水作为副产品,减少对环境的污染。氨作为一种富氢载体,具有丰富的来源和完善的存储与运输等应用基础设施,已经有100余年的工业化生产和应用历史。相比于传统的氢气电解过程,将可再生能源、水和空气转化为氨的"反向燃料电池"技术是一种更为绿色的方法,可以实现氢气的生产和氨的制备一步到位,减少能源和成本的浪费。

拓展阅读　能源系统未来趋势——综合智慧能源

能源是现代经济社会发展的基础和命脉，党中央高度重视能源工作。党的二十大报告指出，"深入推进能源革命，加快规划建设新型能源体系，确保能源安全"，这是党中央对新时代新征程能源高质量发展的新部署和新要求。这一部署既集中体现了新时代党的创新理论在能源领域的具体成果，也科学确立了新征程能源事业的新使命、新任务；既与能源安全新战略一脉相承，又赋予其新的时代内涵；既遵循现代能源发展演进的一般规律，更是立足国情的能源发展道路，具有重大的现实意义和深远的历史意义。

在建设新型能源体系的任务要求下，新型能源体系将在现有能源体系上不断升级演进和变革重塑，综合智慧能源便是一种新的能源系统形态。综合智慧能源，是以数字化、智慧化能源生产、储存、供应、消费和服务等为主线，追求横向"电、热、冷、气、水、氢"等多品种能源协同供应，实现纵向"源-网-荷-储-用"等环节之间互动优化，构建"物联网"与"互联网"无缝衔接的能源网络，并面向终端用户提供能源一体化服务的产业。

综合智慧能源有两个方面的重要特点。第一，"综合"：强调能源一体化解决方案，从用户侧出发，实现多种能源品种的融合。在"综合"的要求下，电源的形式将不再是以火力发电为主，而是融合了水力发电、太阳能发电、风力发电、核能发电等多种形式，并以新能源为主；电力系统的模式也不再局限于传统的集中式，而是变为集中式与分布式并举。第二，"智慧"：强调数字化、智慧化，以平台为中心利用物联网、大数据、人工智能等技术，推进能源供给、消费的优化组合、有机协调，同步实现能源系统效率提升。在"智慧"的要求下，电力系统需要通过储能的灵活性调节，实现电源、电网、负荷、储能各个环节的协调互动，实现系统安全、稳定、可靠的运行。

综合智慧能源主要通过三个层面的机制实现有效运行。

首先，需要对源、网、荷、储、用的特性进行分析。即分析源、网、荷、储、用各个环节当前的状态和具备的能力。例如，对太阳能发电、风力发电等电源，根据其设备性能参数分析发电情况及对电网的影响；对于负荷，根据采集的负荷数据，对负荷的特性进行辨识，计算负荷的相关指标；对电网，分析其有功调节能力、无功调节能力、负载率、可靠性等指标。

其次，对发电功率、负荷功率等进行预测。借助风光预测系统及高精度天气预报等服务，根据现场采集的监控数据和环境数据及其历史统计数据，对超短时、短时和长时风电、光伏的输出功率做出预测，制定预期发电曲线；对于负荷预测，在对历史负荷数据、气象因素、节假日、特殊事件等信息进行分析的基础上，挖掘负荷变化规律，制定负荷预测变化曲线。

最后，制定源、网、荷、储、用的协调优化功能。储能的作用得到充分体现，储能作为灵活性资源，可实时的"查漏补缺"，并解决改变电能的时域特性。根据系统的需要实现调峰、调频、调压、备用等多重作用。

综合智慧能源应用场景广泛，既可应用于大型企业、办公园区等智慧园区，也可为居民住宅、医院、酒店、办公楼等建筑提供低碳智慧化解决方案。随着"双碳"工作思路逐步清晰，从顶层设计转向落地实施，从概念走向产业，新技术的攻关、新业态的催生，都在助力综合智慧能源系统发展。综合智慧能源是实现"双碳"目标的战略选择，是构建新型电力系统的重要基础，是能源安全战略的关键支撑，是能源企业数字化转型的必然方向。

我国是综合智慧能源建设领域的领先者。2022 年 6 月 29 日，由中国三峡新能源股份有限公司牵头投资建设的三峡乌兰察布新一代电网友好绿色电站示范项目一期工程建设完成，正式交付并投入使用。该项目是全国首个"源网荷储"项目、国内首个储能配置规模达到千兆瓦时的新能源场站，也是全球规模最大的"源网荷储"一体化示范项目。该项目总建设规模 200 万 kW，包括 170 万 kW 风电项目和 30 万 kW 光伏发电项目，配套建设 55 万 kW×2 h 储能系统，并建设 1 个智慧联合调度中心和 4 个升压储能一体化站。项目建成后，年发电量将达到近 64 亿 kW·h。三峡乌兰察布新一代电网友好绿色电站示范项目以储能等新技术为突破口，通过"风光储"联合优化调度运行，有效解决电力系统综合效率不高、"源网荷储"各环节协调不够、各类电源互补互济不足等问题，是推动实现"碳达峰碳中和"目标的生动范例。

思 考 题

1. 简要说明储能的目的。
2. 储能的基本原理是什么？
3. 储能技术的主要类型有哪些？哪些属于新型储能？
4. 储热技术可以分为哪几类？它们各自有什么特点？
5. 显热储能和相变储能的区别是什么？
6. 结合实例简要谈谈相变储能的应用。
7. 相较于其他储热技术，热化学储能的突出特点是什么？
8. 简要描述抽水蓄能的工作原理。
9. 抽水蓄能有何特点？
10. 压缩空气储能是如何运作的？有什么特点？
11. 简要分析飞轮储能的特点及其应用。
12. 简要分析电池的容量、比容量、能量、比能量的关系。
13. 计算锂离子电池中，磷酸铁锂正极材料、石墨负极材料的理论比容量。
14. 简要说明电化学储能电站的构造。
15. 锂离子电池的工作方式是怎样的？
16. 简要描述液流电池的工作原理及突出优势。
17. 简单对比超级电容器与电池。
18. 超级电容器的应用如何？
19. 举例谈谈我国在新型储能技术中取得的进展及其意义。
20. 简要谈谈你对我国新型储能发展规划的看法。

第8章 智能微电网应用技术

学习目标

1. 了解智能微电网产生的历史背景。
2. 掌握智能微电网的定义、分类、结构和特点。
3. 熟悉智能微电网的关键技术。
4. 了解发展智能微电网的作用及意义。

学习重点

1. 智能微电网的定义、分类、结构和特点。
2. 智能微电网的作用及意义。

学习难点

1. 智能微电网的定义、分类、结构和特点。
2. 智能微电网的关键技术。

智能微电网是一种先进的能源管理系统,通过智能微电网,我们可以更好地利用可再生能源,它可实现各种分布式能源协调互补,实现能源优化配置和高效利用。本章将以智能微电网的历史背景和现实意义为起点,从智能微电网的定义、分类、结构、特点、运行模式、控制方法等方面展开,使读者对智能微电网系统有个系统的认识。

8.1 智能微电网的历史背景和现实意义

基于可再生能源的分布式发电技术得到了越来越广泛的应用,但光伏发电、风力发电、生物质能等分布式电源(distributed generation,DG)具有间歇性、随机性等特点,大量并网会给电网带来安全稳定性及电能质量等相关问题。为协调电网和分布式电源之间的矛盾,充分挖掘分布式电源的潜力,提高分布式电源为电网和用户带来的社会及经济效益,智能微电网的相关概念及技术应运而生。智能微电网可实现分布式电源的有效利用,并具有灵活、智能等特点,受到了世界各国的广泛重视。

分布式发电与电网的结合，被国内外许多专家学者认为是降低能耗、提高电力系统可靠性和灵活性的主要形式。尽管分布式发电具有低投资、环保以及灵活性高等优点，但同时也存在着如单机接入成本高、控制相对困难等缺点。分布式电源相对于电网来说，是一个不可控电源，电网不得不采取限制、隔离等方式来处理分布式电源，以减小分布式电源对大电网的冲击。现在并网运行的分布式电源，当电力系统发生故障时，必须马上退出运行，这就限制了分布式电源的利用。如何协调大电网与分布式电源之间的矛盾，充分利用分布式电源为用户和电网带来社会和经济效益是我们必须面对和迫切需要解决的问题。

8.1.1 智能微电网产生的历史背景

随着国民经济的快速发展，电力需求迅速增长，能源短缺及能源发展的可持续性日渐成为经济发展的瓶颈。目前，电力供应主要建立在火电、水电及核电等大型集中式电源和超高压远距离输电网络的基础上。然而，随着电压等级的逐步提高，电网规模的不断扩大，这种超大规模电力系统的运行弊端逐渐显现出来，成本高、运行难度大，难以适应用户越来越高的安全、可靠、多样化的供电需求，电煤紧张、远距离输电的大风险、能源结构不合理等问题日益显现，尤其是世界范围内接连发生过几次大规模的停电事故，使得电网的脆弱性充分暴露了出来，因此分布式发电被提上了日程。分布式发电是相对于集中式发电而提出来的，它为解决集中式发电的问题及可再生能源发电的并网找到了突破口。分布式发电可以在负荷中心或偏远的农村建立，具有诸如利于环保、提高能源利用效率、满足负荷增长需求、具备可持续发展等优点，但作为一个新的领域和一项新的技术，还存在许多不足的方面，迄今为止，分布式发电技术的潜力尚未得到充分发挥，究其原因，主要存在以下几个方面：

（1）分布式发电电源并网时会产生冲击电流，给电网设备的安全运行造成影响。

（2）分布式发电电源功率减小或退出电网时需要及时补充功率缺额，这就需要大量的区域性备用设备及无功补偿装置，经济性有待提升。

（3）分布式发电电源（光伏、风机等）输出功率具有一定的随机性，其输出功率的波动会导致电网电压和频率的不稳定。

（4）部分分布式发电系统（光伏、燃料电池等）采用的并网逆变器，是由较多的电力电子器件组成，其运行时会对电网造成谐波污染。

（5）分布式发电电源的功率波动会造成电网电压波动及闪变，导致电网电压偏差，从而影响电网电能质量。

（6）传统电网是辐射状，由单侧电源供电，而分布式发电电源既可以向电网提供电能，又可以向电网吸收电能，因此当分布式发电电源接入配电网后，配电网的结构将发生改变。例如当电网发生短路故障时，除了电网系统向故障点提供短路电流外，分布式发电电源也将对短路故障点提供短路电流，这将对配电网继电保护装置的正常运行造成影响。

总之，阻碍分布式发电获得广泛应用的不仅仅是分布式发电本身的技术问题，还存在现有电网技术仍不能完全适应分布式发电的接入要求。为使分布式发电得以充分利用，西方一些学者提出了微型电网（micro-grid，又称智能微电网）的概念。

8.1.2 智能微电网发展的现实意义

智能微电网能实现内部电能和负荷的一体化运行,并通过和电网协调控制,平滑接入电网或独立运行,这就使得作为分布式发电的优点得以充分发挥,因此推广使用智能微电网在能源的可持续发展及能源供应的稳定性、安全性及可靠性等方面具有十分重要的意义。就我国而言,智能微电网对电力系统和国民经济发展的意义主要体现在以下几个方面:

(1) 智能微电网有利于提升电力系统抗灾能力。目前,我国电力工业发展已进入大电网、高电压、长距离、大容量阶段,六大区域电网(六大区域电网分别是东北电网、华北电网、华中电网、华东电网、西北电网和南方电网,其中东北电网、华北电网、华中电网、华东电网、西北电网属国家电网公司管理,南方电网属南方电网公司管理)已实现互联,网架结构日益复杂。实现区域间的交流互联,理论上可以发挥区域间的事故支持和备用作用,实现电力资源的优化配置。但大范围交流同步电网存在大区间的低频振荡和不稳定性,其动态事故难以控制,造成大面积停电的可能性大。另一方面,厂网分开后,市场利益主体多元化,厂网矛盾增多,厂网协调难度加大,特别是对电网设备的安全管理不到位,对电力系统安全稳定运行构成了威胁。相较于传统的发电技术,分布式发电系统由于采用就地能源,可以实现分区分片灵活供电,通过合理的规划设计,在灾难性事件发生并导致大电网停电事故的情况下,智能微电网能够迅速脱离大电网而单独给智能微电网内的负荷供电,提高了供电的可靠性和稳定性,当大电网故障排除后,智能微电网有助于大电网快速恢复供电,降低大电网停电造成的社会经济损失;分布式发电系统还可利用天然气及冷、热能易于在用户侧存储的优点,与大电网配合运行,实现电能在用户侧的分布式替代存储,从而间接解决电能无法大量存储这一难题;同时智能微电网中优先并大量使用高渗透率的可再生能源进行分布式发电还可以降低环境污染。

(2) 智能微电网有利于我国发展可再生能源。处于电力系统管理边缘的大量分布式电源并网有可能造成电力系统不可控、不安全和不稳定,从而影响电网运行和电力市场交易,导致分布式发电面临许多技术障碍和质疑。智能微电网通过各种检测、运行控制策略将地域相近的微电源、储能装置与负荷结合起来进行协调控制,使分布式发电的优势得以充分发挥,消除分布式发电对电网的冲击和负面影响,使得智能微电网相对配电网表现为"电网友好型"的单个可控单元,可以与大电网进行能量交换,并能在大电网发生故障时独立运行。

(3) 智能微电网有利于提高电网企业的服务水平。智能微电网可以根据终端用户的需求提供差异化的供电服务,智能微电网根据用户对电力供给的不同需求,将负荷分为重要负荷、可控负荷和一般负荷,智能微电网能集中自身的优势资源保障重要负荷的持续稳定供电。负荷分级的思想体现了智能微电网个性化供电的特点,智能微电网的应用有利于电网企业向不同终端用户提供不同的电能质量及供电可靠性。

(4) 智能微电网有利于建设资源节约型社会。传统的供电方式是由集中式大型发电厂发出电能,经过电力系统远距离、多级变送为用户供电,这种发配输电的方式需要耗费大量的建设经费且远距离、多级变送的电能损耗也很大,智能微电网中存在大量的分布式发电和储能系统,其所发和所储存的电能能实现"就地消费",因此能够有效减少对集中式大型发电厂电力生产的依赖以及远距离电能传输、多级变送的损耗,从而减少电网投资,降低网损。

（5）智能微电网有利于社会主义新农村建设。智能微电网能够较为有效地解决我国西部地区目前常规供电所面临的输电距离远、功率小、线损大、建设变电站费用昂贵等问题,为我国边远及常规电网难以覆盖地区的电力供应提供有力支持,从而间接为这些地方的经济社会发展作出相应的贡献。

总之,随着智能微电网应用技术水平的提高,分布式发电成本的进一步降低,可以预期,在不远的将来,分布式发电必将与常规集中式发电构成未来的两种相辅相成的发电方式,并在电力系统中占据重要的地位。

8.2 智能微电网的定义

由于世界各国发展智能微电网的侧重点不同,所以对智能微电网的定义也有所差别。目前获得学术界和工业界认可的智能微电网定义主要有以下几种:

1. 美国给出的定义

（1）美国电气技术可靠性解决方案联合会给出的定义:智能微电网是一种由负荷和微电源共同组成的系统,它可同时提供电能和热能;智能微电网内部的电源主要由电力电子器件负责能量的转换,并提供必需的控制。智能微电网相对于大电网表现为单一的受控单元,并可同时满足用户对电能质量和供电安全方面的需求。当智能微电网与主网因为故障突然解列时,智能微电网还能够维持对自身内部的电能供应,直到故障排除。

该定义给出了相应的智能微电网的结构,如图 8-1 所示。

（2）美国能源部给出的定义是:智能微电网由分布式电源和电力负荷构成,可以工作在并网与离网两种模式下,具有高度的可靠性和稳定性。

2. 欧盟给出的定义

欧盟智能微电网项目给出的定义是:利用一次能源,使用微型电源（分为不可控、部分可控和全控三种）,并可冷、热、电三联供;配有储能装置,使用电力电子装置进行能量调节,包括低压网络、负荷（部分可中断）、可控或不可控的分布式电源、储能装置和基于监控分布式电源和负荷的通信设施的分层管理和控制系统。

3. 日本给出的定义

（1）日本东京大学给出的定义:智能微电网是一种由分布式电源组成的独立系统,一般通过联络线与大系统相连,由于供电与需求的不平衡关系,智能微电网可选择与主网之间互供或者独立运行。

（2）日本三菱公司给出的定义:智能微电网是一种包含电源和热能设备以及负荷的小型可控系统,对外表现为一个整体单元并可以接入主网运行;并且将以传统电源供电的独立电力系统也归入为智能微电网研究范畴,大大扩展了美国电气技术可靠性解决方案联合会对智能微电网的定义范围。

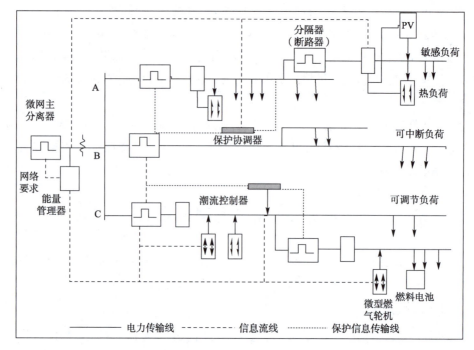

图8-1　智能微电网结构（美国定义）

4. 国际电工委员会给出的定义

微电网是由相互关联的负荷和分布式能源（包括微燃机、柴油机、储能、可再生能源等在内的各类分布式能源）组成，运行在可定义电气边界的配电网范围，具备黑启动能力且可以运行在并网或者孤岛模式。

5. 我国给出的定义

国网电力科学研究院提出我国智能微电网的定义：以分布式发电为基础，以靠近分散型资源或用户的小型电站为主，结合终端用户质量管理和能源梯级利用技术形成的小型模块化、分散式的供电网络。

我国在《微电网管理办法》中，对微电网定义为：由分布式电源、用电负荷、配电设施、监控和保护装置等组成的小型发配用电系统（必要时含储能装置）。

从各个国家对智能微电网的定义可以看出，由于历史上的大停电事故，美国利用智能微电网关注的是如何提高电能质量和供电可靠性的方面，而欧洲重点关注的是多个智能微电网的互联和市场交易问题，日本则侧重于能源多样化方面。尽管各个国家在给出智能微电网定义时阐述的侧重点不同，但从各个国家给出的智能微电网定义中可以归纳出智能微电网的一般性特点，即智能微电网是一种新型网络结构，是一组微电源、负荷、储能系统和控制装置构成的系统单元。智能微电网是一个能够实现自我控制、保护和管理的自治系统，既可以与外部电网并网运行，也可以独立运行。智能微电网是相对传统大电网的一个概念，是指多个分布式电源及其相关负荷按照一定的拓扑结构组成的网络，并通过开关关联至常规电网。智能微电网能够充分促进分布式电源与可再生能源的大规模接入，实现对负荷多种能源形式的高可靠性供给，是实现主动式配电网的一种有效方式，是传统电网向智能电网的过渡。

从智能微电网的定义中可看出，智能微电网与单纯的分布发电并网系统的主要区别在于智能微电网中拥有集中管理单元，使得各分布式电源、负荷与电网之间不仅存在电功率的交互，还存在通信信息、控制信息及其他信息的检测与交互，具体区别如图 8-2 和图 8-3 所示。

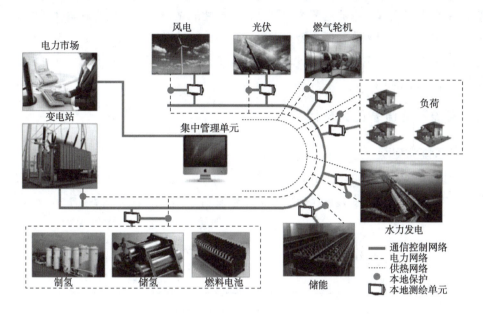

图 8-2　智能微电网中各单元间交互图

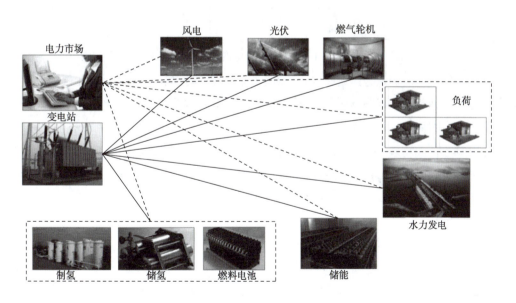

图 8-3　传统分布式发电并网中各单元间的信息交互图

8.3 智能微电网的分类和结构

智能微电网按照母线传送的电流类型可分为直流智能微电网和交流智能微电网，按照智能微电网输出电压的高低可以分为低压智能微电网和高压智能微电网，按照是否与大电网并网运行可以分为并网型智能微电网和孤岛（离网）型智能微电网，按照输出的相数可分为单相智能微电网和三相智能微电网。

8.3.1 直流和交流智能微电网

1. 直流智能微电网

直流智能微电网是指系统中的 DG、储能装置、负荷等均通过电力电子变换装置连接至直流母线上，直流网络再通过逆变装置连接至外部交流电网，其结构框图如图 8-4 所示。

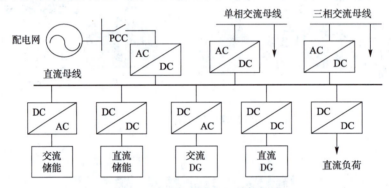

图 8-4　直流智能微电网结构框图

直流智能微电网的优点是建设成本低，易于控制，且无须考虑各个 DG 同期并网问题；其相应的缺点有直流保护、变流器、配电设备等设备不成熟，建设规模较小，适用范围较窄。

2. 交流智能微电网

交流智能微电网是指 DG、储能装置等均通过电力电子变换装置连接至交流母线，再通过控制公共联结点（PCC）处的开关，既可实现并网运行，又可实现孤岛运行。交流智能微电网仍然是智能微电网的主要形式。其结构框图如图 8-5 所示。

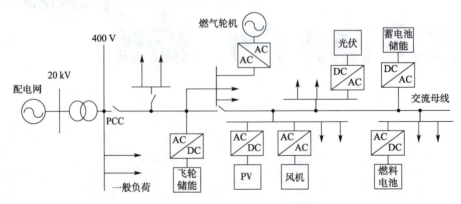

图 8-5　交流智能微电网结构框图

交流智能微电网的优点是交流保护、变流器、配电设备等成熟,建设规模可大可小,适用范围广;其缺点是建设成本较高,控制复杂。

8.3.2 并网和孤岛智能微电网

智能微电网是由分布式能源系统、储能系统、能量转换装置、相关的负荷和监控系统、控制保护装置汇集而成的小型发配电系统,它既可以接入大电网并网运行,也可以离网独立运行。按照智能微电网是否与大电网并网运行,可以把智能微电网分为并网和孤岛(离网)型智能微电网。

1. 并网型智能微电网

1) 系统结构和组成

并网型智能微电网系统结构图如图 8-6 所示。

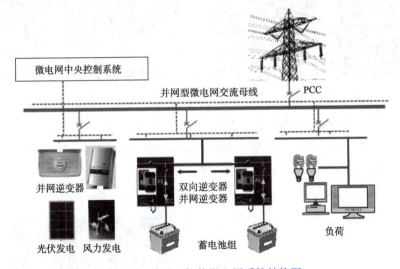

图 8-6 并网型智能微电网系统结构图

(1) 系统组成。并网型智能微电网主要包括光伏发电与风力发电等分布式发电系统、蓄电池组及由双向逆变器等组成的储能系统、负荷系统、并网逆变器、智能微电网中央控制系统等。

其中,光伏发电系统由光伏阵列和光伏并网逆变器组成,风力发电系统由风力发电机组和风电并网逆变器组成,储能系统由储蓄电池组和双向逆变器、蓄电池、并网逆变器组成,负荷系统由必须保障的重要负荷和其他可切除的非重要负荷组成,系统中的各个组成部分均接受智能微电网中央控制系统的控制和调度。并网型智能微电网既可以并网运行,也可以脱离大电网以孤岛模式运行。

(2) 系统特点。系统采用光伏、风力发电等较成熟的分布式发电技术,为负荷提供清洁、绿色的电力能源,具备并网和孤岛两种运行能力,并且可以在两种运行模式间实现平滑切换。系统采用三层控制架构(能量管理及监控层、中央控制层、底层设备层),既能向上级电力调度中心上传智能微电网信息,又能接收调度下发的控制命令,可对负荷用电进行长期和短期的预测,通过预测分析实现对智能微电网系统的高级能量管理,使智能微电网能够安全经济运行。

2) 关键技术装备

(1) 光伏发电系统。由单晶硅、多晶硅、非晶硅等光伏组件及并网逆变器构成的发电系统主要包括：光伏组件、并网逆变器、监控系统及其他辅助发电设备，光伏发电系统主要设备的外观如图 8-7 所示。

(2) 风力发电系统。风力发电系统由风力发电机组和并网逆变器构成的发电系统，主要包括风叶、发电机、调向机构、调速机构、停车机构、风力机的塔架、控制器、并网逆变器、监控系统及其他辅助发电设备等，风力发电系统主要设备外观如图 8-8 所示。

图 8-7　光伏发电系统主要设备外观图　　　　图 8-8　风力发电系统主要设备外观图

(3) 储能系统。储能系统既能向负荷供电，又能作为负荷存储电网发出的能量，在智能微电网孤岛运行时，储能系统为整个智能微电网提供电压和频率的支撑，储能系统作为智能微电网系统的重要调节和支撑单元，具有非常重要的意义。储能系统主要包括：储能蓄电池、双向逆变器、电池管理系统、监控系统及其他电力电子设备。储能系统主要设备外观如图 8-9 所示。

图 8-9　储能系统主要设备外观图

(4) 智能微电网中央控制系统。智能微电网中央控制系统是整个智能微电网的核心，主要对系统中的分布式电源、储能、负载功率等做出控制决策，实现智能微电网系统安全运行及经济利益的最优化。主要功能有：对智能微电网内的分布式电源、储能系统和负荷进行数据采集、监控、分析及控制，接收能量管理系统对发电、负荷用电情况的预测曲线及结果，改变分布式电源系统的功率参考值，优化整个系统的功率调度，完成智能微电网并/离网切换命令等。

(5) 智能微电网能量管理系统。能量管理系统是智能微电网的最上层管理系统，主要对智能微电网分布发电单元的发电功率进行预测，对智能微电网中能量按最优的原则进行分配，协同大电网和智能微电网之间的功率流动，对智能微电网内的分布式电源、储能系统和负荷进行监控，基于数据分析结果生成实时调度运行曲线，根据预测调度曲线，制定合理的功率分配曲线并下发给智能微电网中央控制器。

（6）智能微电网监控系统。智能微电网监控系统主要完成智能微电网综合监控、数据采集及故障录波、系统负荷容量监控及管理、发电单元的有功/无功功率调度、系统储能管理、故障保护管理等。

3）并网型智能微电网运行控制方案

（1）并网运行控制。智能微电网系统接入大电网运行，可通过恒功率模式或下垂模式调度有功和无功功率，满足调节时间和控制精度的要求；智能微电网系统和大电网同时对负荷供电，并且由智能微电网中央控制系统来协调各发电单元的输出功率情况，进行系统的经济优化调度；智能微电网系统并网运行时注入电网的电流和功率因数等相关电能质量指标要满足配电网的要求。

（2）孤岛运行控制。智能微电网系统由并网运行模式切换到孤岛运行模式时，切换过程可实现无缝平滑过渡。孤岛运行模式时电压和三相不平衡度等相关电能质量指标应能满足智能微电网安全稳定运行的要求。

2. 孤岛型智能微电网

1）系统结构和组成

孤岛型智能微电网的组成结构如图 8-10 所示。

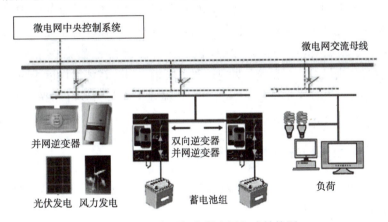

图 8-10 孤岛型智能微电网组成结构图

孤岛型智能微电网系统主要包含：风力发电系统、光伏发电系统、并网逆变器、蓄电池组、双向逆变器、智能微电网中央控制系统等。

其中，风力发电系统由风机和风力发电逆变器组成；光伏发电系统由光伏阵列和光伏并网逆变器组成；储能系统由蓄电池组和双向逆变器组成；负荷系统由必须保障的重要负荷和其他可切除的非重要负荷组成。孤岛型智能微电网系统在孤岛运行模式下运行，系统中的各分布式电源都要接受智能微电网中央控制系统的控制和调度。

2）孤岛型智能微电网的特点

系统采用光伏、风电等较成熟的分布式发电技术，为负荷提供清洁、绿色的电力能源；系统只能在孤岛模式下运行，储能系统为整个智能微电网系统提供电压和频率的支撑。

系统采用三层控制架构（能量管理及监控层、中央控制层、底层设备层）。其中，能量管理及监控层主要进行发电功率的预测和经济优化，中央控制层接收能量管理系统的输出结果，并下发控制命令调度底层设备的功率输出。

风力发电系统和光伏发电系统既可单独发电，也可同时工作发电，在输入状态不稳定或中断时，供电系统可自动切换到储能逆变发电系统，由储能逆变器给负荷供电；当输入恢复后，可自动切换到稳定供电和对蓄电池组的充电状态。系统具备自动监测工作状态的能力，发生故障时具备声光告警功能。系统可对负荷用电进行长期和短期的预测，通过预测分析实现对智能微电网系统的高级能量管理，使智能微电网能够安全经济运行。

3）孤岛型智能微电网的运行控制方案

（1）风力发电系统或光伏发电系统单独发电，风力发电或光伏发电输出功率应等于负载功率。当风力发电或光伏发电输出功率小于负载功率时，另外一种发电方式即为能量补充，经智能微电网中央控制系统调度后，确保风力发电和光伏发电输出功率等于负载功率，剩余电能通过储能系统给蓄电池充电，用于无太阳能和风能时使用。通过智能微电网中央控制系统智能控制管理功能，实现风力发电和光伏发电的互补工作，稳定负载供电。智能微电网中央控制系统实时检测风力发电和光伏发电以及负载功率，在无太阳能和风能时具备快速切换到应急发电模式的功能。

（2）系统无太阳能和风能输入时，由智能微电网中央控制系统自动切换到蓄电池组供电状态，通过储能逆变器控制单元给负载提供稳定的功率输出，在该模式下储能双向逆变系统保证对重要负荷的持续、稳定供电。

（3）系统恢复到由风力发电和光伏发电两种能源输入时，智能微电网中央控制系统自动切换到风力发电和光伏发电稳态供电模式状态，在该模式下由风力发电和光伏发电为负载供电，并利用给负载供电的剩余电能给蓄电池充电。

8.3.3 单相并网和三相并网型智能微电网

按智能微电网与配电网并网的相数分为单相并网型和三相并网型智能微电网。

1. 单相并网型智能微电网

单相并网型智能微电网是指智能微电网的输出以单相交流电的形式接入配电网，其对应的结构如图 8-11 所示。

单相并网型智能微电网的特点是光伏发电发出的直流电要经过并网逆变器与配电网交流母线相连，蓄电池等储能装置则通过双向逆变器与配电网交流母线相连。

2. 三相并网型智能微电网

三相并网型智能微电网则是指智能微电网的输出以三相交流电的形式接入配电网，其对应的结构如图 8-12 所示。

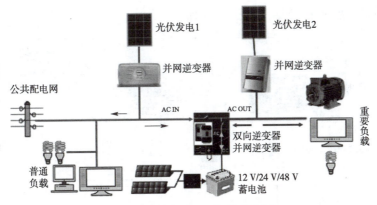

图 8-11　单相并网型智能微电网

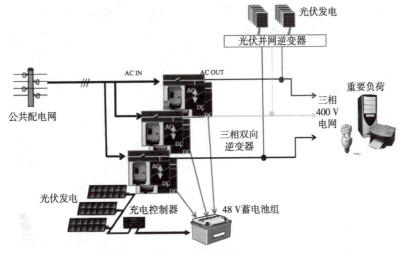

图 8-12　三相并网型智能微电网

8.3.4　智能微电网系统的典型结构与控制体系

智能微电网系统的典型结构中一般包含分布式电源、储能系统、控制系统、能量管理系统、调度系统及负荷系统，其典型结构如图 8-13 所示。

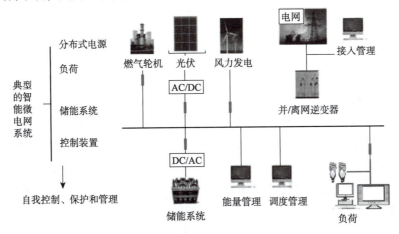

图 8-13　智能微电网的典型结构

智能微电网的三层控制体系结构如图 8-14 所示。

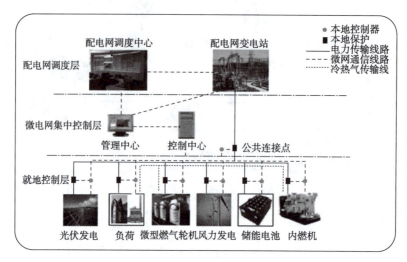

图 8-14　智能微电网的三层控制体系结构

智能微电网的控制体系结构中包含就地控制层、微电网集中控制层和配电网调度层，其中底层的就地控制层主要用来实现故障保护，孤岛检测，低压低频减载，系统电压稳定，有功、无功功率的自动调节等功能，实现智能微电网的暂态过程控制。

中间的微电网集中控制层主要用来实现智能微电网的实时监控，并根据实时采集来的数据完成离网能量平衡控制、分布式电源出力平滑控制、自动电压无功控制、分布式电源发电互补经济运行分析、冷热电联供优化控制、削峰填谷等高级应用功能。

最上层的配电网调度层，从配电网的安全、经济运行的角度协调调度智能微电网，同时接受上级配电网的调度控制命令，主要用来实现智能微电网与配电网的交互，将智能微电网交换功率、并离网状态等重要信息上传至配电网调度中心，并接受配电网调度中心对交换功率、电压等运行指标的远方控制。

8.4　智能微电网的特点

8.4.1　智能微电网的显著特点

从智能微电网的定义和结构上可以看出，智能微电网具有以下几个显著特点：

（1）智能微电网集成了多种能源输入（太阳能、风能、常规化石燃料、生物质能等）、多产品输出（冷、热、电等）、多种能源转换单元（燃料电池、微型燃气轮机、内燃机、储能系统等），是化学、热力学、电动力学等行为相互耦合的复杂系统，具有实现化石燃料和可再生能源的一体化循环利用的特点。

（2）智能微电网中包含多种分布式电源，且安装位置灵活，一般通过电力电子接口接入，并通过一定的控制策略协调运行，共同统一于智能微电网这个有机体中。因此，智能微电网在运行、控制、保护等方面需要针对自身独有的特点发展适合不同接入点的分析方法。

(3) 一般来说,智能微电网与外电网之间仅存在一个公共连接点(PCC),因此,对外电网来说,智能微电网可以看作电网中的一个可控电源或负载,它可以在数秒内反应以满足外部输配电网络的需求,可以从外电网获得能量,在智能微电网内电力供应充足或外电网供电不足时,智能微电网甚至可以向电网倒送电能。

(4) 智能微电网存在两种运行模式,正常状况下,与外电网并网运行,智能微电网与外电网协调运行,共同给智能微电网中的负荷供电。当监测到外电网故障或电能质量不能满足要求时,则微电网转入孤岛运行模式,由智能微电网内的分布式电源给智能微电网内关键负荷继续供电,保证负荷的不间断电力供应,维持智能微电网自身供需能量平衡,从而提高了供电的安全性和可靠性;待外电网故障消失或电能质量满足要求时,智能微电网重新切换到并网运行模式。智能微电网控制器需要根据实际运行条件的变化实现两种模式之间的平滑切换。

(5) 智能微电网一般存在上层控制器,通过能量管理系统对分布式电源进行经济调度和能量优化管理,可以利用智能微电网内各种分布式电源的互补性,更加充分合理地利用能源。

8.4.2 智能微电网的优缺点

智能微电网一般通过单点接入大电网,即从电网端来看智能微电网是一个可控发电单元或负荷。这样可以充分利用智能微电网内各种分布式电源的互补性,能源的利用更加充分,并且减少各类分布式电源直接接入电网后对大电网的影响,同时方便配电网的运行管理,降低因电网升级而增加的投资成本,降低输电损耗,并有利于减少大型电站的发电备用需求。此外,由于微电网具有并网运行和孤岛运行两种模式,在并网运行模式下,负荷既可以从电网获得电能,也可以从智能微电网中获得电能,同时,智能微电网既可以从电网获得电能也可以向电网输送电能;当电网的电能质量不能满足用户要求或者电网发生故障时,智能微电网与主电网断开,独立运行,即运行于孤岛模式,从而有利于提高用户的供电质量和可靠性。智能微电网技术是新型电力电子技术和分布式发电、储能技术的综合,相较于传统发电技术,智能微电网的优点主要体现在以下几个方面:

(1) 多 DG 集成,实现 DG 优势互补。智能微电网为多个 DG 的集成应用,解决了大规模 DG 的接入问题,继承了单个 DG 系统所具有的优点,同时可以克服单个 DG 并网时的缺点,减少单个分布式电源可能给电网造成的影响,实现不同 DG 的优势互补,有助于 DG 的优化利用,能够充分挖掘分布式发电的潜力。

(2) 灵活运行,提高供电可靠性。用户侧负荷,按重要性程度可分为普通负荷、次重要负荷和敏感负荷(即重要负荷);当外电网发生较严重的电压闪变及跌落时,智能微电网可以根据负荷的重要性等级,通过静态开关将重要负荷隔离起来孤岛运行,保证局部供电的可靠性。

(3) 降低成本,降低电价。智能微电网通过缩短发电与负荷供电间的距离,降低输电损耗和因电网升级改造而带来的成本增加。对用户来讲,广泛使用智能微电网可以降低电价,获得最大限度的经济效益。例如,利用峰谷电价差,峰电期,智能微电网可以向电网输送电能,以延缓电力紧张,而在电网电力过剩时,智能微电网可直接从电网低价采购电能。

智能微电网目前在国内外都还处于实验室和工程示范阶段,在实际应用中还存在诸多挑战,具体如下:

（1）相关支持政策。智能微电网建设、运营模式与目前电力法规存在一定的冲突，国家相关政策有待于明晰，已成为智能微电网发展的障碍之一。

（2）电力电子等器件性能。智能微电网中使用大量的电力电子装置作为接口。一方面，电力电子装置的可控性，有潜力为用户提供更高的电能质量；另一方面，使得智能微电网内的分布式电源相对于传统大发电机惯性很小或无惯性，在能量需求变化的瞬间分布式电源无法满足其需求，所以智能微电网通常需要依赖储能装置来达到能量平衡；另外，基于电力电子器件的本身电气特性和控制特点，通过逆变器接口的电源过载能力低，故障特性与旋转发电设备具有明显不同，使得智能微电网的运行及故障特性与传统电网有明显区别，增加了继电保护及自动化控制等方面的配置难度。

（3）相关设施设备。智能微电网中的关键设备如储能变流器、并网接口、协调控制器、继电保护及自动化设备还不够完善，还缺乏统一的技术标准，特别是智能微电网中多种接口形式的电源协调稳定运行技术还有待进一步的研究和深入的实验验证。

8.5 智能微电网的运行模式

智能微电网有并网和离网两种运行模式，在这两种运行模式下存在着并网、孤岛、并网与孤岛运行模式之间过渡的运行状态，另外还存在智能微电网的故障检修及大电网直供负荷的运行状态，智能微电网在两种运行模式下的运行状态图如图8-15所示。

8.5.1 智能微电网的启动

智能微电网的启动分为冷启动、热启动和黑启动，其中智能微电网的冷启动是指智能微电网从头开始启动或停运后的再启动；如果智能微电网在运行过程中启动相关设备，这种启动称为热启动；当智能微电网排除故障后启动或人为断电而依靠新能源来加速整个智能微电网的启动，这种启动状态称为黑启动状态。智能微电网的启动状态如图8-16所示。

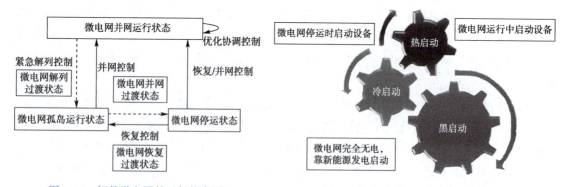

图8-15　智能微电网的运行状态图　　　　图8-16　智能微电网的启动状态图

8.5.2 智能微电网的孤岛运行与并网运行

1. 孤岛运行

智能微电网的孤岛运行又称智能微电网的离网运行，是指智能微电网与大电网隔离开来独立运行。智能微电网的孤岛运行又可以分为计划内的孤岛运行和计划外的孤岛运行。在外部的大电网发生故障或其电能质量不符合智能微电网系统标准的情况下,智能微电网可以以孤岛的方式独立运行,这种运行方式称为计划外的孤岛运行;基于经济性、电网的消纳能力或其他方面的考虑,大电网远程调度下发指令使智能微电网与大电网脱离或智能微电网主动与大电网隔离起来,使得智能微电网独立运行,这种孤岛的运行方式称为计划内的孤岛运行。

2. 并网运行

智能微电网的并网运行是指智能微电网通过 PCC 点与大电网相连,与大电网之间进行有功功率交换,当负荷所需的用电量大于分布式电源的发电量时,智能微电网从大电网吸收部分电能,反之,当负荷所需电量小于分布电源所发电量时,智能微电网向大电网输送多余的电能。

8.6 智能微电网的控制方法

智能微电网的控制主要包括智能微电网内分布式电源的控制和智能微电网系统的控制两部分。

8.6.1 智能微电网内分布式电源的控制方法

智能微电网的稳定运行依赖于各个 DG,智能微电网中的 DG 按照并网方式可以分为逆变型电源、同步机型电源和异步机型电源。智能微电网中大部分的分布式电源是基于电力电子技术的逆变型 DG。目前,逆变型 DG 的控制方法主要有三种:P/Q 控制方法、V/F 控制方法、Droop 控制方法。

1. P/Q 控制方法

P/Q 控制即恒功率控制。采用恒功率控制的主要目的是使分布式电源输出的有功功率和无功功率等于其参考功率,即当并网逆变器所连接交流电网的频率和电压在允许范围内变化时,分布式电源输出的有功功率和无功功率保持不变。恒功率控制的原理是根据频率和电压的下垂控制曲线,当交流电网的频率和电压在规定的范围内变化时,通过各种控制器和控制算法(如 PI 比例积分控制器)来使得和交流电网并网的分布式电源的输出功率保持不变,其工作原理如图 8-17 所示。

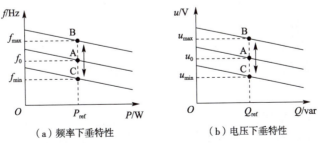

图 8-17 P/Q 控制原理图

P/Q 控制方法具体的控制过程为:假定分布式电源的初始运行点为 A,输出的有功功率和无功功率分别为给定的参考值 P_{ref} 与 Q_{ref} 时,系统频率为 f_0,这时对应的分布式电源所接交流母线处

的电压为 u_0。当交流电网频率在允许范围内（$f_{min} \leq f \leq f_{max}$）内变化时，有功功率控制器根据频率下垂特性曲线进行调整，使分布式电源输出的有功功率维持在给定的参考值 P_{ref} 输出；当交流电网电压在允许范围内（$u_{min} \leq u \leq u_{max}$）变化时，无功功率控制器根据电压下垂特性曲线进行调整，使分布式电源输出的无功功率维持在给定的参考值 Q_{ref} 输出，达到恒功率输出的目的。从 P/Q 控制原理中可以看出，采用该种控制方法进行控制的分布式电源并不能维持智能微电网系统的频率和电压，如果是一个孤岛运行的智能微电网系统，系统中必须要有维持频率和电压在规定范围内变化的分布式电源，如果是并网运行的智能微电网系统，则由常规电网维持电压和频率。

在智能微电网中，对于风力发电和光伏发电之类的分布式电源，由于其输出功率的大小受天气影响较大，发电具有明显的间歇性，如果要求此类分布式电源根据负荷需求调整发电量，则需配备较大容量的储能装置，这会降低系统的经济性。所以该类分布式电源的控制目标应该是如何保证可再生能源的最大利用率，为此更适合采用 P/Q 控制方法，当光伏或风力发电输给电网的功率变化时，只要电网的支撑电压和频率在规定的范围内，就可以将光伏或风力发电功率稳定在参考功率向电网输出，也即光伏或风力发电通过最大功率点跟踪（maximum power point tracking，MPPT），最大化功率输出即可。

2. V/F 控制方法

V/F 控制即恒压恒频控制，采用恒压恒频控制的原理是不论分布式电源输出的功率如何变化，逆变器所接交流母线的电压幅值和频率维持不变，其控制原理如图 8-18 所示。

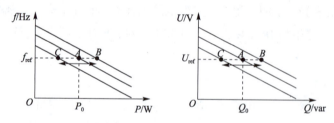

图 8-18　V/F 控制原理

假定分布式电源的初始运行点为 A，系统输出频率为 f_{ref}，分布式电源所接交流母线处的电压为 U_{ref}，分布式电源输出的有功功率和无功功率分别为 P_0 与 Q_0。频率控制器通过调节分布式电源输出的有功功率，使频率维持在给定的参考值；电压调节器调节分布式电源输出的无功功率，使电压维持在给定的参考值。该种控制方法主要应用于智能微电网孤岛运行模式，只要智能微电网系统内的分布式电源输出的有功功率和无功功率在规定的范围内，智能微电网就能为整个系统内的负荷提供稳定电压和频率的电能，但由于任何分布式电源都有容量限制，只能提供有限的功率，故采用此种控制方法时需提前确定孤岛运行条件下负荷与电源之间的功率匹配情况。

3. Droop 控制方法

Droop 控制方法即下垂控制方法，对应的工作原理如图 8-19 所示，它是利用分布式电源输出有功功率和频率呈线性关系而无功功率和电压幅值呈线性关系的原理而进行控制。

假定分布式电源的初始运行点为 A，输出的有功功率为 P_0，无功功率为 Q_0，系统频率为 f_0，分布式电源所接交流母线处的电压为 U_0。当系统有功负荷突然增大时，有功功率不足，导致频率下降；系统无功负荷突然增大时，无功功率不足，导致电压幅值下降，反之亦然。以系统有功负荷突然增大时频率下降为例,逆变器下垂控制系统的调节作用为:频率减小时,控制系统调节分布式电源输出的有功功率按下垂特性相应地增大,与此同时,负荷功率也因频率下降而有所减小,最终在控制系统下垂特性和负荷本身调节效应的共同作用下达到新的功率平衡,即过渡到 B 点运行。该控制方法由于其具备不需要分布式电源之间通信联系就能实施控制的潜力,所以一般用于对等控制策略中对分布式电源接口逆变器进行控制。

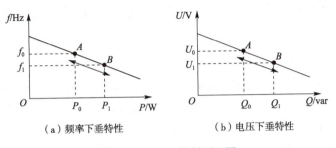

图 8-19 Droop 控制原理图

8.6.2 智能微电网系统的控制方法

1. 主从控制方法

所谓主从控制法,是指在智能微电网处于孤岛运行模式时,其中一个 DG(或储能装置)采取恒压恒频控制(V/F 控制),用于向智能微电网中的其他 DG 提供电压和频率参考,而其他 DG 则可采用恒功率控制(P/Q 控制),如图 8-20 所示。采用 V/F 控制的 DG(或储能装置)控制器称为主控制器,而其他 DG 的控制器则称为从控制器,各从控制器将根据主控制器来决定自己的运行方式。

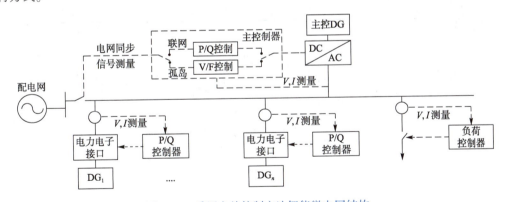

图 8-20 采用主从控制方法智能微电网结构

在采用主从控制方法的智能微电网系统中,如光伏发电系统、风力发电系统等分布式电源受自然气候影响,输出功率具有波动性、随机性、间歇性,一般采用恒功率控制,只发出恒定的有功功率或是执行最大功率跟踪,不参与网络电压和频率调节。适于采用主控制器控制的 DG 需要满足一定的条件,以维持智能微电网的稳定运行。在智能微电网处于孤岛运行模式时,作为从控制单元的 DG 一般为 P/Q 控制,负荷的变化主要由作为主控制单元的 DG 来跟随,因此要求主控制器的功率输出应能在一定范围内可控,且在各个 DG 单元之间无通信的前提下,能利用本地电压电流对智能微电网内扰动在数毫秒内做出反应,足够快地跟随负载所需功率的变化而变化,以满足负载稳定用电需求。

在采用主从控制的智能微电网中,当智能微电网处于并网运行状态时,所有的 DG 一般都是采用 P/Q 控制,而一旦转入孤岛运行,则需要作为主控制单元的 DG 快速由 P/Q 控制方式转换为 V/F 控制方式,这就要求主控制器能够满足在两种控制模式间快速切换的要求。常见的主控制单元通常是由储能单元、可控的分布式电源(如柴油发电机)及分布式电源和储能单元一起来充当。

2. 对等控制方法

所谓对等控制方法,是指智能微电网中所有的 DG 在控制上都具有同等地位,各控制器间不存在主和从的关系,每个 DG 都根据接入系统点电压和频率的信息进行控制,如图 8-21 所示。对于这种控制方法,DG 控制器的控制方法选择十分关键,一种目前备受关注的方法就是 Droop 控制方法。对于常规电力系统,发电机输出的有功功率和系统频率、无功功率和端电压间存在一定的关联性:系统频率降低,发电机的有功功率输出将加大;端电压降低,发电机输出的无功功率将加大。DG 的 Droop 控制方法主要也是参照这样的关系对 DG 进行控制。在对等控制方法下,当智能微电网运行在孤岛方式下,智能微电网中每个采用 Droop 控制方法的 DG 都参与智能微电网电压和频率的调节。在负荷变化的情况下,自动依据 Droop 下垂系数分担负荷的变化量,亦即各 DG 通过调整各自输出电压的频率和幅值,使智能微电网达到一个新的稳态工作点,最终实现输出功率的合理分配。显然,采用 Droop 控制可以实现负载功率变化在 DG 间的自动分配,但负载变化前后系统的稳态电压和频率也会有所变化,对系统电压和频率指标而言,这种控制实际上是一种有差控制。

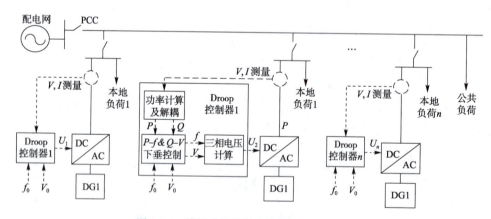

图 8-21 采用对等控制方法智能微电网结构

图 8-21 所示的采用对等控制方法的智能微电网结构中,各 DG 以对等的形式接入智能微电网,智能微电网中的每个 DG 都具有电压和频率调节能力,并通过本地下垂控制策略维持智能微电网功率平衡,各 DG 通过调整各自输出电压的幅值和频率,使其达到一个新的稳态工作点,从而实现输出功率的合理分配。如果 DG 的下垂系数相等,则在稳定后各 DG 的输出功率相等;如果下垂系数不相等,则斜率大的承担功率小,斜率小的承担功率大。显然,通过这种人为的下垂控制可以实现负载功率的自动可调,但却牺牲了系统输出电压幅值和频率的稳态指标。与主从

控制方法相比，在对等控制中各 DG 可以自动参与输出功率的分配，易于实现 DG 的即插即用，便于各种 DG 的接入，由于省去了昂贵的通信系统，理论上可以降低系统成本。同时，由于无论在并网运行模式还是在孤岛运行模式，智能微电网中 DG 的 Droop 控制策略可以不做变化，系统运行模式易于实现无缝切换。在一个采用对等控制方法的实际的智能微电网中，一些 DG 同样可以采用 P/Q 控制，在此情况下，采用 Droop 控制的多个 DG 共同担负起了主从控制器中主控制单元的控制任务；通过 Droop 系数的合理设置，可以实现外界功率变化在各 DG 之间的合理分配，从而满足负荷变化的需要，维持孤岛运行方式下对电压和频率的支撑作用等。

3. 分层控制方法

所谓分层控制方法，是指通过智能微电网中的中央控制器和 DG 中的本地控制器来分层协同控制，从而达到控制智能微电网内电压、频率的一种控制法。图 8-22 所示为一个两层控制的智能微电网结构框图。在该智能微电网中，中心控制器首先对 DG 的发电功率和负荷需求量进行预测，然后制定相应运行计划，并根据采集的电压、电流、功率等状态信息，对运行计划进行实时调整，控制各 DG、负荷和储能装置的起停，保证智能微电网电压和频率的稳定，并为系统提供相关保护功能。

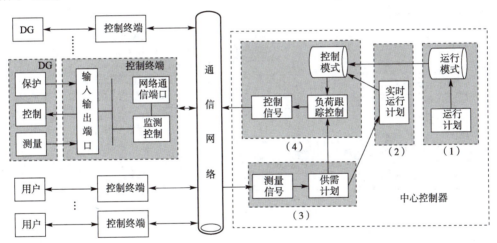

图 8-22　两层控制智能微电网结构

在上述分层控制方案中，各 DG 和上层控制器间需有通信线路，一旦通信失败，智能微电网将无法正常工作。如图 8-23 所示，提供了一种中心控制器和底层 DG 采用弱通信联系的分层控制方案。在这一控制方案中，智能微电网的暂态供需平衡依靠底层 DG 控制器来实现，上层中心控制器根据 DG 输出功率和智能微电网内的负荷需求变化调节底层 DG 的稳态设置点和进行负荷管理，即使短时通信失败，智能微电网仍能正常运行。

在欧盟多智能微电网项目"多智能微电网结构与控制"中，提供了三层控制结构，方案如图 8-24 所示。最上层的配电网络操作管理系统主要负责根据市场和调度需求来管理和调度系统中的多个智能微电网；中间层的智能微电网中心控制器（micro grid controlling center，MGCC）负责最大化智能微电网价值的实现和优化智能微电网操作；下层控制器主要包括分布式电源控制器和负荷控制器，负责微电网的暂态功率平衡和切负荷管理。整个分层控制采用多 Agent 技术实现。

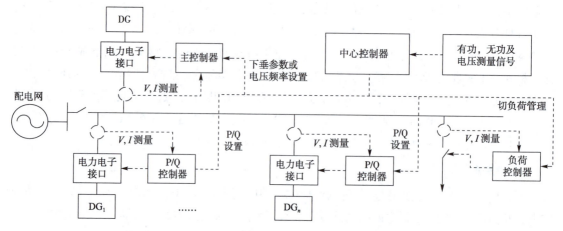

图 8-23　弱通信联系的两层控制结构

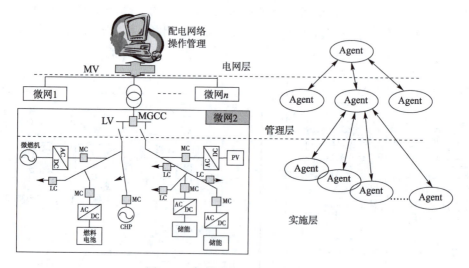

图 8-24　智能微电网三层控制方案

8.7　智能微电网的稳定性控制方法

　　智能微电网的稳定分为小信号稳定和暂态稳定,当智能微电网与大电网连接并网运行时,若微电网中分布式电源发出的功率大于智能微电网中负荷的需求时,能量通过 PCC 点流向大电网;若智能微电网中分布式电源发出的功率小于智能微电网中负荷的需求时,大电网经 PCC 向智能微电网注入电能。由于智能微电网中的频率和电压是由大电网所决定的,智能微电网中分布式电源不参与电压和频率的调节。大电网发生故障或电能质量不能满足要求或检修时,智能微电网与大电网断开,孤岛运行;当电网故障排除或电能质量恢复之后,智能微电网重新接入电网,与电网并网运行。在微电网并网与孤岛运行之间相互切换的过程中存在动态的过渡过程,另外在智能微电网孤岛运行时,为了保证智能微电网的稳定运行,也需要对电压、频率和相角进行稳定性控制。智能微电网的稳定性控制方法主要有单主或多主控制、孤岛下垂控制、采用储能装置平滑控制、甩负荷控制及再并网控制等。

1. 单主或多主控制法

在智能微电网孤岛运行和孤岛与并网切换运行的过程中都需要频率和电压作为参考,仅用一个参考电源时称为单主运行控制,存在两个或多个参考电源时称为多主运行控制,采用单主或多主控制都是为了保障智能微电网孤岛运行和孤岛与并网运行相互切换过程中的稳定性。

2. 下垂控制法

根据传统同步电机输出有功功率与频率之间的下垂关系,智能微电网中各分布式电源的逆变器采用 P-f 下垂控制(即有功功率与频率之间下垂控制)和 Q-u(即是无功功率与电压之间下垂控制)下垂控制,负荷和功率差额在各分布式电源之间均衡分配,达到稳定运行的目的。

3. 储能控制法

采用分布式储能装置可以起到稳定智能微电网系统抑制闪变的作用。能量存储使得分布式发电即使在波动较快或较大的情况下也能够运行在一个稳定的输出水平。可靠的分布式发电单元与储能装置结合是解决诸如电压脉冲、电压闪变、电压跌落和瞬时供电中断等动态电能质量问题的有效途径之一。适量的储能可以在分布式电源不能正常运行的情况下起过渡作用,可以降低波动的幅度和频率,从而降低闪变。

4. 甩负荷控制法

在孤岛运行时,当负荷所需的电能与分布式电源发出的电能相差较大,智能微电网无论采用何种方式对分布式电源进行控制,都无法使电压或频率控制在可以接受的范围内,此时为了使智能微电网在孤岛运行下不至于崩溃,可对可控制负荷或非重要负荷采用甩负荷的控制策略。

5. 再并网控制法

当电网故障排除或电能质量恢复,智能微电网要求重新并网时,如果并网点的电压与电网电压不同步,并网会引起较大的电流冲击,为避免这种情况的发生,可将电网电压参数发给分布式电源,要求分布式电源调整输出电压使其与电网电压同步,孤岛控制单元检测到电压同步信号后再闭合控制开关,实现再并网控制。

拓展阅读 新型能源体系的发展脉络与内涵、挑战及意义

1. 能源体系的发展脉络与内涵

能源是建设现代化国家的重要物质基础和动力支撑,能源体系则是一个社会经济概念。纵观人类历史进程,受经济社会发展需要和技术进步的驱动,能源体系的系统性、全局性变革最终体现为"能源革命",迄今已经历了薪柴时代、煤炭时代、油气时代三次能源革命。改革开放以来,中国对能源需求不断增加,对能源体系发展越来越重视,"十一五"规划提出"构筑稳定、经济、清洁、安全的能源供应体系";"十二五"规划提出"推动能源生产和利用方式变革,构建安全、稳定、经济、清洁的现代能源产业体系";"十三五"规划写入"建设清洁低碳、高效安全的现代能源体系";"十四五"规划单独设置"构建现代能源体系"一节,提出"推进能源革命,建设清洁低碳、安全高效的能源体系,提高能源供给保障能力";2022年,国家发改委、国家能源局印发《"十四五"现代能源体系规划》,将现代能源体系建设正式定为能源发展的国家规划。

新型能源体系是党的二十大报告提出的能源新概念，不仅是对党的十九大提出的"现代能源体系"的升华，更是对新时代能源发展提出的新指引和新要求，相比以往，更具有根本性、系统性、导向性。首先，新型能源体系既是加快发展绿色转型的重点任务，也是实现"双碳"目标、着力推动高质量发展、全面建设社会主义现代化国家的重要支撑和保障，其谋划的全方位能源安全还是国家总体安全框架的重要组成部分，具有牵一发而动全身的根本性作用。其次，新型能源体系是对能源安全新战略的继承和深化，侧重于随着经济社会发展阶段转变而统筹"四个革命、一个合作"内部及相互间各项任务统筹协调的系统性安排，更加重视能源产供储销体系的协同完善。最后，新型能源体系建设过程将是一个由传统的、高排放的、供需错位的化石能源供给为主，逐步走向新型的、绿色清洁的、集中式与分布式并存的低碳能源供给为主的转变过程，也是一个由"资源主导、资本主导"向"技术主导、市场主导"的转变过程，能源行业发展将根本性重塑，体现了党中央对能源发展趋势的科学预见和导向作用，更加突出各种能源品种的协同互补。最终，中国能源技术创新体系成熟完善，能源基础设施实现智能化、灵活化升级。传统能源企业与新能源企业之间的激烈竞争、深度融合将出现更多参与主体，导致能源行业边界更加模糊。能源品种的边界也将更加模糊，多样化的用能需求将导致能源产品出现更多的排列组合，综合终端能源产品集或将成为未来能源企业的重要选择。

2. 新型能源体系的建设基础与挑战

党的十八大以来，在能源安全新战略指引下，中国能源供应保障能力持续增强，能源供需总体平衡。从消费端看，2022年中国能源消费总量为 54.1×10^8 t 标准煤，比上年增长 2.9%。从生产端看，中国目前是世界第一大煤炭生产国，第六大石油生产国，第四大天然气生产国。通常所说的"富煤贫油少气"实际并不能准确描述中国能源现状，我们所面临的主要挑战其实是国内生产的油气无法满足经济发展的需要，石油和天然气对外依存度已多年分别在 70% 和 40% 以上，风险敞口过大引发担忧，能源安全韧性明显不足。中国新型能源体系建设基础与挑战主要体现在以下三个方面：

（1）能源转型取得明显成效，但碳中和挑战依然巨大。2022年非化石能源消费占比增至17.4%，比2021年提高 0.8%。中国风力发电、光伏发电装机均稳居世界第一，可再生能源发电装机占全球的 34% 以上。其中，风电机组零部件及整机产量已经占据全球 50% 以上的市场份额，光伏产业为全球市场供应超过 70% 的组件。但与发达经济体碳排放普遍已达峰，碳达峰到碳中和约有 40~70 年过渡期不同，中国承诺仅用 30 年时间来完成全球最高的碳强度降幅，要比欧美克服更多挑战、付出更大努力。

（2）能源产业链现代化水平和自主创新能力显著进步，但引领颠覆性技术偏少。可再生能源、煤炭深加工、常规油气勘探开发、清洁高效煤电、第三代核电、主流储能产业发展总体处于国际先进水平。在百年大变局的时代背景下，发达国家纷纷出台措施，吸引先进能源产业链回流。技术进步是能源体系变革的重要驱动力，相比而言，中国能源原创性、引领性、颠覆性技术偏少。构建新型能源体系亟须催生能源新技术、新业态，如碳捕集利用与封存（CCUS）、绿氢、新型储能及能源数字化、智慧化等战略性新兴产业。

（3）能源治理体系和治理能力不断提升，但深层次体制矛盾依然突出。按照"管住中间、放开两头"总体思路，经过多年努力，能源关键环节和重点领域的体制机制改革取得积极进展，竞争性环节业务和价格有序放开，政府管理职能得以进一步转变，着力还原能源商品属性，努力营造发挥市场决定作用的制度环境。但随着改革步入深水区，市场准入障碍尚未彻底消除、能源价格形成机制仍未完全到位、法治和监管体系亟待完善调整等深层次体制矛盾依然突出。

3. 新型能源体系的现实意义

"新型能源体系"作为站在新的百年奋斗征程上能源行业的理论性、纲领性阐述，是为应对百年未有之大变局而诞生的面向更长远历史维度的战略愿景，具有十分鲜明的现实意义。一是新型能源体系是保证国家能源安全的坚实屏障。中国是能源消费大国，油气对外依存度过高是影响其经济发展稳定性和能源安全的突出短板。二是新型能源体系是实现碳达峰碳中和的基础性工程。构建更加多元、清洁、低碳、可持续的新型能源体系成为能源产业实现战略性、整体性转型的当务之急。三是新型能源体系是积极参与应对气候变化全球治理的重要落脚点。构建新型能源体系既是中国履行节能减排责任、实现减碳目标的重要保障，也是中国为助力全球气候治理和节能减排工作提供的重要示范和公共产品，将进一步推动中国争取全球节能减排和气候治理话语权。四是新型能源体系是推动高质量发展的有效支撑，在人与自然和谐共生的中国式现代化愿景中，能源革命占据重要的支柱性地位。

源网荷储一体化运行能够丰富电网调节资源、提升系统平衡能力，是支撑可再生能源大规模并网的重要力量。随着新型电力系统深入推进，可再生能源大规模发展，其随机性和波动性对系统平衡能力提出了更高的要求。它深入挖掘系统灵活性调节能力，推动煤电灵活性改造、抽水蓄能电站建设、化学储能规模化应用、客户侧大规模灵活资源互动响应，将通过优化整合本地电源侧、电网侧、负荷侧资源，以先进技术突破和体制机制创新为支撑，探索构建源网荷储高度融合的新型电力系统发展路径，主要包括区域（省）级、市（县）级、园区（居民区）级"源网荷储一体化"等具体模式。

思 考 题

1. 智能微电网有哪几种运行方式和运行状态？
2. 分布式电源的控制方法有哪几种，其工作原理是怎样的？
3. 智能微电网系统的控制方法有哪些，其控制原理是什么？各有什么异同，分别适合在什么情况下应用？
4. 智能微电网中稳定性控制的方法有哪些，并简述其控制原理。
5. 在孤岛运行的智能微电网系统中，蓄电池起什么作用？蓄电池的荷电状态对智能微电网的运行会有什么影响？
6. 当智能微电网并网运行时，为保障智能微电网内功率平衡，应用什么样的控制策略？

参 考 文 献

[1] 黄建华,向钠,齐锴亮.太阳能光伏理化基础[M].3版.北京:化学工业出版社,2022.
[2] 黄建华,张要锋,段文杰.光伏发电系统规划与设计[M].北京:中国铁道出版社有限公司,2019.
[3] 黄建华,廖东进.新能源系统概论[M].北京:中国铁道出版社,2016.
[4] 谢克桓,李传常,陈荐,等.全钒液流电池储能仿真模型及荷电状态监测方法研究[J].储能科学与技术,2021.
[5] 邓祥元.清洁能源概论[M].北京:化学工业出版社,2020.
[6] 曲学基,曲敬铠,于明扬.电力电子元器件应用手册[M].北京:电子工业出版社,2016.
[7] 李佳蓉,林今,肖晋宇,等.面向可再生能源消纳的电化工(P2X)技术分析及其能耗水平对比[J].全球能源互联网,2020,3(1):89-96.
[8] 李富生.微电网技术及工程应用[M].北京:中力电力出版社,2013.
[9] 赵波.微电网优化配置关键技术及应用[M].北京:科学出版社,2015.
[10] 徐青山.分布式发电与微电网技术[M].北京:人民邮电出版社,2011.
[11] 张建华,黄伟.微电网运行控制与保护技术[M]北京:中国电力出版社,2010.
[12] 徐大平,柳亦兵,吕跃刚.风力发电原理[M].北京:机械工业出版社,2011.
[13] 廖明夫,加施,特威尔.风力发电技术[M].西安:西北工业大学出版社,2009.
[14] 吴双群,赵丹平.风力发电原理[M].北京:北京大学出版社,2011.
[15] 王建录,赵萍.风能与风力发电技术[M].化学工业出版社,2015.
[16] 张新宾,储江伟,李洪亮,等.飞轮储能系统关键技术及其研究现状[J].储能科学与技术,2015,4(1):55-60.
[17] 娅伦,高建国.风力发电项目现状与发展趋势[J].北方环境.2013,25(11):62-64.
[18] 马晓爽,高日,陈慧.风力发电发展简史及各类风型风机比较概述[J].2007,17(7):24-27.
[19] 许国立,任建宇.海上风力发电的现状及展望[J].港工技术,2022,59(6):45-49.
[20] 高阳.新时期新能源风力发电相关技术分析[J].科技论坛,2022(5):104-106.
[21] 周宏春."双碳"战略为低碳经济带来广阔的发展前景[J].新经济导刊,2023,30(1):49-55.
[22] 乐源,张贺.低碳经济环境下新能源技术研究[J].运用能源技术,2022,30(12):43-46.
[23] 刁帅.浅析风力发电工作原理及应用[J].石河子科技,2021(4):5-6.
[24] 李峰,耿天翔,王哲,等.电化学储能关键技术分析[J].电气时代,2021(9):33-38.
[25] 田晓晶.氢燃料旋流预留混火焰燃烧诱导涡破碎回火特性研究[D].北京:中国科学院研究生院(工程热物理研究所),2015.
[26] 木村正,石金华.磷酸型燃料电池的新用途[J].国外油田工程,2001,17(12):27-29.
[27] 郑琼,江丽霞,徐玉杰,等.碳达峰、碳中和背景下储能技术研究进展与发展建议[J].中国科学院院刊,2022,37(4):529-540.
[28] 李永亮,金翼,黄云,等.储热技术基础(Ⅰ):储热的基本原理及研究新动向[J].储能科学与技术,2013,2(1):69-72.
[29] 王子松,王业勤,张超祥,等.小型化天然气制氢技术的研究进展与探索[J].2022(5):40-47.
[30] 张春晖,肖楠,苏佩东,等.氢能、碳减排与可持续发展[J].能源与环保,2023,45(7):1-9.
[31] 王晶,李湘昀,李文杰.清洁基金:支持生物质能行业发展[J].中国财政,2022(15):87-88.
[32] 王炜玮,孙慧,杨雷.大力推动燃气与多种能源融合发展:双碳目标下燃气行业发展战略探讨[J].城市燃气,2022(7):1-5.
[33] 尹正宇,符传略,韩奎华,等.生物质制氢技术研究综述[J].热力发电,2022(11):37-48.

[34] 俞建良,熊强,林鑫,等.新时代我国燃料乙醇产业发展新思路[J].中国酿造,2021(12):17-21.
[35] 米多.国内燃料乙醇生产建设与市场分析[J].化学工业,2021(4):68-75.
[36] 栾天翔,赵维维.新能源制氢技术发展现状及研究进展综述[J].石化技术,2022(8):153-154.
[37] 金安,李建华,高明,等.生物质发电技术研究与应用进展[J].能源研究与应用,2022(5):19-24.
[38] 余娜.生物质能支撑绿色低碳发展[N].中国工业报,2021-12-28.
[39] 孙裕彤,吴晓燕,陈方.生物质能-碳捕集与封存(BECCS)技术发展态势分析[J].科学观察,2022,17(2):21-32.
[40] 樊静丽,李佳,晏水平,等.我国生物质能-碳捕集与封存技术应用潜力分析[J].热力发电,2021,50(1):7-17.
[41] 李晋,蔡闻佳,王灿,等.碳中和愿景下中国电力部门的生物质能源技术部署战略研究[J].中国环境管理,2021(1):59-64.
[42] 刘灿.生物质能源[M].北京:电子工业出版社,2016.
[43] 张清小,葛庆.智能微电网应用技术[M].北京:中国铁道出版社,2016.
[44] 杨占刚.微网实验系统研究[D].天津:天津大学,2010.
[45] 李安定,吕全亚.太阳能光伏发电系统工程[M].北京:化学工业出版社,2016.
[46] 顾伟,楼冠男,柳伟.微电网分布式控制理论与方法[M].北京:电工技术科学出版社,2023.
[47] 蔡昌春.微电网等效建模理论与方法[M].北京:电子工业出版社,2020.
[48] 周枕戈,庄贵阳.碳达峰与碳中和行动的经济激励与策略选择[J].企业经济,2023,42(5):62-70.
[49] 海夫纳三世.能源大转型:气体能源的崛起与下一波经济大发展[M].马圆春,李博抒,译.北京:中信出版社,2021.
[50] 黄勇.动力电池及能源管理技术[M].重庆:重庆大学出版社,2021.
[51] 贾传坤,王庆.高能量密度液流电池的研究进展[J].储能科学与技术,2015,4(5):1-3.
[52] 史丹,冯永晟.深化能源领域关键环节与市场化改革研究[J].中国能源,2021,43(4):38-45.
[53] 段建玲.幸福指数与低碳经济[M].兰州:甘肃文化出版社,2011.
[54] 汪集暘,庞忠和,程远志,等.全球地热能的开发利用现状与展望[J].科技导报,2023,41(12):5-11.
[55] 周大吉.地热发电简述[J].电力勘测设计,2003(3):1-6.
[56] 唐中原.定向井在地热开发中的应用[J].中国石油和化工标准与质量,2014(22):80.
[57] 胡平,杨洪权.分布式发电及微电网应用技术[M].北京:机械工业出版社,2019.
[58] 王宗伟,谢蓉,王晓放.大连市建设潮汐电站的可行性分析[J].节能,2010,29(8):11-15.
[59] 吕永航,方志勇.抽水蓄能电站施工技术[M].北京:中国水利水电出版社,2014.
[60] 柴建峰,闫宾,王珏,等."双碳"目标下抽水蓄能电站的地勘工作[J].水电与抽水蓄能,2022,8(5):11-13.
[61] 范思立.世界规模最大的抽水蓄能电站投运[N].中国经济时报,2021-12-31.
[62] 王波.江苏金坛盐穴压缩空气储能国家示范工程满负荷试运行[J].能源研究与信息,2022,38(2):124.
[63] 梅祖彦,赵士和.抽水蓄能电站百问[M].北京:中国电力出版社,2002.
[64] 梅生伟,李建林,朱建全,等.储能技术[M].北京:机械工业出版社,2022.
[65] 丁玉龙,来小康,陈海生.储能技术及应用[M].北京:化学工业出版社,2018.
[66] 黄志高.储能原理与技术[M].2版.北京:中国水利水电出版社,2020.
[67] 吴贤文.储能材料:基础与应用[M].北京:化学工业出版社,2019.
[68] 饶中浩,汪双凤.储能技术概论[M].徐州:中国矿业大学出版社,2017.
[69] 李建功.材料科学与工程导论(双语)[M].北京:化学工业出版社,2018.
[70] 谢德明,童少平,楼白杨.工业电化学基础[M].北京:化学工业出版社,2009.
[71] 宋启煌,方岩雄.精细化工工艺学[M].北京:化学工业出版社,2018.
[72] 苏山.新能源基础知识入门[M].北京:北京工业大学出版社,2013.
[73] 王明华,李在元,代克化.新能源导论[M].北京:冶金工业出版社,2014.
[74] 全球能源互联网发展合作组织.三网融合[M].北京:中国电力出版社,2020.